环境应急管理理论与实践

王亚变　刘佳　周婷　梁佳　魏斌　著

中国石化出版社

内 容 提 要

本书注重理论和实践的结合,围绕环境应急管理"风险控制-应急准备-应急响应-事后恢复"四个环节,系统阐述了"什么是环境应急管理、如何开展环境应急管理、环境应急管理对象和工作内容是什么、如何做好这些工作、国内外这些工作开展现状和面临的问题等"这些理论知识。旨在介绍环境应急管理基本概念、工作内容、工作要求,同时,本书结合环境应急管理实践和突发环境事件应急处置经验,引入大量案例,易于全面理解和系统掌握。

本书适合作为各级生态环境部门、企事业单位环境安全管理人员、社会广大学者及高校环境类专业学生学习和参考资料。

图书在版编目(CIP)数据

环境应急管理理论与实践 / 王亚变等著. —北京:
中国石化出版社,2019.9(2024.3 重印)
ISBN 978-7-5114-5536-9

Ⅰ. ①环⋯ Ⅱ. ①王⋯ Ⅲ. ①环境污染事故-应急对
策 Ⅳ. ①X507

中国版本图书馆 CIP 数据核字(2019)第 202858 号

中国石化出版社出版发行
地址:北京市东城区安定门外大街 58 号
邮编:100011 电话:(010)57512500
发行部电话:(010)57512575
http://www.sinopec-press.com
E-mail:press@ sinopec.com
北京科信印刷有限公司印刷
全国各地新华书店经销
*
787×1092 毫米 16 开本 14.25 印张 341 千字
2019 年 9 月第 1 版 2024 年 3 月第 2 次印刷
定价:58.00 元

前　言

2003 年"非典"事件以来，我国应急管理工作整体迈上一个台阶，2005 年"松花江污染事件"后，我国环境应急管理进入快速发展阶段，各地环境应急管理机构不断成立，环境应急管理"一案三制"管理体系逐步完善，并在预防和妥善处置各类突发环境事件中取得显著成效。

本书以《中华人民共和国突发事件应对法》《中华人民共和国环境保护法》为依据，紧紧围绕我国环境应急管理"一案三制"管理体系，以《突发环境事件应急管理办法》《国家突发环境事件应急预案》规定的环境应急管理"风险控制–应急准备–应急响应–事后恢复"为框架和内容，系统梳理了环境应急管理的理论，分析了现阶段环境应急管理各项工作发展现状，明确了各环节工作要求和工作任务，并借鉴国内外环境应急管理经验和突发环境事件应急处置实践，为各项具体工作配以典型案例，便于大家学习和系统地掌握环境应急管理和突发环境事件应急处置相关知识。

全书共有七章，章节设置紧扣环境应急管理主要内容，全书由王亚变统稿，其中第一、四、六章由王亚变执笔，第二、三章及第五章一、四、五部分由刘佳执笔，第五章二、三部分和第七章一、二、三部分由周婷执笔，第七章四、五、六部分由魏斌执笔，梁佳对全书文字进行了润饰。本书在著作过程中，特别注意吸纳最新颁布的环境法律、法规、规章标准和有关环境政策的新要求、新精神，注重环境法律规范本身的时效性和准确性，突出对环境应急工作的指导性和适用性。

为便于读者理解，实现环境应急理论与实践相结合，本书注意总结、归纳并吸收环境应急管理和应急处置中的良好工作经验，收集大量数据和图片形成典型案例对每项重点工作进行分析。

鉴于环境应急管理研究的蓬勃发展，各种新的理论、新的方法层出不穷，加之作者水平所限，难免有疏漏或错误之处，请读者不吝指教，以便及时修订，在此一并表示感谢。

目　　录

第一章　环境应急管理概述

第一节　环境应急管理基本概念

一、突发环境事件

（一）突发环境事件定义

2006 年 1 月，国务院颁布实施了《国家突发环境事件应急预案》，该预案对突发环境事件的定义是：由于违反环境保护法律法规的经济、社会活动与行为以及意外因素的影响或不可抗拒的自然灾害等原因致使环境受到污染，人体健康受到危害，社会经济与人民群众财产受到损失，造成不良社会影响的突发性事件。

2008 年国务院机构改革，原国家环保总局升格为原环境保护部，成为国务院组成部门。2014 年，结合 2006 版《国家突发环境事件应急预案》颁布实施以来突发环境事件应对工作实践，为解决人民群众对环境安全不断增长的需求，针对 2006 版《国家突发环境事件应急预案》在突发环境事件的定义、预案适用范围、应急指挥体系、应急响应措施等方面暴露出一些问题和不足，国家对《国家突发环境事件应急预案》进行了修订。

修订后的预案对突发环境事件定义做出了修改，明确突发环境事件是指：由于污染物排放或自然灾害、生产安全事故等因素，导致污染物或放射性物质等有毒有害物质进入大气、水体、土壤等环境介质，突然造成或可能造成环境质量下降，危及公众身体健康和财产安全，或造成生态环境破坏，或造成重大社会影响，需要采取紧急措施予以应对的事件，主要包括大气污染、水体污染、土壤污染等突发性环境污染事件和辐射污染事件。

新定义沿袭了《突发事件应对法》关于突发事件的定义（突然发生，造成或可能造成严重社会危害，需要采取紧急措施予以应对的自然灾害、事故灾难、公共卫生事件和社会安全事件），并在此基础上，通过描述事件原因、影响等关键要素，突出强调"突发环境事件"的特点和环境属性。突出表现为以下 4 个方面特点：

1. 点出了突发环境事件的发生原因

点出了生产安全事故、交通运输事故、污染物排放、自然灾害等均是造成突发环境事件的原因。可以看出，污染物排放并非造成突发环境事件的唯一原因，甚至不是主要原因。突发环境事件往往是由其他事件次生的，这种衍生性和复杂性是突发环境事件的重要特点之一。在定义里增加事件原因的描述和界定，一方面引起政府部门和企业等各方面的重视，在处置生产安全事故、交通运输事故等其他事故灾难时，在应对地震、洪涝等自然灾害时，要特别注意环境影响，尽可能减少对环境的损害，防范次生突发环境事件；另一方面，明确只有"污染排放"造成的突发环境事件才属于突发环境事件是错误的认识，有利于各级环保部门更加主动全面地开展突发环境事件应对工作。

2. 描述了污染的过程，强调了突发"环境"事件的特点，同时，突出了突发环境事件的紧迫性

"污染物或放射性物质等有毒有害物质进入大气、水体、土壤等环境介质，突然造成或可能造成环境质量下降"描述了污染的过程，强调了突发环境事件最根本的特点，就是污染了环境。

突然：突发性是突发环境事件的明显特征，在定义中明确"突然造成或可能造成"，即将突发环境事件区别于累积性污染，也没有将其局限于"突然发生"。包括了"突然爆发"和"突然发现"的一些事件。

可能：沿袭了《突发事件应对法》中对突发事件的界定，由于突发事件具有突发性和紧迫性，如果不能及时采取应对措施，事件可能会迅速扩大和升级。将"可能"造成环境影响的事件纳入范围，有利于事件早发现早预警早处置，也有利于最大限度地减少事件的环境影响。

3. 描述了突发环境事件的后果，具有危害性和破坏性。同时，具有明显的公共性或社会性

应对"公共危机"是国家启动突发事件应对法立法初衷。突发环境事件或危及公众身体健康和财产安全；或造成生态环境破坏；或造成重大社会影响；因此具有显著的公共性和社会性。《国家安全法》：生态安全部门也提出公共危机管理与个体、企业危机管理的本质区别就是公共危机管理具有公共性或社会性。这种公共性或社会性表现在事件本身引起公众的高度关注，对公共利益产生较大的负面影响，如危及公共安全、损害公共财产和公众的私有财产，甚至严重破坏正常的社会秩序、危及社会的基本价值。

4. 兜底性规定：需要采取紧急措施予以应对的事件

即使上述条件都满足，但是如果不需要采取紧急措施予以应对，靠日常管理的方式可以解决的，也不作为突发环境事件对待。突发环境事件必须借助于公权力的介入和动用社会人力、物力才能解决。公权力在突发环境事件应对过程中发挥着领导、组织、指挥、协调等功能。公权力介入突发环境事件应对，既是政府的权力，也是政府的义务。

（二）突发环境事件具体内涵

对突发环境事件进行定义首先要理解事故与事件的区别，其次要理解突发环境事件是突发事件的一种类型。

1. 事件和事故的区别

事件在词典中的解释中有：事情事项、案件等意义，尤其是指历史上或社会上已经发生的大事情。同时，事件还是法律事实的一种，指与当事人意志无关的那些客观现象，即这些事实的出现与否，是当事人无法预见或控制的。

事故一般是指造成死亡、疾病、伤害、损坏或者其他损失的意外情况。在事故的种种定义中，伯克霍夫(Berkhof)的定义较著名。伯克霍夫认为，事故是人(个人或集体)在为实现某种意图而进行的活动过程中，突然发生的、违反人的意志的、迫使活动暂时或永久停止的事件。事故的含义包括：①事故是一种发生在人类生产、生活活动中的特殊事件，人类的任何生产、生活活动过程中都可能发生事故；②事故是一种突然发生的、出乎人们意料的意外事件。由于导致事故发生的原因非常复杂，往往包括许多偶然因素，因而事故的发生具有随

机性质。在一起事故发生之前，人们无法准确地预测什么时候、什么地方、发生什么样的事故；③事故是一种迫使进行着的生产、生活活动暂时或永久停止的事件。事故中断、终止人们正常活动的进行，必然给人们的生产、生活带来某种形式的影响。因此，事故是一种违背人们意志的事件，是人们不希望发生的事件。归纳上述解释，可以看出事件、事故都是不以人的意志为转移而突然发生的意外事件，但是事件较事故对社会的影响程度更深、范围更大；事故的发生一般都具有明确的责任人，如企业安全生产事故，而事件的发生则不一定具有明确的责任人，如自然灾害以及次生的突发环境污染和生态破坏。有时候，小的安全生产事故却可以引发大的污染事件，可见，事故与事件是密切联系，又有所区别的。

2. 突发环境事件是突发事件的一种类型

关于突发事件的定义有多种说法，《突发事件应对法》中将突发事件定义为：突然发生，造成或者可能造成严重社会危害，需要采取应急处置措施予以应对的自然灾害、事故灾难、公共卫生和社会安全事件。《突发事件应对法》第一条明确指出其立法目的"为了预防和减少突发事件的发生，控制、减轻和消除突发事件引起的严重社会危害，规范突发事件应对活动，保护人民生命财产安全，维护国家安全、公共安全、环境安全和社会秩序"。《国家突发公共事件总体应急预案》将突发公共事件分为自然灾害、事故灾难、公共卫生事件、社会安全事件，明确提出事故灾难包括环境污染和生态破坏事件，突发公共卫生事件包括造成或者可能造成严重影响公众健康的事件。由此可见，突发环境事件是突发事件的一种类型。

3. 环境污染问题和突发环境事件的区别

涉及环境污染必然满足"环境"要件，因此，重点应从"突发"和"事件"两个方面去分析。突发环境事件的发生是突然的、不确定的，如果是长期性的污染，如某条河的水质情况一直很恶劣，就不能算是突发环境事件。其次是看其是否能称之为"事件"，即是否造成或可能造成"较大影响"。"较大影响"应当包括侵害对象的公共性和危害后果的严重性。如果环境污染并没有侵害对象，或者侵害的是某个特定人的利益，突发环境事件就无从谈起。且一旦发生突发环境事件，必须进行快速、有效、科学的处置，如果应对不当，可能对环境造成较大影响，并造成公共财产的损失或危害公众健康。因此，如果某排污单位在某一时间节点"突然"超标排放，但未对环境造成较大影响，未对公众健康和财产造成威胁，也不能算作突发环境事件，而应作为环境污染问题对待。总的来说，就排污单位的排污行为而言，只有突然发生，且对环境造成或可能造成严重污染的，才符合突发环境事件的定义，应按照突发环境事件预案相关规定，启动应急响应，而不属于突发环境事件的一般污染问题应是日常环境监管的主要任务。

（三）突发环境事件类型

1. 按事件等级分类

《国家突发环境事件应急预案》(2014 修订版) 按照事件严重和紧急程度，将突发环境事件分为特别重大、重大、较大和一般四级。具体分级标准为：

（1）特别重大突发环境事件

凡符合下列情形之一的，为特别重大突发环境事件：

① 因环境污染直接导致 30 人以上死亡或 100 人以上中毒或重伤的。

② 因环境污染疏散、转移人员 5 万人以上的。

③ 因环境污染造成直接经济损失 1 亿元以上的。

④ 因环境污染造成区域生态功能丧失或该区域国家重点保护物种灭绝的。

⑤ 因环境污染造成设区的市级以上城市集中式饮用水水源地取水中断的。

⑥ Ⅰ、Ⅱ类放射源丢失、被盗、失控并造成大范围严重辐射污染后果的；放射性同位素和射线装置失控导致3人以上急性死亡的；放射性物质泄漏，造成大范围辐射污染后果的。

⑦ 造成重大跨国境影响的境内突发环境事件。

（2）重大突发环境事件

凡符合下列情形之一的，为重大突发环境事件：

① 因环境污染直接导致10人以上30人以下死亡或50人以上100人以下中毒或重伤的。

② 因环境污染疏散、转移人员1万人以上5万人以下的。

③ 因环境污染造成直接经济损失2000万元以上1亿元以下的。

④ 因环境污染造成区域生态功能部分丧失或该区域国家重点保护野生动植物种群大批死亡的。

⑤ 因环境污染造成县级城市集中式饮用水水源地取水中断的。

⑥ Ⅰ、Ⅱ类放射源丢失、被盗的；放射性同位素和射线装置失控导致3人以下急性死亡或者10人以上急性重度放射病、局部器官残疾的；放射性物质泄漏，造成较大范围辐射污染后果的。

⑦ 造成跨省级行政区域影响的突发环境事件。

（3）较大突发环境事件

凡符合下列情形之一的，为较大突发环境事件：

① 因环境污染直接导致3人以上10人以下死亡或10人以上50人以下中毒或重伤的。

② 因环境污染疏散、转移人员5000人以上1万人以下的。

③ 因环境污染造成直接经济损失500万元以上2000万元以下的。

④ 因环境污染造成国家重点保护的动植物物种受到破坏的。

⑤ 因环境污染造成乡镇集中式饮用水水源地取水中断的。

⑥ Ⅲ类放射源丢失、被盗的；放射性同位素和射线装置失控导致10人以下急性重度放射病、局部器官残疾的；放射性物质泄漏，造成小范围辐射污染后果的。

⑦ 造成跨设区的市级行政区域影响的突发环境事件。

（4）一般突发环境事件

凡符合下列情形之一的，为一般突发环境事件：

① 因环境污染直接导致3人以下死亡或10人以下中毒或重伤的。

② 因环境污染疏散、转移人员5000人以下的。

③ 因环境污染造成直接经济损失500万元以下的。

④ 因环境污染造成跨县级行政区域纠纷，引起一般性群体影响的。

⑤ Ⅳ、Ⅴ类放射源丢失、被盗的；放射性同位素和射线装置失控导致人员受到超过年剂量限值的照射的；放射性物质泄漏，造成厂区内或设施内局部辐射污染后果的；铀矿冶、伴生矿超标排放，造成环境辐射污染后果的。

⑥ 对环境造成一定影响，尚未达到较大突发环境事件级别的。

上述分级标准有关数量的表述中，"以上"含本数，"以下"不含本数。

2. 按照污染介质分类

根据突发环境事件发生后的污染介质的不同，我国突发环境事件主要包括突发水污染事件，如"松花江水污染事件""广东北江镉污染事件"等；突发大气环境污染事件，如"秸秆焚烧引起江苏大范围烟霾天气事件""江苏泰州新浦化工污染事件""内蒙古乌拉特前旗溃坝事件"等；固体废弃物引起的突发环境事件如"安徽涡阳、利辛倾倒危险化学品事件"等。

3. 按污染物类型分类

按照污染物类型可将突发环境事件分为有机物污染事件、无机物污染事件、重金属污染事件以及其他类污染事件，其中有机物污染事件是主要类型，约占总数的48.7%。

4. 按污染源类型分类

污染源来源分类，可划分为本地源和外地源，本地源指事故污染源为本辖区，外地源指本辖区外发生的突发环境事件造成的跨区域环境影响。

5. 按事件起因分类

突发环境事件的形成有两种情况：一种是不可抗力造成的，包括在"自然灾害"类中；另一种是人为原因造成的，包括在"事故灾难"类中。目前，我国突发环境事件主要集中在安全生产、交通运输、违法排污、自然灾害这四个方面。

（四）突发环境事件特点

目前，我国突发环境事件种类涵盖了所有环境要素，时间和季节特点比较突出，地域、流域分布不均，具有起因复杂、难以判断的典型特征，损害也多样，除可能造成死亡外，也可因此造成人体各器官系统暂时性或永久性的功能或器质性损害；可能是急性中毒也可能是慢性中毒；不但影响受害者本人，也可影响后代；可以致畸也可以致癌。同时，环境严重污染后，消除污染极为困难，处置措施不当，不仅浪费大量人力物力，还可能造成二次污染。具体来看，突发环境事件包括以下特点：

1. 发生发展的不确定性

突发环境事件往往是由同一系列微小环境问题相互联系、逐渐发展而来的，有个量变的过程，但事件爆发的时间、规模、具体态势和影响深度却经常出乎人们的意料，即突发环境事件发生突如其来，一旦爆发，其破坏性的能量就会被迅速释放，其影响呈快速扩大之势，难以及时有效地予以预防和控制；同时，突发环境事件大多演变迅速，具有连带效应，以至于人们对事件的进一步发展，如发展方向、持续时间、影响范围、造成后果等很难给出准确的预测和判断。

2. 类型成因的复杂性

每种类型的突发环境事件的发生与发展具有不同的情景，在表现形式上多种多样，涉及的行业与领域众多，包含的影响因素很多，相互关系错综复杂。而就同类型的污染危害表现形式，其事故的发生内因及所含的污染因素也可能较复杂或差别巨大，不同类型的突发环境事件在一定条件下还可以相互转化，甚至是不可分割、无法区分的。新时期下，更多的情况是不同类型的突发环境事件之间，甚至是突发环境事件与其他突发公共事件之间是共生或者相互衍生的关系。突发环境事件类型成因的复杂性赋予了突发环境事件新的内涵，为突发环境事件的预防、准备、处置和善后增加了困难，同时也为环境应急管理工作的发展提供了新的思路。

3. 时空分布的差异性

据统计，突发环境事件在地域上呈现较集中在经济发达省份的特点，时间和季节特点也较为突出。每年"五一""十一"前夕和第四季度，安全生产事故、交通事故频发，引发的危险化学品污染事件较多；枯水期间，水污染事件较多；冬季，大气污染事件较多，等等。

4. 侵害对象的公共性

突发环境事件归根结底是突发事件的一种。因此，和其他突发事件一样，突发环境事件涉及和影响的主体可以包括个体、组织和社会等各种主体，可能影响面和涉及范围巨大。但也有一些突发事件直接涉及的范围不一定很大，但却会因为事件的迅速传播引起社会公众的普遍关注，成为社会热点问题，并可能造成巨大的公共损失、公众心理恐慌和社会秩序混乱等。也就是说，突发事件可能源于他人、他地，但是在一个开放的社会系统中，会使公众对事态的关注程度越来越高，甚至使社会公众的身心变得紧张，从而使政府有必要通过调动相应的公共资源，进行有序地组织协调才能妥善解决。

5. 危害后果的严重性

突发环境事件往往涉及的污染因素较多，排放量也较大，发生又比较突然，危害强度大。排放有毒有害物质进入环境中，其破坏性强，不仅会打乱一定区域内的正常生活、生产秩序，还会造成人员的伤亡、财产的巨大损失和生态环境的严重破坏。有些有毒有害物质对人体或环境的损害是短期的，有些则是累积到一定程度之后才反映出来的，而且持续时间较长，难以恢复。因此，突发环境事件的监测、处置比一般的环境污染事件的处理更为艰巨与复杂，难度更大。值得关注的是，随着经济的高速发展，目前我国正处于突发环境事件的高发期，对国家环境安全构成潜在的巨大威胁，成为我国建设和谐社会、生态文明的重大障碍。

(五) 我国突发环境事件发生特征

我国突发环境事件发生特征见图 1-1。

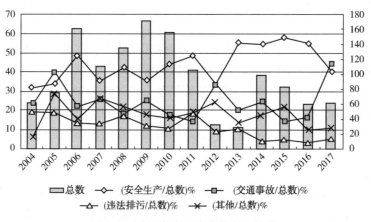

图 1-1　我国突发环境事件发生特征

我国突发环境事件高发频发态势转折点出现在 2014 年，2014 年后我国突发环境事件出现下降趋势，较 2013 年减少将近一半，并在接下来几年延续了突发环境事件数量下降趋势。究其原因主要有：

1. 突发环境事件的发生与环境监管程序漏洞和公众知情权没有得到保障有很大的关系

2014 年突发环境事件数量的减少，主要由于我国在环境信息公开取得了长足的进步。2013 年 7 月，原环保部发布《关于加强污染源环境监管信息公开工作的通知》，指出公众可以通过环境体系网站看到这些公开的信息。同时，司法渠道的通畅和政府方面的重视也是环境突发事件数量下降的重要原因。以环境公益诉讼为例，2013 年，环境公益诉讼案件均未被立案。而在 2014 年，这种情况得到了很大改观，整体环境执法和举报渠道都更加通畅，环境公益诉讼案件也被陆续立案。

　　2. 环境应急管理体系逐步成熟完善

　　近年来，新修订的《环境保护法》《水污染防治法》《国家突发环境事件应急预案》《水污染防治行动计划》相继出台实施，国家层面从立法角度对环境风险防控提出了越来越高、越来越细的要求。从环境应急管理体系来看，自 2005 年松花江水污染事故发生后我国环境应急管理进入快速发展阶段，环境应急管理"一案三制（预案、体制、机制、法制）"管理体系形成并不断成熟，2011 年开始国家、省、市、县四级环境应急机构先后建立，环境应急体制逐步形成；2011～2013 年《突发环境事件应急管理办法》《突发环境事件调查处理办法》《企业事业单位突发环境事件应急预案备案管理办法》等 8 个规章制度相继出台，这些制度形成了完整的环境应急管理法律法规体系；为做好突发环境污染事故防控工作，2013 年开始企业环境风险评估、环境安全隐患排查、环境损害评估等工作导则和技术指南不断实施，环境应急管理日常工作机制逐步建立。随着法制、体制、机制措施实施，企业环境风险防控意识不断提升，突发污染事故防控水平逐步提升，突发环境污染事故源头预防效果逐步显现。

　　（六）我国突发环境事件影响因素

　　从影响突发环境污染事件发生的宏观背景和具体事故微观诱因两个层面上，考虑的一般性影响因子包括人口、人均 GDP、工业企业数、交通事故数、工业污染治理投资、废水排放量、工业增加值等 7 项指标，利用 SPSS 统计软件，量化各影响因子对事件发生频次的影响程度。得出各省（自治区、直辖市）人口、交通事故数、工业企业数和工业废水量 4 项因素是影响各省（自治区、直辖市）突发环境事件发生的主要因素，换言之，如果一个省（自治区、直辖市）人口密集、工业企业数量多、交通网络繁杂、废水排放量大，突发水污染事件发生频次就相对高。同时，一个地方工业企业数即危险源的存在越多，那么潜在风险必然越大，特别是部分企业设备老化、企业管理不善和员工的操作失误时，造成企业突然外排有害物质以至形成突发环境事件的可能性更高。

　　进一步采用斯皮尔曼（Spearman）相关系数进行突发环境污染事件数（空间序列）与一般性指标相关性分析研究。同时，考虑到目前我国环境风险管理主要通过工业企业风险管理实现，另外选择环保机构总数、年末实有环保系统人数，人大、政协环保提案、地方当年颁布的环境法律法规与工业企业数的比值代表环境管理水平的指标，与突发水污染事件数进行时空（自治区、直辖市）序列上的相关性分析。得出如果一个省市的环保监管队伍较完善、政府宏观调控能力较强、政府和公众的环保意识较高，污染事件则可能得到较为有效控制。单位工业企业数产出下地方颁布的环境法律规章数对污染事件频数的影响效果波动较大，虽然地区环境法律体系、法规制度的完善的出发点是为防控环境事件，但实际上执行实施却存在很大的差距，对污染事件的防控效果也大相径庭。

二、环境安全

　　在全球信息化的特殊时代下，我国经过改革开放 40 年的长足发展，取得了经济建设绝世瞩目的成绩，但社会主义初级阶段的社会特质与经济发展粗放型的特殊背景，不可避免的带来了我国大范围环境容量的下降，并由此引发了一系列的安全问题。开展环境应急管理，积极预防和妥善处置突发环境事件主要目的在于保障工作财产安全、生命安全、环境安全。

（一）环境安全的概念

1. 环境安全的定义

目前环境安全的定义并未在学术界达成一致，可分为广义、狭义两种解释。广义的环境安全是指人类活动不影响环境的使用价值和再生能力，不危害人类的健康和正常生活。狭义的环境安全是指在环境容量的允许下，规范人类的开发行为和生产、生活活动，维持环境的可持续利用性。

2. 环境安全的内涵

（1）环境自身的可持续性

环境本底值必须保持在一个合理的、科学的水平。如水环境质量，它的 COD、氨氮等指标浓度不能超过一定的极限，如果超过了，水环境的自净能力就会弱化，水生态平衡就会破坏，这可以看作是最基础的环境自身安全。

（2）环境对人类的无害性

环境是一个载体，是一个复杂系统，是人类居住的场所。目前，我们所说的环境安全在更大层面上倾向于环境对人类不造成身体的危害。这是环境安全第二个层面的要义，也是环境安全的核心要义，这个要义在一定程度上将环境安全与人类的发展更加直接地联系在一起。随着社会的发展，环境安全对人类无害这一层面的认识，开始不拘泥于最直接的接触性风险，而发展要以环境要素包括水、气、声、土壤等为介质，间接或直接不伤害人类健康。从这个定义上讲，累积性污染造成的影响、气体突发性事故通过环境因子间接传播造成的人体伤害，都可归属为环境不安全。

（3）环境对其他物种的无害性

除了对人类的影响，环境安全还应该包括对其他物种的无害性。如在氯气泄漏事件中，虽然及时疏散人群未造成人体危害健康，但是极有可能对周边的植物造成毁灭性破坏，这同样属于环境不安全。

（二）我国环境安全形势现状

1. 环境自身安全现状

（1）水环境

我国地表水的主要形式是河流、湖泊以及一些人工水库。近年来，受大量工业废水、生活污水、农业面源等污染物质的排入影响，目前河流、湖泊与水库污染严重。

地下水安全在我国一直都没有引起广泛的关注。但事实上，我国地下水已经到了不堪重负的地步。研究表明，当前地下水污染的主要特点是："氮"污染、硬度升高、酚、氰化物、砷、汞、铬、氟等有毒有害物质含量升高。这类物质不易分解，不易沉淀，并且容易被生物体富集转化成毒性更强的有机化合物，对人体健康有严重危害。

（2）大气环境

在当今世界上，大气环境已经冲破了狭小的地域限制，跨越国界，成为一个举世瞩目的全球性问题。全球性气温升高、大气臭氧层破坏和酸雨等危害造成的环境污染和生态破坏遍及地球的各个角落，严重地威胁着整个世界的发展和稳定。我国大气污染近年来也越来越复杂，污染范围越来越大，全球五十多座城市大气监测中，在污染最严重的前十座城市中就有北京、沈阳、西安、上海、广州等五座城市。污染种类越来越多，除酸雨污染之外，还有粉尘等污染。由于目前中国74.6%的能源消耗是以煤炭为主，在今后相当长的时间内，专家预测二氧化硫和粉尘等大气污染的产量将呈现成倍增长的趋势，城市、城市郊区甚至广大农村地区的大气污染将明显加重，给环境带来更大的危害，不排除大范围内突发性大气污染事件的发生。

2. 固体废弃物

固体废弃物污染是一个全球的普遍问题，固体废弃物种类繁多，生活垃圾、工业固体废弃物、剩余污泥等都有可能对环境造成一定的危害。我国每年产生的固体废弃物将近七亿吨，累计堆存达七十亿吨以上，其中危险废物产生量不少，除少量的经过综合处理外，大量的有害废物未经有效处理堆放而成为重要的污染隐患，直接威胁到周围的水环境、大气环境、土壤环境及食品生产等各方面安全水平。

3. 土壤环境

土壤环境是环境污染的重要环节，是污染物摄入人体、影响人体健康的重要锁链，土壤环境污染能够导致土壤的组成、结构和功能发生变化，进而影响植物的正常生长发育，造成有害物质在植物体内积累，并通过食物链使污染物进入人体，进而危害人体健康。随着工业化、城市化、农业集约化的快速发展，我国土壤环境污染已经表现出多源、复合、量大、面广、持久的现代环境污染特征，土壤环境重金属、农药、增塑剂、持久性有机污染物、新兴污染物（如抗生素）等污染态势严峻。

矿区污染：我国是世界第三矿业大国，矿产资源的开采、冶炼和加工对生态破坏和环境污染严重。

油田污染：我国油田区土壤污染面积约占油田开采区面积的 20% ~ 30%，油田区土壤中石油类污染物组成复杂，严重影响土地的使用功能，带来了环境风险和生态健康问题。有的油田长期积存未处理的以含油污泥为主的石油固体废物，也严重污染了生态环境。

4. 敏感区域环境安全现状

就环境的管理而言，环境的不安全更多地表现为区域敏感与环境自身高风险共同作用的结果。

（1）饮用水源地

饮用水源地是关系到我国供水与饮水安全的重要区域，其环境敏感性不言而喻。目前我国的饮用水源仍然以地表水和地下水为主。水源地的一级、二级保护区域内的环境安全隐患十分突出。大部分地区存在不合规的化工企业，生活污染、农业面源的无组织排放，导致了风险源种类复杂，环境风险传播与扩散途径多样，其中任何一个环节出现问题，都将危及居民的供水安全。

（2）居民集中区

① 化工园区周边居民集中区。化工园区是在工业集中化程度加快的过程中出现的，本质上是为了解决产业布局的不合理现象。但由于我国的化工园区尚处于初期，在选址、环境风险防控等方面存在很大的不足，加之部分地方存在将化工园区作为一项典型政绩工程的现象，使得当前的化工园区的发展未能彻底改变产业布局的不合理，反而使得环境污染集中化。尤其是在欠发达地区，化工园区与居民集中区等敏感功能区互为邻居的现象十分突出，部分化工园区无合法手续，使得环境风险集中化。

② 污染场地居民集中区。污染场地与居民集中区之间的关系是近年来随着产业布局的逐步科学化而出现的。受到各方面的压力，污染工业企业开始从城区向郊区搬迁。数以万计的化工、冶金、钢铁、轻工、机械制造等企业所遗留的场地，被改造成高楼大厦。而部分搬迁场地由于各种因素存在，可能是受污染的场地，这些污染场地中，污染物种类繁多，污染

土层深度达数米至数十米。很多情况下，污染场地没有经过任何处理，就直接被储备、收购，继而开发成高楼大厦，却不知其中隐藏着巨大隐患。

（三）影响我国环境安全的因素分析

1. 粗放型经济发展模式的影响

（1）理论层面

国外很早就对粗放型经济发展模式与环境污染之间的关系做了一定的研究，其中1991年提出的库兹涅茨曲线理论是比较成熟并被学术界普遍接受的，通过人均收入与环境污染指标之间的演变，可以模拟刻画出经济发展对环境污染程度的影响，即在经济发展过程中环境状况呈现出先恶化后改善的倒U型发展趋势。其中，恶化到改善发生的拐点被称为库兹涅茨曲线拐点。

为探究经济发展对环境安全带来的影响，我国也有很多学者选择典型城市，进行了EKC曲线的实践，结果是在不同的环境政策、不同的经济发展速度影响下，中国的EKC曲线表现出不同的形状。中国的库兹涅茨曲线曲线拐点在一定程度上还没有到来，这说明，我国在粗放型经济发展的模式还没有得到彻底扭转的情况下，作为后崛起的发展中国家，我们可以消耗的资源却远没有西方发达国家当时可以消耗得多，我国环境保护政策的起步也相对比较缓慢，环境保护的复杂性也更甚西方发达国家。中国面临的粗放型经济发展模式带来的环境负效应也更大，而在现阶段拐点没有完全到来之前，突发环境事件高发具有其必然性。

（2）现实层面

产业结构不合理，现有环境风险突出。以化工和石油业为例，调查发现，我国各大水域的化工石化项目存在较为严重的环境风险，相应的防范机制存在明显缺陷。环境准入门槛低，新项目环节风险呈增大趋势。一方面各类新建项目环境准入门槛较低，部分在发达国家已经列入优先控制的污染行业与污染企业摇身进入我国境内，重复着高污染、高能耗、低产值的企业发展模式。另一方面，部分新建项目审批不严，环境风险评价不到位，无法识别项目经济利益之后的环境风险，致使新的环境风险成增大的趋势。

2. 我国社会发展现阶段的特有影响

（1）社会发展由生存型向发展型阶段转变的影响

发展型社会环境需求的上升性，随着温饱问题的解决，中国社会逐步迈入小康。在解决生存问题之余，人们开始追求更高层次的生活因素与生活环境。其中，对生态环境的要求是非常重要和突出的一块。从近年来持续上升的信访量，表明人们不再关注小化工企业带来的就业问题、经济效益，转而关注它们造成的环境污染。这虽然与我国当前的环境污染现状不无关联，但也确实反映了人们环境意识、环境需求的提高。媒体的关注也使得环境敏感性增加、事件影响扩大，并使得社会群体关注到当前严峻的环境安全形势，随着群众对生态环境的要求越来越高，因此，环境应急管理工作者在今后面临的社会压力与舆论压力将越来越大，行业风险越来越高，行业技能要求越来越高。

（2）转型期环境风险控制的复杂性

我国目前转型期的特殊情况就是：固有的环境风险无法得到彻底地消除，新增的风险源尚未存在有效的控制机制，再加上风险传播与其他阶段相比更加复杂与多样，环境风险受体又极度脆弱，整体导致环境风险控制复杂，我们需要很长的一段时间去应对风险的爆发与扩散，并逐步实现从突发环境事件末端应对到环境风险全过程控制的转变。

（3）转型期社会矛盾的转嫁性

从公共管理的角度出发，随着改革开放的深入和社会转型的加速，中国不仅面临的是环境风险，其他的社会风险也日益增多，尤其是来自社会层面的社会风险。这类风险连带性强，波及面广，往往会造成其他一系列社会问题和社会风险。在环境风险问题上表现为两个方面，一方面表现为环境问题与其他问题的耦合性，即环境问题有时候不仅仅是环境问题，更多的涉及社会问题或政治问题。另一方面表现为社会问题或政治问题会以环境事件为突破口爆发出来。在我国现阶段发展过程中，一些复杂因素引起的渔业事件、农业事件在找不到事件原因的时候往往把矛头转向环境因素，而衍生为环境事件。

（4）城市化进程加快带来的环境风险问题

城市是现代文明的标志和象征，但同样城市使得人口更加密集，污染的排放量更加集中，区域性环境风险更加突出。风险一旦爆发，将给城市安全带来前所未有的危害。我国城镇化和城市化的步伐正在加快，尽管人、财、物向城市集中，可以造出更加灿烂的文明和更多的财富，但是从安全角度而言，新风险、新问题同样不可避免，并导致城市还表现出了多样性、复杂性、连锁性、次生性和耦合性，以及城市受灾对象的集中性，城市灾害的严重性，城市灾害的放大性和环境风险后果的倍增性。人是最敏感的动物，又是最脆弱的群体。人口密集区更是表现出生态环境的极度敏感性。我国许多高危化工行业大部分位于居民集中区，环境风向防控机制不完善，风险多米诺效应显著，大规模毒气泄漏、饮用水源危机事件都可能因波及的人口数量众多，而导致事态的扩大和事态的升级，使事件后果呈现倍增趋势。

（5）全球性公共危机影响的辐射

全球性环境污染带来的后果，就是区域环境风险的增加，就是整体环境容量的持续下降，就是环境风险爆发阈值的不断下降。中国宽松的环境体制，使得越来越多的发达国家将"三高"（高污染、高耗能、高耗水）企业向中国转移，据统计，1991年外商在我国设立的生产企业中，污染密集型企业占总数的29.12%，占总数投资额的36.80%；在1995年来华投资的3.2万家企业中高污染企业达39%。发达国家环境污染的转移在一定程度上加重了我国的环境风险。

第二节 环境应急管理主要内容和内涵

一、应急管理

（一）应急管理的定义

应急管理是政府为了应对突发事件而进行的一系列有计划有组织的管理过程，主要任务是如何预防和处置各种突发事件，最大限度地减少突发事件的负面影响。结合环境应急管理实践，我们认为，应急管理是政府及相关部门通过一系列行之有效的管理方法和控制手段，根据突发事件所处的事前、事中、事后不同的阶段，采取预防、应对与修复相对应的方法，达到避免、减轻突发事件所带来的严重威胁、重大负面影响和破坏性损害，保障公众安全和社会稳定。

（二）我国应急管理的发展

相比于其他发达国家，我国应急管理处于发展阶段，从其发展经历来看，可划分为以下几个阶段。

（1）萌芽期。主要表现为自然灾害的抗争史。我国地域广阔、人口众多，是世界上受自然灾害影响最为严重的国家之一。中华民族的发展史就是不断与各种灾难作斗争并取得胜利的过程。

（2）诞生期。主要表现为应急机制的初步建立。2001年美国的"9.11"事件发生后，中国开始真正借鉴美国应对突发事件的模式来审视我国的突发事件，并寻求一种适合本国国情的科学应对突发事件的应急机制，进而出台关于一系列应急管理的方案措施。

（3）发展期。当前，随着社会发展，人民生活需求的变化，应急管理逐步成为当代政府职能的一个重要组成部分。

二、环境应急管理

从狭义上讲，环境应急管理是指政府及相关部门为防范和应对突发环境事件而进行的一系列有组织、有计划的管理活动，是政府环境管理的重要组成部分，包括针对突发环境事件的预防、预警、处置、恢复等动态过程。其主要任务是最大限度地减少突发环境事件的发生和降低突发环境事件所造成的伤害，根本目的是保障环境安全和人民群众生命财产安全。这一定义包含了环境应急的主体、管理对象、主要任务和根本目的。从广义上讲环境应急管理的主体可以扩大到公众，企业和非政府组织等机构。

三、环境应急管理主要内容

环境应急管理主要包括常态和非常态管理，常态管理指开展的环境应急管理日常工作，如风险防控、应急准备等工作，非常态管理指的是突发环境事件发生后进行的应对。根据突发环境事件的特点和实际，环境应急管理应强调对潜在突发环境事件实施事前、事中、事后的管理，也可以分为风险控制、应急准备、应急响应和事后恢复四个阶段，其中风险防控、应急准备属突发环境事件事前管理，应急响应和事后恢复分别属突发环境事件事中和事后管理。此外这四个阶段并没有严格的界限，预防与应急准备、监测与预警、应急处置与救援、事后恢复与重建等应急管理活动贯穿于每个阶段之中，每个环节的任务各不相同又密切相关，构成了环境应急管理工作一个动态的循环改进过程。

（一）风险控制

风险控制的核心在于预防，是指为减少和降低环境风险，避免突发环境事件发生而实施的各项措施，主要包括建设项目环境风险评估、环境风险源的识别评估与监控、环境风险隐患排查及监管、预测与预警等内容。它有两层含义：一是突发环境事件的预防工作，通过管理和技术手段，尽可能地防止突发环境事件的发生；二是在假定突发环境事件必然发生的前提下，通过预先采取一定的预防措施，达到降低或减缓其影响或后果的严重程度。

建设项目环境风险评估是指对建设项目建设和运行期间发生的可预测突发性事件或事故（一般不包括人为破坏及自然灾害）引起有毒有害、易燃易爆等物质泄漏或突发事件产生的新的有毒有害物质，所造成的对人身安全与环境的影响和损害进行评估，提出防范、应急与减缓措施。

环境风险源的识别与评估是指在识别风险源的基础上，进一步对风险源的危险性进行分级，从而有针对性地对重大或特大的风险源加强监控和预警。环境风险源的监控是指在风险源识别与分级的基础上，对环境风险源进行监控及动态管理，特别要对重大风险源进行实时监控。

环境风险隐患排查及监管。《突发环境事件应急管办法》作为环境应急管理最基本法规，明确规定企事业单位为本单位环境安全负主体责任，企事业单位应对生产经营过程中存在的人、物、管理等方面的环境安全隐患进行主动排查，并对发现的隐患及时治理，做好源头预防。环境保护部门作为监管部门，为及时发现并消除隐患，减少或防止突发环境事件发生，根据环保法律法规以及安全生产管理等制度的规定，督促生产经营单位（企业）就其可能导致突发环境事件发生的物质的危险状态、人的不安全行为和管理上的缺陷进行的监督检查行为。

预测与预警是指通过对预警对象和范围、预警指标、预警信息进行分析研究，及时发现和识别潜在的或现实的突发环境事件因素，评估预测即将发生突发环境事件的严重程度并决定是否发出警报，以便及时地采取相应预防措施减少突发环境事件发生的突然性和破坏性，从而实现防患于未然的目的。

此外，加强公众环境应急知识的普及和教育，提高公众突发环境事件的预防意识及预防能力，加强突发环境事件事前预防的理论研究与科技研发等也是事前预防的重要内容。

（二）应急准备

应急准备是指为提高对突发环境事件的快速、高效反应能力，防止突发环境事件升级或扩大，最大限度地减小事件造成的损失和影响，针对可能发生的突发环境事件而预先进行的组织准备和应急保障。

组织准备主要是指根据可能发生突发环境事件的类型和区域，对应急机构职责、人员、技术、装备、设施（备）、物资、救援行动及其指挥与协调等方面预先有针对性地做好组织、部署。一般来说，组织准备主要通过编制突发环境事件应急预案并进行必要的演练来实现。突发环境事件应急预案是指针对可能发生的突发环境事件，为确保迅速、有序、高效地开展应急处置，减少人员伤亡和经济损失而预先制定的计划或方案。

应急保障主要是指为确保环境应急管理工作正常开展，突发环境事件得到有效预防及妥善处置，人民群众生命财产和环境安全得到充分维护所需的各项保障措施，主要包括政策法律保障、组织管理保障、应急资源保障三大要素。政策法律保障指的是建立完善的环境应急法制体系；组织管理保障指的是建立专/兼职的环境应急管理机构并确保一定数量的人员编制；应急资源保障具体包括人力资源保障、装备资源保障、物资资源保障等内容。

此外，环境应急宣传教育培训、突发环境事件信息的收集、预警机制的建立、应急处置技术和设备的开发等工作也是应急准备的重要内容之一。

（三）应急响应

应急响应是指突发环境事件发生后，为遏制或消除正在发生的突发环境事件，控制或减缓其造成的危害及影响，最大限度地保护人民群众的生命财产和环境安全，根据事先制定的应急预案，采取一系列有效措施和应急行动，具体包括先期处置、事件报告、分级响应、警报与通报、信息发布、应急监测、应急疏散、应急控制、应急终止等环节及要素。事件报告是指突发环境事件发生后，法定的事件报告义务主体依照法定权限及程序及时向上级政府或部门报告事件信息的行为。

分级响应是指根据突发环境事件的类型，对照突发环境事件的应急响应分级启动相应的分级响应程序。

警报是指为确保突发环境事件波及地区的公众及时做出自我防护响应，而采取的告知突发环境事件性质、对健康的影响、自我保护措施以及其他注意事项等信息的行为。

通报是指突发环境事件发生后，承担法定通报义务的政府部门及时向毗邻和可能波及地区相关部门、所在区域其他政府部门通报突发环境事件情况的行为。

信息发布是指突发环境事件发生后，行政机关或被授权组织依照法定程序，及时、准确、有效地向社会公众发布突发环境事件情况、应对活动状态等方面信息的行为或过程。

应急监测是环保部门在应急处置中最为重要的工作之一，监测所得数据既是判断污染情况的依据，也是进一步分析评估污染形势变化的基础。

应急疏散是指在突发环境事件发生后，为尽量减少人员伤亡，将安全受到威胁的公众紧急转移到安全地带的环境应急管理措施。

应急控制是指突发环境事件发生后，为尽快消除险情，防止突发环境事件扩大和升级，尽量减少事件造成的损失而采取各种处理处置措施的过程及总和，包括警戒与治安、人员安全防护与救护、现场处置等内容。

应急终止是指应急指挥机构根据突发环境事件的处置及控制情况，宣布终止应急响应状态。

应急响应是应对突发事件的关键阶段、实战阶段，考验着政府和企业的应急处置能力，尤其需要解决好以下几个问题：一是要提高快速反应能力。反应速度越快，意味着越能减少损失。经验表明，建立统一的指挥中心或系统将有助于提高快速反应能力。二是应对突发环境事件，特别是重大、特别重大突发环境事件，需要政府具有较强的组织动员和协调能力、使各方面的力量都参与进来，相互协作，共同应对。三是要为一线救援、处置人员配备必要的防护装备和处置技术装备，以提高危险状态下的应急处置能力，并保护好一线工作人员。

（四）事后恢复

恢复是指突发环境事件的影响得到初步控制后，为使生产、工作、生活和生态环境尽快恢复到正常状态进行的各种善后工作。应急恢复应在突发环境事件发生后立即进行。它首先应使突发环境事件影响区域恢复到相对安全的基本状态，然后逐步恢复到正常状态。

要求立即进行的恢复工作包括：评估突发环境事件损失，进行原因调查，清理事发现场，提供赔偿等。在短期恢复工作中，应注意避免出现新的紧急情况。

突发环境事件环境影响评估包括现状评估和预测评估。现状评估是分析事件对环境已经造成的污染或生态破坏的危害程度。预测评估是分析事件可能会造成的中长期环境污染和生态破坏的后果，并提出必要的保护措施。

损害价值评估是指对事件造成的危害后果进行经济价值损失评估，便于统计和报告损失情况，并为后续生态补偿、人身财产赔偿做准备。

补偿赔偿是指由事件责任方或由国家对受损失的人群加以经济补偿、赔偿，这是体现社会公平、维护社会稳定的重要环节。

应急回顾评估是指对事件应急响应的各个环节存在的问题和不足进行分析、总结经验教训，为改进今后的事件应急工作提供依据，同时为事件应急工作中各方的表现进行奖惩提供依据。

长期恢复包括：重建被毁设施，开展生态环境修复工程，重新规划和建设受影响区域等。环境恢复是指对已经造成的危害或损失采取必要的控制发展和补救措施，对可能造成的中长期环境污染和生态破坏采取必要的预防措施，以减少危害程度。在长期恢复工作中，应汲取突发环境事件和应急处置的经验教训，开展进一步的突发环境事件预防工作。

四、环境应急管理特点

环境应急管理作为应急管理的具体类型之一，是政府的一项基本职能。它具有各类应急管理的共性特点，但从属于环境综合管理的工作性质也决定了其具有其他应急管理所不具有的个性特点。

（一）系统管理的特点

环境应急管理的目的是最大限度地避免和减小突发环境事件对公众造成的生命健康和财产损失，维护公共利益和公共安全。这种公共性特点决定了环境应急管理涉及政府、部门、企业单位、社会团体、公民等多个参与主体，这些主体在参与环境应急管理过程中所形成的政府与部门、政府与企业、政府与公众、环境保护部门与其他部门、上级环境保护部门与下级环境保护部门、上级环境保护部门与下级地区、地区与地区等多重利益关系需要协调和理顺。此外，在环境应急管理过程中特别是突发环境事件应急响应时需要大量的人力、财力、物力、信息和技术等资源，而政府掌握的资源是有限的，必须依靠和借助全社会资源的共享和互助来保障。因此，环境应急管理是一项复杂的社会系统工程，客观上要求政府从全局的高度实行综合协调，围绕应急预案、应急管理体制、机制、法制建设，构建起"一案三制"框架，统筹各方利益，整合各种资源，协同各种要素，形成管理合力。

（二）常态管理与非常态管理相结合的特点

在应对突发环境事件的过程中，政府常常需要采取异于常态管理的紧急措施和程序，因此环境应急管理具有典型的非常态管理的属性，但是环境应急管理绝对不仅仅是一种非常态管理，按照事前预防、应急准备、应急响应、事后管理环境应急管理主线。事前预防和应急准备环节是环境应急管理不可分割的两个重要组成部分，毫不夸张地说，环境应急管理的基础建立在常态管理之上，常态管理做好了可以最大限度地减少突发环境事件的发生，减轻非常态管理的压力。从这个意义上讲，应对突发环境事件的过程直接检验的是非常态管理的能力，体现的却是常态的管理水平和效能。

（三）全过程管理的特点

环境应急管理是环境综合管理的重要组成部分，环境应急管理理念渗透于环境综合管理的各个方面，环境应急管理职责存在于环境综合管理的各个过程，环境应急管理制度分散于环境综合管理的各个环节。无论是环境规划管理、环境影响评估管理，还是污染防控、环境监测和执法监督等，都要始终贯彻防范环境风险的理念，反映环境应急管理的要求，健全环境应急综合管理机制，以事前预防、应急准备、应急响应、事后管理为主线，将环境应急管理具体职责渗透到环境综合管理的全过程、全方位，将环境应急管理与项目审批、污控、总量、监察、监测等相关部门有机串联起来，围绕环境应急工作互通信息、协调联动、综合应对、形成合力，努力架构全防全控的防范体系。

（四）协同管理的特点

环境具有媒介性特点，突发环境事件首先对环境造成危害，进而对人民群众的生命财产安全造成威胁；环境还具有开放性以及流动性的特点，环境各组成要素不断流动、迁移、变化。环境的这些特点决定了：一是相当部分突发环境事件是由自然灾害、安全生产、交通运输等突发事件引发的次生、衍生突发环境事件；二是部分突发环境事件是由相邻区域环境污染引发或污染向相邻区域发展的跨界突发环境事件。突发环境事件这种时间上的次生衍生性、空间上的迁移变化性决定了某一地域的环境应急管理不是独立、封闭的管理系统，需要与其他类别的应急管理、其他地域的环境应急管理协同联动、有机衔接，需要进行延伸管理、靠前管理、协同管理，最大限度地消除环境风险隐患，最大可能地避免或减少突发环境事件发生，最大限度地保护人民群众生命财产及环境安全。

五、环境应急管理原则

（一）以人为本的原则

突发环境事件的不可抗性和一般公众在危机面前的脆弱性，迫切需要政府在环境应急管理中，切实履行政府的社会管理和公共服务职能，将公众利益作为一切决策和措施的出发点，把保障公众生命财产及环境安全作为首要任务，最大程度地减少突发环境事件造成的人员伤亡和其他危害。

（二）预防为主的原则

传统突发事件处置工作主要是突发事件发生后的应对和处置，是在无准备或准备不足状态下的仓促抵御，具有很大的被动性，处理成本高，灾害损失大。现代应急管理则强调管理重心前移，预防为主、预防与应急相结合，强调做好应急管理的基础性工作。

预防为主原则有两层含义：一是通过风险管理、预测预警等措施防止突发环境事件发生；二是通过应急准备措施，使无法防止的突发环境事件带来的损失降低到最低限度。

首先，政府要高度重视突发环境事件事前预防，增强忧患意识，建立健全风险防控、监测监控、预测预警系统，建立统一、高效的环境应急信息平台，及早发现引发突发环境事件的线索和诱因，预测出将要出现的问题，采取有效措施，力求将突发环境事件遏制在萌芽状态。

其次，要健全环境应急预案体系，建设精干实用的环境应急处置队伍，构建环境应急物资储备网络，为应对突发环境事件做好组织、人员、物资等各项应急准备，在突发环境事件发生后，力求能够及时、快速、有效地控制或减缓突发环境事件的发展，最大限度地减轻事件造成的影响及危害。

（三）科学统筹原则

环境应急管理工作是一项系统工程，需要在突发环境事件发生的每一个阶段制定出相应的对策，采取一系列必要措施，包含对突发环境事件事前、事中、事后所有事务的管理。按照系统原理和系统开放原则，必须深入研究政治环境、技术及资源环境等对应急管理的影响，设置相应的组织管理系统，提高环境应急管理对各方面环境的适应能力。

科学统筹原则要求把环境应急管理工作置于系统形式中，立足系统观点，从系统与要素、要素与要素、系统与环境之间的相互联系和相互作用出发，将环境应急管理工作的各主体、各环节、各要素予以统筹规划、综合协调、有机衔接、形成合力，以达到最佳管理效果。

首先，建立健全"统一领导、综合协调、分类管理、分级负责、属地管理为主"的环境应急管理体制，开创政府统一领导、部门分工协作、企业主要落实、公众有序参与的有序局面。

其次，加快环境保护部门与相关部门之间建立协同联动关系，推动相邻地域之间建立协同联动机制，互通信息、共享资源、交流经验、优势互补。环境保护部门内部将应急管理涉及的部门有机串联起来，明确职责、互通信息、综合应对、形成合力。

最后，立足现实国情，有针对性地开展环境应急管理体系建设，以"一案三制"为核心不断完善风险防控、应急预案、指挥协调、恢复评估、政策法律、组织管理和应急资源等子系统，全面提升环境应急管理水平。

（四）依法行政原则

依法行政、加强环境应急法制建设是从根本上实现政府环境应急管理行为的正当性与合法性，实现政府环境应急管理行为及程序的规范化、制度化与法定化，防止在非常态下行政权力被滥用、公民权利受损害。

依法行政原则要求首先要建立健全环境应急法律、法规、标准及预案体系，确保环境应急管理工作有法可依。政府要坚持依法行政、依法管理、依法应急，确保有法必依、行政行为合法。

其次要坚持适当行政、合理行政，确保行政行为在形式合法的前提下应尽可能合理、适当和公正。《突发事件应对法》第十一条规定，"有关人民政府及其部门采取的应对突发事件的措施，应当与突发事件可能造成的社会危害的性质、程度和范围相适应；有多种措施可以选择的，应当选择有利于最大限度地保护公民、法人和其他组织权益的措施"，就是行政适当原则在应急管理领域的具体要求。

（五）权责一致原则

管理工作强调责任性，环境应急管理机构及各相关主体由于具有相应职权，必须履行一定的职责，未履行或不适当地履行其职责，就是失职、渎职。实施责任追加，加大环境应急问责力度是落实环保责任、保障环境安全的有力措施，有助于增强环境应急管理主体的责任意识和忧患意识，确保正确履行职责。

权责一致要求首先要划清环境应急管理职责的界限，职责要落实到地区、部门或个人。不同类别、级别的主体在环境应急管理中的职责应与其职权、级别相对应，保证不出现越位和缺位，使环境应急管理系统能够高效有序运转，一旦发生突发环境事件，可在最短的时间内调度必需的社会资源来协同应对。

其次要建立环境应急管理工作绩效评估制度与责任追究机制，一旦环境应急管理主体出现失职、渎职，必须有强力机制保证失职、渎职行为人受到责任追究和惩处，切实做到"事件原因没有查清不放过，事件责任者没有严肃处理不放过，整改措施没有落实不放过"。

第三节 环境应急工作法定职责

环境应急管理工作执行"省级督办、地方监管、企业负责"的制度。各级政府是环境应急管理的责任主体；环保及有关职能部门是环境应急管理的组织实施主体，县级以上环境保护主管部门应当在本级人民政府的统一领导下，对突发环境事件应急管理日常工作实施监督管理，指导、协助、督促下级人民政府及其有关部门做好突发环境事件应对工作；企业是环境应急管理的第一道防线；社会公众既是权益主体，又是重要的参与者和监督者。2015年4月16日原环境保护部以部令公布的《突发环境事件应急管理办法》（环境保护部部令第34号），作为环境应急管理方面基本法，对地方人民政府、企事业单位及环境应急管理工作监管部门职责作出了明确规定。

一、地方人民政府

发生突发环境事件，各级人民政府在突发事件的预防、预警、应急响应、应急处置与应急事件的调查处理过程中，负有以下法律责任。

（1）制定应急预案、建立应急培训制度、开展应急演练、对风险源进行监控以及健全应急物资储备保障制度等预防与准备

各级人民政府应根据有关规定，制定本级人民政府的应急预案；建立健全突发环境事件应急管理培训制度；开展有关突发环境事件应急知识的宣传普及活动和必要的应急演练；对本行政区域内容易引发突发环境事件的风险源、危险区域进行调查、登记、风险评估，定期进行检查、监控，并责令有关单位采取安全防范措施。

（2）监测与预警

县级以上人民政府应当结合实际健全突发事件监测与预警体系。

（3）突发环境事件发生后，采取有效的应急处置措施

根据法律法规的规定，发生突发环境事件后，县级以上人民政府应当采取有效的措施解除或者减轻污染危害，最大限度地保障人民群众的生产与生活安全。

（4）向上级人民政府报告、发布信息、及时向毗邻区域通报有关情况

地方各级人民政府应当适时的发布突发环境事件的有关信息，并把突发环境事件信息报告给上一级人民政府；当突发环境事件可能波及相邻地区时，事发地人民政府要及时通知相邻县、市、国家。

（5）事后评估与重建

突发事件的威胁和危害得到控制和消除后，地方人民政府应积极组织恢复与重建工作。

二、企事业单位的法定义务

发生突发环境事件时，企业、事业单位作为事故的主体，在突发环境事件预防、应急响应、应急处置与事件处理过程中，负有以下法定义务：

1. 开展突发环境事件风险评估

企业、事业单位应当按照国务院环境保护主管部门的有关规定开展突发环境事件风险评

估，确定环境风险防范和环境安全隐患排查治理措施。

2. 完善突发环境事件风险防控措施

企业、事业单位应当按照环境保护主管部门的有关要求和技术规范，完善突发环境事件风险防控措施。这里所指的突发环境事件风险防控措施，应当包括有效防止泄漏物质、消防水、污染雨水等扩散至外环境的收集、导流、拦截、降污等措施。

3. 排查治理环境安全隐患

企业、事业单位应当按照有关规定建立健全环境安全隐患排查治理制度，建立隐患排查治理档案，及时发现并消除环境安全隐患。

对于发现后能够立即治理的环境安全隐患，企业事业单位应当立即采取措施，消除环境安全隐患。对于情况复杂、短期内难以完成治理，可能产生较大环境危害的环境安全隐患，应当制定隐患治理方案，落实整改措施、责任、资金、时限和现场应急预案，及时消除隐患。

4. 制定突发环境事件应急预案并备案、演练

企业、事业单位应当按照国务院环境保护主管部门的规定，在开展突发环境事件风险评估和应急资源调查的基础上制定突发环境事件应急预案，并按照分类分级管理的原则，报县级以上环境保护主管部门备案。突发环境事件应急预案制定单位应当定期开展应急演练，撰写演练评估报告，分析存在问题，并根据演练情况及时修改完善应急预案。

5. 加强环境应急能力保障建设

根据企事业单位可能发生的突发环境事件类型，储备必要的环境应急装备和物资。

6. 发生或者可能发生突发环境事件时，企业事业单位应当依法进行处理，并对所造成的损害承担责任

企业、事业单位造成或者可能造成突发环境事件时，应当立即启动突发环境事件应急预案，采取切断或者控制污染源以及其他防止危害扩大的必要措施，及时通报可能受到危害的单位和居民，并向事发地县级以上环境保护主管部门报告，接受调查处理。

应急处置期间，企业、事业单位应当服从统一指挥，全面、准确地提供本单位与应急处置相关的技术资料，协助维护应急秩序，保护与突发环境事件相关的各项证据。

三、环保部门在突发环境事件中的法定职责

（1）向本级人民政府、上级环境保护部门报告及向相关部门、毗邻地区环境保护部门及时通报。

当发现或得知突发环境事件后，县级以上环境保护部门应按规定向本级人民政府和上级环境保护部门报告。涉及其他部门职责的，应向其他部门通报。可能波及相邻地区时，应及时通知毗邻地区环境保护部门。被通报的环境保护部门接到通报后，视情况及时报告本级政府。

（2）开展环境应急监测工作。当发现或得知突发环境事件后，环境保护部门应立即组织对污染源和周围水、气等环境的监测工作，为应急决策提供依据。

（3）获知突发环境事件信息后，立即组织排查污染源，初步查明事件发生时间、地点、原因、污染物质及数量、周边环境敏感区等情况。

（4）应急处置期间，组织开展突发环境事件信息的评估和分析，提出应急处置建议和方案报本级人民政府。

第四节　环境应急法律法规体系

环境应急管理法律法规主要由上位法、基本法及其他法律法规组成。

一、上位法

（一）中华人民共和国环境保护法

《环境保护法》作为环境领域基本法，其中对环境应急管理工作作出如下规定：各级人民政府及其有关部门和企业事业单位，应当依照《中华人民共和国突发事件应对法》的规定，做好突发环境事件的风险控制、应急准备、应急处置和事后恢复等工作。县级以上人民政府应当建立环境污染公共监测预警机制，组织制定预警方案；环境受到污染，可能影响公众健康和环境安全时，依法及时公布预警信息，启动应急措施。

企业事业单位应当按照国家有关规定制定突发环境事件应急预案，报环境保护主管部门和有关部门备案。在发生或者可能发生突发环境事件时，企业事业单位应当立即采取措施处理，及时通报可能受到危害的单位和居民，并向环境保护主管部门和有关部门报告。

突发环境事件应急处置工作结束后，有关人民政府应当立即组织评估事件造成的环境影响和损失，并及时将评估结果向社会公布。

（二）中华人民共和国突发事件应对法

突发环境事件属于突发事件一种类型（见第一章第一部分），《突发事件应对法》应对原则、要求、程序等均使用于突发环境事件应急管理。

二、基本法

《突发环境事件应急管理办法》是为贯彻落实《环境保护法》和《突发事件应对法》，依据上述两部上位法制定的部门规章。该法从风险控制、应急准备、应急处置和事后恢复四个环节构建了全过程的环境应急管理体系，规范了环境应急管理的工作内容、工作机制，为环境应急管理工作基本法。

三、其他法律法规

（1）《突发环境事件调查处理办法》

（2）《突发环境事件信息报告办法》

（3）《突发环境事件应急资源调查办法》

（4）《企业事业单位突发环境事件应急预案备案管理办法（试行）》

（5）《国家突发环境事件应急预案》

（6）《中华人民共和国大气污染防治法》

（7）《中华人民共和国固体废物污染环境防治法》

（8）《水污染防治行动计划》

（9）《中华人民共和国水污染防治法》

《尾矿库环境风险评估技术导则（试行）》（HJ 740—2015）

《行政区域突发环境事件风险评估推荐方法》

（10）《集中式地表饮用水水源地环境应急管理工作指南》

（11）《尾矿库环境应急管理工作指南》

（12）《关于开展环境污染损害鉴定评估工作的若干意见》

（13）《突发环境事件应急处置阶段污染损害评估工作程序规定》

（14）《突发环境事件应急处置阶段环境损害评估推荐方法》

（15）《关于加快推进生态文明建设的意见》

（16）《危险化学品安全管理条例》

（17）《国务院关于加强环境保护重点工作的意见》

（18）《关于进一步做好突发环境事件信息公开工作的通知》等。

第二章 环境应急管理体系的建立

第一节 发达国家突发环境事件应对管理

一、美国

(一) 环境应急管理体制和机制

美国的环境风险管控模式为"综合防灾、统一协调"。美国联邦紧急事务管理署负责领导和支持全国范围内环境风险的应急管理,下设国家安全协调、国家公民志愿队、地区管理和国际事务4个综合性办公室,以及减灾局、备灾局、紧急救援局、灾后重建局4个职能型业务部门和1个紧急事务援助运作中心,在全国还设有10个直属的地区分部和1个紧急事务援助中心、1个消防学院和1个培训中心。通过实施减灾、准备、响应和恢复四项业务,统一协调全国所有自然灾害信息的收集、分析、处理和传送,通过政府和公民的应急服务和危机防范,保证联邦政府为受灾地区提供及时而周到的援助。

(二) 环境应急管理法律体系

美国突发环境事件应对管理法律体系以联邦法、联邦条例、行政命令、应急预案、规程和标准为主。具体来看,美国的联邦法主要规定应急任务的运作原则、行政命令定义和授权任务范围,联邦条例提供行政上的实施细则。紧急状态法以《灾害救助与紧急援助法》和《全国紧急状态法》为代表。前者是美国第一个与应对突发环境事件有关的法律。该法就紧急事件的范围、处置预案的制定、紧急状态的确认、紧急事件的处置等做了详细的规定。后者则规定了紧急状态的颁布程序、开始与终止的方式、紧急状态的期限和国家紧急权力的运行等内容。此外,1992年,联邦紧急事务管理局还公布了《联邦应急计划》。作为美国目前应急管理基本法,该法主要规定了联邦政府危机管理运作的执行纲要等内容。此外,各州、郡、市政府则结合各自实际制定严格于联邦法律的地方性法规,各职能部门也制定了各种有关政府应急预案和企业应急预案编制的指导性文件。目前,美国突发环境事件应对的专项立法以《综合环境反应、补偿和责任法》和《油污法》为典型,前者专门针对突发性的危险物质泄漏事故的处置。后者则主要就联邦政府在处理海上溢油污染事故时的管理职能、溢油应急反应体系的建立、溢油国家应急计划的编制等做出了完整的规定。

二、日本

日本环境危机管理起步于大规模自然灾害和工业公害的对应处理,20世纪90年代中后期,在一系列重大自然灾害和环境突发事件后,日本吸取政府应急管理反应滞后、处理不当等教训,同时结合西方国家的经验对环境应急管理制度进行了重大调整。

(一) 环境应急管理体制和机制

日本环境风险管理覆盖了各种自然环境突发事件和人为环境事件,在综合防灾管理的基础上建立国家危机管理体系，形成"防灾减灾-危机管理-国家安全保障"三位一体的危机应对系统，突出中央防灾机构的地位和功能，强调首相和内阁官房长官的危机管理指挥权和协调权。在体制与机制建设方面，日本在原有"中央救灾委员会"的基础上建立全政府型环境危机管理体制。实施政府长官负责制，各级政府的行政长官为最高指挥者，直接指挥相应的危机管理部门，如在中央由首相本人、中央防灾会议与安全保障会议以及负责协调各省厅间关系的内阁危机管理总监组成危机处置领导机构，各地方自治区以地方行政长官为首组成不同级别的灾害对策机构，直接领导各地方的环境灾害处理、救援以及后续修复工作。此外，日本政府倡导建立危机型社会，通过国民教育培养国民的防灾减灾意识，教授灾害救护知识，提高普通民众"自助"与"共助"能力；鼓励政府与私营部门、事业单位之间开展合作，充分动员社会各方面的资源；建立防灾通信网络体系，形成纵横贯穿的救灾应急管理信息网络。通过这些措施，在整个社会形成"公救-共救-自救"的多方协同危机应对体系，充分挖掘社会各方潜力，提高环境危机管理效果。

（二）环境应急管理法律体系

日本形成了完整的《灾害对策基本法》《自然环境保护法》等基本法，规定了各个行政部门的救灾责任、救灾体制、救灾计划、灾害预防、灾害应急对策、灾后恢复重建等基本要求；《原子能灾害对策特别措施法》《全国都道府县在灾害时的广域救援协定》《全国13大城市灾害时相互救援协定》等灾害危机对策法和规定要求快速把握紧急事态，防止灾害扩大，及时控制事态发展；《灾难救助法》等灾害复原振兴法保障环境灾害发生后的全面恢复；此外，还有多部灾害预防法、程序法和组织法。这些法律组成了灾害预防—危机快速应对与处理—环境恢复整套环境危机全方面应对法律体系，为环境风险管理各个环节提供有效法律保障。

三、俄罗斯

（一）环境应急管理体制和机制

俄罗斯环境应急管理权力高度集中，管理机构体系庞大。1994年，俄罗斯建立了直接对总统负责的"民防、紧急状态和消除自然灾害后果部"（以下简称"紧急状态部"），主要负责自然灾害、技术性突发事件和灾难类突发公共事件的预防和救援工作。以紧急状态部作为应急管理的核心机构，全俄形成了五级应急管理、逐级负责的垂直管理模式。联邦、区域、联邦主体和城市紧急状态机构（部、中心、总局、局）下设指挥中心、救援队、信息中心、培训基地等管理和技术支撑机构，保证了紧急状态部有能力发挥中枢协调作用。此外，俄罗斯紧急情况部还拥有多所院校和科研机构，如俄罗斯国立消防学院、俄罗斯民防学院和全俄急救和放射医学中心等。前者主要负责为紧急情况部培养并输送专业人才，后者则主要负责对消防队员和其他救援人员提供专门医疗服务，同时把科研成果用于临床实践。

（二）环境应急管理法律体系

俄罗斯环境应急管理具有完备的立法体系。2001年，俄罗斯联邦颁布了《紧急状态法》。作为基本法，该法规定，紧急状态适合于企图以暴力改变俄罗斯联邦的宪法制度、夺取或掌握政权，进行武装暴动、大规模骚乱和恐怖行动，封锁或占领特别重要的设施或个别地区，对公民的生命和安全、国家政权机关和地方自治机关的正常活动造成直接威胁的暴力冲突、人畜流行病、灾难、自然灾害等。在单行法层面，1994年，俄罗斯制定了《关于保护居民和领土免遭自然和人为灾害法》，对在俄生活的各国公民，包括无国籍人员提供旨在免受自然和人为灾害影响的法律保护；1995 年 7 月，俄罗斯制定了《事故救援机构和救援人员地位法》，该法规定，在发生紧急情况时，联邦政府可借助该法协调国家机构与地方自治机关、企业、组织及其他法人之间的工作。此外，该法还规定了救援人员的救援权利和责任等内容。针对不同灾害事故，紧急情况部还分别制定了详细的应对条例。每个条例除了介绍灾害或事故的性质和特点外，还详细列举了各种预防措施以及在灾害或事故发生后应采取的各种应对措施。

四、其他国家

英国突发环境事件应对特点概况为：分工明确、数据共享。2004 年，英国政府通过《国内紧急状态法》，明确环境风险事故发生后的应急管理内容和程序，包括环境风险事故的预测与评估，有针对性的预防措施，应急处理规划、培训以及演练，事故发生后的快速响应和处置预案，各部门的职责以及合作、协调和沟通等。在保障体制与机制方面，英国成立了公众紧急事务委员会、战略协调小组、科学技术委员会，形成应对环境风险事故的核心领导机构。公众紧急事务委员会由首相直接领导，进行风险事故管理；战略协调小组由环境署组织建立，负责风险事故的应急处理；科学技术委员会由健康保护署或当地公众健康负责人组成，负责为战略小组提供科学和技术支持。此外，为了提高环境风险的预防水平，英国着力推进环境风险预测，建立风险评估基础数据库。紧急响应小组把实时模拟结果提供给战略协调小组，战略协调小组根据模拟结果提出事故处理救援方案，并及时为公众提出警示信息。环境署、健康保护署等环境风险管理及技术支持部门都根据国家共享的基础数据，建立完善的风险评估基础数据库，为风险事故模拟提供背景数据，把模拟结果应用到事故处理，有效降低环境风险事故的破坏程度。

加拿大国家环境保护局针对环境污染事故的防范与应急制定了相应的应急计划，并在各方面积极与美国合作，出版了《The 2000 Emergency Response Guidebook(AERG2000)》，以及《The 2008 Emergency Response Guidebook(ERG2008)》。法国开发了"seans"的软件包，为突发性水污染事故提供应急决策。欧盟于 2000 年开发 SPIRS 2.0(Seveso Plants Information Retrieval Syseetem)重大环境污染事故防范及应急决策系统，并于 2001 年将其中的最新危险事故数据库(MARS 4.0)投入实践应用，帮助其成员国应对重大环境污染事故过程中做出合理决策。

第二节　中国环境应急管理发展历程

中国环境应急管理工作起步于 2002 年，自 2005 年松花江水污染事故发生后进入快速发展阶段，2005 年 11 月的松花江水污染事件是推动我国突发环境事件应急管理发展的重要里程碑。

松花江事件后，我国环境应急能力稳步提升，突发环境事件的防范与处置工作历来受到高度重视，尤其是"十一五"开始至今，我国在环境应急管理机构建设、制度体系建设、能力建设等方面均取得了重要进展。

管理机构上，2006 年，原环境保护部成立环境应急与事故调查中心，以提高环保部门环境应急能力建设为目标，推动省、市级环境应急机构的建立健全，全国约 70%的省级环保部门、40%的地市级环保部门成立了环境应急管理机构。

各项环境应急法律法规相继出台,国家根据突发事件应对需要,先后出台了《突发事件应对法》(2007 年)、修订了《国家突发环境事件应急预案》(2014 年),发布了《国务院关于全面加强应急管理工作的意见》(2006 年)、《国务院关于加强环境保护重点工作的意见》(2011 年),2015 年新修订的《环境保护法》施行后,中国生态环境部修订完善了《国家突发环境事件应急预案》,先后颁布了《突发环境事件应急管理办法》《突发环境事件调查处理办法》《企业突发环境事件风险评估指南》《企业事业单位突发环境事件应急预案备案管理办法》《突发环境事件调查处理办法》及《突发环境事件应急处置阶段污染损害评估工作程序规定》《企业突发环境事件隐患排查和整治工作技术指南》等系列规章制度,用于指导开展环境风险评估、环境安全隐患排查、应急预案管理、应急保障、应急处置、损害评估、调查处理等七个方面的工作。这些制度涵盖了突发环境事件应急管理工作的核心内容,形成了完整的环境应急管理法律法规体系。

在 2002~2018 年近 15 年时间中,我国环境应急管理发展主要经历了三个阶段(见图 2-1)。

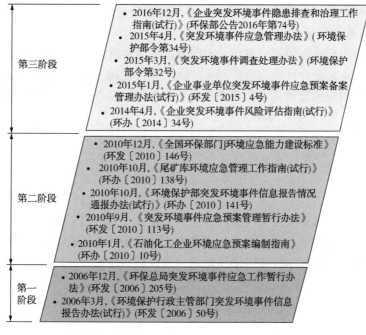

图 2-1　环境应急管理发展历程

1. 诞生期

2005 年 11 月 13 日,某公司双苯厂一车间发生爆炸,约 100t 苯类物质(苯、硝基苯等)流入松花江,造成了江水严重污染,沿岸数百万居民生活受到影响。松花江水污染事件的发生引起了国际社会的广泛关注,尤其松花江是一条国际性的河流。松花江污染事件是我国最早受到关注的一起重大突发环境事件,触发了政府对于环境应急管理必要性和重要性的进一步关注,可以看成是我国现代环境应急管理发展史上的代表性事件。

在松花江污染事件的影响下,2005 年 12 月,国务院下发了《关于落实科学发展观加强环境保护的决定》(国发〔2005〕39 号),把环境保护摆在更加重要的战略位置,认为“加强环境保护是落实科学发展观的重要举措,是全面建设小康社会的内在要求,是坚持执政为民、提高执政能力的实际要求，是建设社会主义和谐社会的有力保障"，并提出"健全环境监察、监测和应急体系，建立环境事故应急监控和重大突发环境事件预警体系"。这是国务院首次正式提出要健全环境应急体系。尽管环境应急管理工作已经起步，但对于什么是环境应急管理、职能是什么、内涵是什么需要探索研究。

2. 发展期

松花江事件后，中国环境应急管理进入快速发展阶段，2006年国务院下发了《关于全面加强应急管理工作的意见》和《关于加强基层环境应急管理工作的意见》，对环境应急管理建设机制、法制、体制建设，环境应急体系、保障体系建设做出了明确要求，为环境应急管理发展提供方向。同年，国务院印发实施了《国家突发环境事件应急预案》，正式提出了突发环境事件定义、突发环境事件分级、突发环境事件应对机制及突发环境事件分级响应原则，该预案的发布，可以说是继松花江事件后国家第一次单独提出了突发环境事件及应急管理这一概念。2008年国务院机构改革，原国家环保总局升格为原环境保护部，成为国务院组成部门。2009年原环境保护部印发了《关于加强环境应急管理工作的意见》，指出了环境应急管理建设内容及建设目标。明确到2015年，环境应急管理政策法规体系基本完善；省（自治区、直辖市）、省辖市和重点县（区、市）环境应急管理机构和应急能力有较大加强，全国环境应急管理网络基本形成；国家、省级、市级突发环境事件预案体系基本健全；重点行业环境风险源数据库基本建立；环境应急管理人才队伍初具规模，专业水平明显提升；环境应急平台基本建成；环境应急管理基本实现法制化、信息化、专业化。意见工作内容具体、工作目标明确，为2009~2015年我国环境应急管理纲领性文件。

此后，环境应急管理逐步得到国家及各地不断重视，环境应急管理体制、法制、机制开始探索建立。2010年《突发环境事件信息报告办法》出台，规范了信息报告工作的程序、内容。同年，原环境保护部下发了《全国环保部门环境应急能力建设标准》，指导省、市两级以挂牌或者单独成立的方式建立了环境应急管理与事故调查中心，部分县区也成立了相应应急管理部门。各地结合国家突发环境事件应急预案建立了省、市、县三级政府突发环境事件应急预案，并定期开展演练。探索结合环境监察工作开展环境风险防控及环境安全隐患排查工作，以便将引发突发环境事件的各类风险源消灭在萌芽状态。全国环境应急管理事业开始快速发展。

这个阶段的主要成效可以归结为：主要围绕"一案三制"（"一案"是指制订、修订应急预案；"三制"是指建立健全应急体制、机制和法制），重点规范突发环境事件应急预案管理，完善环境应急预案体系，推动国家、地方环境应急机构建设与应急能力建设，并探索建立环境应急救援物资保障制度等，实现了应急管理的常态化。

3. 成型期

2011~2013年《突发环境事件应急管理办法》《突发环境事件调查处理办法》《企业事业单位突发环境事件应急预案备案管理办法》等八个规章制度相继出台，这些制度形成了完整的环境应急管理法律法规体系；为做好突发环境污染事故防控工作，2013年开始企业环境风险评估、环境安全隐患排查、环境损害评估等工作导则和技术指南不断实施，环境应急管理日常工作机制逐步建立，我国环境应急管理"一案三制"管理体系逐步建立健全。同时这一阶段在环境应急管理体系逐步建立的基础上，重点突出环境风险防控，把突发环境事件的预防和应急准备放在优先位置，建立了以预防为主的企业环境风险评估管理、环境风险隐患排查治理制度，组织开展了我国重点行业企业环境风险及化学品检查工作，并初步确定了全国石化化工行业重点风险企业名单，推动了应急管理向风险防范的转变。

2015 年后，以突发环境风险防范为核心，各级环境应急预案体系基本形成，预案管理不断规范，环境风险评估和隐患排查整治不断深入，各地的环境应急能力装备标准化建设初见成效，部门间环境应急联动协作加强，各地应急处理处置能力明显提升。

第三节　基于"一案三制"全过程环境应急管理理念的提出

应急管理体系指应对突发事件时的组织、制度、行为、资源等相关应急要素及要素间关系的总和。环境应急管理体系是指在政府领导下，以法律为准绳，全面整合各种资源，制定科学规范的应急机制和应急预案，建立以政府为核心、全社会共同参与的组织网络，预防和应对各类突发环境事件，保障公众生命财产和环境安全，保证社会秩序正常运转的工作系统。

我国突发事件应急管理工作始于"一案三制"建设，"一案三制"是指预案、法制、体制和机制。2003 年 7 月 28 日，全国防治非典工作会议上提出："要大力增强应对风险和突发事件的能力，经常性地做好应对风险和突发事件的思想准备、预案准备、机制准备和工作准备，坚持防患于未然。"从此，以"一案三制"为核心内容的应急管理体系建设全面起步。

中国环境应急管理体系以"事前预防–应急准备–应急响应–事后管理"四个阶段的全过程管理为主线，围绕应急预案、应急管理体制、机制、法制建设，构建起了"一案三制"的核心框架，该体系包括风险防控、应急预案、指挥协调、恢复评估四大核心要素，以及政策法律、组织管理、应急资源三大保障要素相互联系、相互作用，共同形成有机整体，是一个不断发展的开放的体系。

一、预案建设

预案建设是环境应急管理的龙头，是"一案三制"的起点。预案具有应急规划、纲领和指南的作用，是应急理念的载体，是应急行动的宣传书、动员令、冲锋号，是应急管理部门实施应急教育、预防、引导、操作等多方面工作的有力抓手。制定预案是依据宪法及有关法律、行政法规，把应对突发事件的成功做法规范化、制度化，明确今后如何预防和处置突发环境事件。实质上是把非常态事件中的隐性的常态因素显性化，也就是对历史经验中带有规律性的做法进行总结、概括和提炼，形成有约束力的制度性条文。启动和执行应急预案，就是将制度化的内在规定性转为实践中的外化的确定性。预案为突发环境事件中的应急指挥和处置、救援人员在紧急情态下行使权力、实施行动的方式和重点提供了导向，以降低因突发环境事件的不确定性而失去对关键时机、关键环节的把握，或浪费资源的概率。

科学的环境应急预案体系应包括国家级应急预案、行业应急预案、各级政府管理应急预案、相关部门应急预案和企业应急预案，预案体系横向到边、纵向到底，符合综合化、系统化、专业化和协同化要求，预案之间相互衔接、统一协调、综合配套，发挥整体效用。

科学的环境应急预案应具备"准""活"的特点。所谓"准"就是根据事件发生、发展和演变规律，针对本地区、本部门、本企业环境风险隐患和薄弱环节，科学制定和实施预案，实现预案的管用、扼要、可操作。所谓"活"就是在认真总结经验教训的基础上，根据地区产业结构和布局的变动、行业技术和替代品的发展、企业作业条件与环境的变迁等，适时修订完善，实现动态管理。

二、体制建设

应急管理体制主要是指应急指挥机构、社会动员体系、领导责任制度、专业处置队伍和专家咨询队伍等组成部分。

我国应急管理体制按照"统一领导、综合协调、分类管理、分级负责、属地管理为主"的原则建立。从机构和制度建设看，既有中央级的非常设应急指挥机构和常设办事机构，又有地方政府对应的各级指挥机构，并建立了一系列应急管理制度。从职能配置看，应急管理机构在法律意义上明确了在常态下编制规划和预案、统筹推进建设、配置各种资源、组织开展演练、排查风险源的职能，规定了在突发事件中采取措施、实施步骤的权限。从人员配备看，既有负责日常管理的从中央到地方的各级行政人员和专职救援、处置的队伍，又有高校和科研单位的专家。我国环境应急管理的组织体系由应急领导机构、综合协调机构、有关类别环境事件专业指挥机构、应急支持保障部门、专家咨询机构、地方各级人民政府突发环境事件应急领导机构和应急处置队伍组成。

三、机制建设

应急管理机制是行政管理组织为保证环境应急管理全过程有效运转而建立的机理性制度。应急管理机制是为积极发挥体制作用服务的，同时又与体制有着相辅相成的关系，建立"统一指挥、反应灵敏、功能齐全、协调有力、运转高效"的应急管理机制。它既可以促进应急管理体制的健全和有效运转，也可以弥补体制存在的不足。经过几年的努力，我国初步建立了环境风险预测预警机制、环境应急预案动态管理机制、环境应急响应机制、信息通报机制、部门联动工作机制、企业应急联动机制、环境应急修复机制、环境损害评估机制等。我国在培育应急管理机制时，重视应急管理工作平台建设。国务院制定了"十一五"期间应急平台建设规划并启动了这一工程，其中，公共安全监测监控、预测预警、指挥决策与处置等核心技术难关已经基本攻克，国家统一指挥、功能齐全、先进可靠、反应灵敏、实用高效的公共安全应急体系技术平台正在加快建设步伐，为构建一体化、准确、快速应急决策指挥和工作系统提供了支撑和保障。环境应急管理的机制有：

1. 环境风险预测预警机制

加强国内外突发环境事件信息收集整理、研究，按照"早发现、早报告、早处置"的原则，开展对国内外环境信息、自然灾害预警信息、常规环境监测数据、辐射环境监测数据的综合分析、风险评估工作，包括对发生在境外、有可能对我国造成环境影响事件信息的收集与传报。开展环境安全风险隐患排查监管工作，加强环境风险隐患动态管理。加强日常环境监测，及时掌握重点流域、敏感地区的环境变化，根据地区、季节特点有针对性地开展环境事件防范工作。

2. 环境应急预案动态管理机制

进一步完善突发环境事件应急预案体系，指导社区、企业层面全面开展突发环境事件应急预案的编制工作，提高预案的实效性、针对性和可操作性，制定分行业、分类的环境应急预案编制指南，规范预案编制、内容、修订、评估、备案和演练等。

3. 环境应急响应机制

按照"统一领导，分类管理，分级负责，条块结合，属地为主"的原则，建立分级响应机制。事发地人民政府接到事件报告后，要立即启动本级突发环境事件应急预案，组织有关部门进行先期处置。出现本级政府无法应对的突发环境事件，应当马上请求上级政府直接管理。"属地管理为主"不排除上级政府及其有关部门对其工作的指导，也不能免除发生地其他部门的协同义务。

4. 信息通报机制

当突发环境事件影响到毗邻省（自治区、直辖市）或可能波及毗邻省（自治区、直辖市）时，事发地省级人民政府及时将情况通报有关省（自治区、直辖市）人民政府，使其能及时采取必要的防控和监控措施。必要时，原环境保护部可直接通报受影响或可能波及的省（自治区、直辖市）环境保护部门。

5. 部门联动机制

各级政府建设综合性、常设的、专司环境应急事务的协调指挥机构，采用统一接警，分级、分类出警的运行模式。公安、消防、安监、卫生、环保、质监、水利、土地等部门加强横向联系。建立信息通报、应急联动等工作机制。

6. 企业应急联动机制

建立各级人民政府与企业、企业与企业、企业与关联单位之间的应急联动机制，形成统一指挥、相互支持、密切配合、协同应对各类突发公共事件的合力，协调有序地开展环境应急工作。

7. 环境紧急修复机制

环境紧急修复机制是指环境事件发生后，政府及有关部门采取的应急处置措施，控制和减少环境污染损害，包括水环境紧急修复、大气环境紧急修复、土壤环境紧急修复、固体废物转移和安全处置等。

8. 损害评估机制

环境损害评估包括直接经济损失评估、间接经济损失评估等。环境损害评估涉及多个政府部门，如农业部门负责农作物、渔业损失的评估，林业部门负责林业损失的评估，卫生部门负责人员救治的评估等。

四、法制建设

法律手段是应对突发环境事件最基本、最主要的手段。应急管理法制建设，就是依法开展应急工作，努力使突发事件的处置走向规范化、制度化和法制化轨道，使政府和公民在应对突发事件中明确权利、义务、使政府得到高度授权，维护国家利益和公共利益，使公民基本权益得到最大限度的保护。

目前，我国应急管理法律体系基本形成，主要体现在基本法《中华人民共和国宪法》，行业法律《中华人民共和国突发事件应对法》，在宪法规定的指导下，我国的综合性环境保护法律、环境污染防治单行法律、生态破坏防治与自然资源保护单行法律对突发环境事件的应急处理分别做出了综合性和专门的法律规定，这些具体规定在后面综合管理部分中有列出。

第四节　环境应急管理体系基本框架

一、环境应急管理体系

随着突发环境事件涉及的领域越来越广，突发环境事件已不再是单纯的对自然生态环境本身造成伤害，而是从经济、社会和公众心理的角度对社会生产生活造成综合的影响。环境保护是每个公民应尽的义务，更是政府不可推卸的责任，做好环境应急管理工作，必然要发挥政府与社会的综合力量，建立一个健全、完整的环境应急管理体系。

（一）环境应急管理体系的含义

1. 环境应急管理体系的概述

环境管理体系应包括环境应急管理工作目标、环境应急管理工制度和环境应急管理组织体系三大要素。

2. 环境应急管理目标

事前目标：以环境管理风险为依托，采用各种风险管理为依托，采用各种手段实现风险排查、风险消除、风险监控的目的；以突发环境事件的减量化为重点目标，构建全方位的突发环境事件预防与预警体系及环境保护敏感目标自身保护体系。

事中目标：以突发环境事件社会影响和环境影响的最小化为主要目标，在突发环境事件的应对过程中，做到第一时间报告并研判信息、第一时间赶赴现场、第一时间开展监测、第一时间应急处置，努力使事件环境造成的生态影响最小化、对人民群众生命财产安全的损害最小化、带来的社会影响最小化。

事后目标：及时解决突发环境事件处置过程中的经济损失评估、经济赔偿纠纷；及时解决突发环境事件中的责任认定，并配合司法部门实施相关人员的环境污染责任罪责追究；及时解决环境污染修复等相关问题。

（二）我国环境应急管理体系

1. 纵向体系构成

（1）国家层面

在国务院事故调查组的统一领导下，原环保部环境应急与事故调查中心为突发环境事件调查处置的牵头单位，负责重、特大突发环境事件的应急信息通报及应急预警等工作。

（2）省级层面

以省环境应急中心或省环境监察局为主要力量，参与各类突发环境事件的调查与处置。部分地区将对环境污染纠纷事件的查处也列入环境应急中心的主要职能。省级环境应急的基本作用在于现场参与较大及以上级别突发环境事件的处置，同时结合各省实际情况，探索适合各省情况的环境应急全过程管理模式，建立健全关于预防、预警等方面的规章制度。

（3）地市级层面

由于专职环境应急管理机构不健全，地市级层面上绝大部分仍然以兼职人员为主，环境监测、监察队伍在承担自身职能的同时，参与突发环境事件的调查处置。

2. 横向体系构成

当今社会的突发环境事件的综合性和跨地域性日趋明显，环境应急管理涉及交通、公安、消防、安全、通信等部门，几乎包括了所有的政府部门。我国的主要做法是基于职能划分按照部门为单位进行考核，实施激励，因此在突发事件的处理上也是分类、分部门应对的模式。

二、我国环境应急管理体系存在的问题

（一）被动反应模式带来的问题

环境应急管理的工作是综合、系统的管理工作，环境应急管理的职能定位不能仅限于在

突发环境事件的应急响应阶段，即传统的"被动反应"模式，还必须包括突发环境事件发生前的预防、预警以及事件发生后的调查评估、善后恢复阶段，实现一个全过程"主动保障"的应急管理模式，把各种风险因素消灭在萌芽阶段。

(二) 公众参与不足带来的问题

在人们的思想中，政府就是作为管理社会的唯一主体，个人也普遍产生依赖政府包揽一切的心理，个人参与社会管理的热情不高，政府与社会之间缺乏根本的沟通，两者之间的沟通渠道也不完善，以至于突发环境事件发生时不能有效地发挥社会(如个人、专家、社会团体)的作用。

第五节　我国环境应急管理发展现状及环境风险防控重点

一、我国环境应急管理的现状

近年来随着国家对国共管理危机的愈加重视，各类应急管理相关政策法规陆续出台，环境应急管理专项领域有了一定进展，人员、机构、环境应急管理理念等方面有了深层次的充实。但与发达国家相比起步晚、底子薄等现状还是客观存在，并制约着当前环境应急管理工作的开展，尤其是体制、机制、法制尚未健全，环境应急工作偏重于事后应急，"关口前移，预防为主"的实践还不到位，政府、部门、社区、企业等各个层面的环境应急管理体系尚未完善。

(一) 环境应急管理机构与队伍建设现状

1. 机构建设

目前我国的环境应急管理机构还是一个全新的机构，原环保部应急中心取得行政编制的时间还不到五年，就已经陆续推出了《关于加强环境管理工作的意见》《全国环保部门环境应急标准化建设方案》等多个意义重大的文件，为全国环境应急管理工作的开展奠定了扎实基础。但受经济、行政管理体制等方面因素的制约，全国 31 个省直辖市中，成立专职应急机构并且独立运行的并不多，大部分由监察或监测部门兼职执行环境应急管理职能，形式不一，机构极不健全。我国自上而下的纵向环境应急管理组织体系初见雏形，但机构与力量较为薄弱，尚无法满足环境安全形势的需要，尤其是基层环保部门，承担了大部分突发环境事件的预防处置工作，而环境应急机构与人员建设反而最为滞后，环境应急能力需要加强。

2. 部门应急联动现象

在应对各种综合性突发事件的过程中，应急联动的重要性愈加明显，从而成为我国环境应急管理体系建设的一个重要任务。但由于客观历史原因，目前环境应急联动存在信息互通不到位、资源整合不到位、应急技术的耦合不到位等多方面问题。

(1) 信息不畅通

随着突发事件处置经验的积累，各部门意识到第一时间获取信息的重要性，并将信息获取作为科学合理处置事件的一个重要前提。在环境保护领域中，环保部门也在加快推进融合"12369"举报信息渠道、网络信息搜集渠道为一体的综合信息获取网络。但由于行政管理职能分工的特点，各部门信息获取各自为政，交流不多，信息多头获取、信息的利用率不高现象突出。这既造成了资源浪费，也在一定程度上可能带来战机的延误，当环保部门在接到信息后，已经失去了最佳处置机会。这种信息不畅通、信息辨识角度单一，是当前应急处置效率低下，无法最大限度地第一时间获取信息、第一时间赶赴现场、第一时间调查处置，最大程度地控制损失和影响的重要因素之一。

（2）资源整合不足

应急资源对应急事件的处置非常重要。应急资源包括了人力资源和物资资源以及技术资源。目前，在人力资源整合中，应急救援队伍不能综合化、社会化是一个非常不利于应急管理发展的因素。各个领域都想建专业的救援队伍，但是各个领域的专业救援队伍都不够强大、不够专业，导致了重复性建设和非专业化建设。此外，专家领域中复合型人才的缺失也是人力资源整合不到位的一个表现。应急物资储备情况也不容乐观，油毡、覆盖物等物质的迅速到位是第一时间遏制事态发展的重要手段，但作为环保部门而言，凭一己之力储备物资，明显势单力薄，很难解决应急资源的储备资金紧张的问题。

（3）应急技术耦合缺失

在安全生产事故、交通事故处置过程中，由于环境安全意识不强，采用片面的风险控制技术，在其他风险得到控制的同时产生了环境风险，衍生了突发环境事件。

（二）政府及个体应急管理人员现状

1. 政府部门层面

我国政府环境应急管理人员主要有两大类。一类是具有较为丰富的现场执法与现场检测经验的人员，环境监察、环境监测人员占了我国环境应急管理队伍中绝大部分比例。这部分人员实战经验较为丰富，但对环境应急管理理论知识的掌握不足，尤其是对突发环境事件发展态势的判断以及对于快速环境应急决策等方面理论基础欠缺。另一类则鉴于环境应急机构是一个新单位，是独立运行的机构，所招聘的人员大多为应届毕业生，虽然理论知识丰富，但实战经验不足，由于当前突发性环境事件所具有的越来越多的政治意义和社会意义，我国环境应急管理人员在实践中的协调处理能力，包括快速调用资源的能力，协调利益双方化解社会矛盾的能力等表现出了不足。

2. 企业应急管理层面

从风险控制的角度而言，企业自身的应急管理是最基本的源控制。它决定了风险的有无和风险的大小。如果企业风险控制到位，环境应急管理就成功了一半；如果企业风险控制不到位，后期环境应急管理将事倍功半。

3. 社会公众层面

我国公众的环境意识处于快速上升期，但还可以说处于一个初级阶段。这种初级阶段的环境意识更多地表现为对环境问题的问责与发难，社会公众自身参与环境保护，提升环境应急自救能力等方面则相对欠缺。

（三）环境应急管理机制现状

1. 环境应急综合协调机制

随着突发环境事件诱因的复杂化、突发环境事件的社会化，突发环境事件的应对，尤其是一些区域纠纷、厂群纠纷甚至是跨省纠纷处理，需要越来越高的综合协调技巧，但目前需求与现实之间还存在很大的差异。

从广义上讲，环境风险的防范包括了项目的审批与竣工验收中的环评关、日常监察中的执法关以及常规水、气、土壤检测中的预警关。这些环节分别涉及环评、监察、固废、监测等多个部门，仅仅依靠目前作为直属事业单位的应急中心来实现综合协调的难度相当之大，尽管部分地区设立了应急办来统筹协调各部门工作的衔接，但由于权职较为空泛，作用并不明显。从狭义上讲，突发环境事件的非常态响应过程中也存在着综合协调不到位等问题。此外，跨区域与跨部门应急机制不健全，关于跨部门应急联动机制，我们已经在应急人员与机构的相关内容中，以应急机构横向体系的衔接为切入点进行了详细的阐述。主要是整体流域环境风险控制，跨市界、省界环境污染事件应对和区域间常态应急联动机制建设。

2. 环境风险控制机制

机制是指对系统内的要素进行协调的一种无形力量，它可以是一种固化的手段，也可以是一种制度。基于此，环境风险控制机制可以理解为"为实现环境风险的控制而建立的各种制度、规章以及协调手段"。由于风险控制在近期才逐步受到重视，相关的控制机制建设刚刚起步，因此我们主要从风险控制的手段与制度两个方面来剖析当前的不足。从环境风险控制手段来看，当前，我国环境风险控制整体以行政管理手段为主，控制手段单一而偏软，风险管理模式单调而缺乏保障，环境经济手段在风险控制中运用不到位。从环境风险控制制度来看，对于企业层面该如何进行风险控制、基层执法者如何进行监管、省级如何进行统筹规划，国家层面已经出台相关政策要求及技术文件(第二章环境应急管理法律法规及技术文件详细介绍)，但正处于实施初期，一些基本的风险控制措施尚且未形成标准化与规范化操作。

3. 环境应急响应与处置机制

应急响应与处置在一定意义上是控制事态发展的核心内容。源于突发环境事件所具有的影响力、破坏力，目前我国对此非常重视。前期指定的一些环境应急管理制度基本围绕环境应急响应和处置方面的内容，如原环保部《关于加强突发环境事件信息报送的通知》《环境保护部环境应急专家管理办法》等等。原环保部应急中心则对应急响应和处置归纳总结提出了五个"第一"。要求突发环境事件发生后各地要在当地政府的统一领导下，做到：第一时间报告，确保信息研判准确、上报及时；第一时间赶赴现场，采取有效措施，控制事态发展，最大程度减轻事件危害；第一时间开展监测，为科学处置提供决策支持；第一时间组织开展调查，迅速查明事件原因；第一时间发布信息，正确引导舆论。基本提炼出了突发环境事件应对的时效性、突发环境事件处置的各个关键环节，此外在此事件中，对专家的参与也有一定的规定。2009年原环保部应急中心举办了国家级环境应急管理专家的聘用仪式，加强了专家在突发环境事件处置中的技术指导作用。

二、环境风险防控重点

(一) 深化法律法规体系建设与衔接

突发环境事件风险防控可分为水污染和大气污染防控。

水环境污染风险防控方面，2008年我国修订实施了《水污染防治法》，专门设置了水污染事故处置章节，通过《企业突发环境事件风险评估指南(试行)》《企业突发环境事件隐患排查和治理工作指南(试行)》和《突发环境事件应急管理办法》的印发实施，有效贯彻落实了《水污染防治法》中对水污染事故的应急准备、应急处置和事后恢复的条款要求。

大气污染事故风险防控方面，以美国为例，1990年美国国会通过《空气清洁法案(修正案)》，要求美国环保局对使用极其危险物质的企业提出预防化学品泄漏事故要求，公布法规和指导方针。为此美国环保局颁布了《化学品事故防范法规》与"风险管理计划"，从企业化学品生产、存储与使用层面，提出了包括有毒物质与易燃物质在内的140种管控物质清单，规定了企业制定风险管理计划的具体要求。我国2015年修订了《大气污染防治法》，规定了"公布有毒有害大气污染物名录，实行风险管理""排放名录中所列有毒有害大气污染物的企业事业单位，应当按照国家有关规定建设环境风险预警体系，对排放口和周边环境进行定期监测，评估环境风险，排查环境安全隐患，并采取有效措施防范环境风险"。与美国相比，我国有毒有害大气污染物名录更加侧重污染物排放管理，对化学品意外泄漏导致的突发大气环境污染事故防控还面临法律空白，因此，化学品泄漏风险预警体系与风险防控措施建设亟须明确法规依据，从而推动大气污染风险防控与预警。

（二）进一步加强长江经济带环境风险防控

2016年9月，《长江经济带发展规划纲要》印发，同时也提出了对长江经济带生态环境保护新要求，防控涉危、涉重金属企业污染风险是保障长江经济带环境安全的重要前提。陈吉宁部长在2017年1月长江经济带生态环境保护座谈会上指出，长江经济带沿江沿湖分布的化工企业40余万家且近水靠城，危险品生产企业、重金属污染源与主要饮用水水源地相邻，作为调水工程水源地，长江水环境安全可能影响黄河、海河、淮河等流域。因此，应进一步深化沿江化工行业环境风险评估，完善突发环境事件应急预案，严格企业环境安全隐患排查与治理，加强对高环境风险企业的重点防控与监管。开展沿江区域环境风险评估，加强对化工园区的重点监管，落实环境风险防控措施与应急资源储备。防范沿江环境风险，必须与调整产业结构、优化产业布局结合，在重点生态功能区、生态环境敏感区和脆弱区等保护的基础上，将区域环境风险预警纳入生态保护红线区域，对于超过环境风险预警红线的区域，严格新建化工项目审批，落实习近平总书记关于长江经济带"共抓大保护，不搞大开发"的要求。加强沿江流域水质联合监测，做到"早发现、早报告、早处置"，及时掌握重点区域环境变化，根据区域环境风险特征有针对性地开展突发环境事件风险防范，推动实施长江经济带"绿色发展"战略。

（三）加强跨国界河流安全保障

我国西北、西南与东北等有许多跨国界河流，如何保障跨国界河流安全，防止因水环境问题而造成的国际水事纠纷应该引起高度重视。加强跨国界河流水环境风险管理可重点开展以下四方面工作。一是开展跨国界流域水生态环境和风险源评估，夯实监管与应急基础能力。开展流域内环境风险隐患筛查和定期排查，加强对重点源的监控与监管，为跨国界河流的管理、问题技术协商和外交谈判提供基础信息和支撑；同时针对跨国界河流等水环境敏感保护目标，加强对化学品运输等移动风险源的监管，防止交通事故等导致的风险物质泄漏。建立健全环境风险防范制度和措施，制定企业风险防控和敏感保护日标应急预案，定期开展演练，夯实和逐步提升应急基础能力。二是建立跨国界河流应急保障制度，完善环境应急救援体系。建立跨国界流域区域环境应急信息共享、物资储备、应急调度等应急救援保障制度。要求环境风险企业储备环境应急物资，加强监督管理，保障应急时物资的及时调拨和配送。加强流域环保相关职能部门的环境应急协作，完善环境应急救援体系和制度保障。三是建设跨国界流域水环境风险信息平台，支撑全过程管理决策。针对跨国界突发水环境事件事前预防、事中应急和事后修复全过程各个环节，应强化源头防控，建立健全水环境风险源识别、水环境监测、风险预测预警、信息传输交换、信息发布系统，形成统一、高效的环境风险防控信息平台和突发性水污染事件应急决策支持系统，为指挥决策提供技术支撑。四是开展跨国界河流风险防控技术研究，形成环境应急管理对策。针对跨国界流域区域特点，研究构建水污染防治、水环境保护、风险预测预警、应急调度指挥和事故处理处置技术体系，建立跨国界河流应急管理预案，形成系统的技术储备和应急对策，保障跨国界河流安全。

（四）提升区域环境风险应急与部门联动

根据国家环境保护部门对近十年突发环境事件统计，生产安全事故和化学品运输交通事故直接引发或因处置不当次生的突发环境事件约占突发环境事件总数的60%以上，应重点建立环保与安监、消防、交通运输等部门协同联动的环境应急体系和互动机制，提升环境应急处置与应急救援能力。按照突发事件"统一领导、分级负责、属地为主"的应对原则，加强县一级人民政府的整合资源、协同应对能力，实现对突发环境事件的快速反应、科学处置、协调联动。

（五）进一步强化公众参与和社会监督

公众参与和社会监督是防控突发环境事件风险的重要基础和有效途径。为了应对重大有害化学品事故频发的环境安全问题，美国国会1986年通过了《应急计划与公众知情权法案》。该法案主要对联邦、州、地方政府以及企业的有毒化学品对应计划与公众知情权报告做出规定，要求各州成立州级应急反应委员会，并要求当地社区成立应急计划委员会，地方政府制定并每年审核化学品应急反应计划，存储极危险物质的企业在应急预案的准备与编制中须保障公众参与，通过该法案的实施，建立了不同类型突发环境事件应对的社区公众基础。我国目前尚未形成一个良好的预防和应对突发事件的社会基础，社会广泛参与突发环境事件应对工作的机制不够健全，公众危机意识不强，自救与互救的能力不强。因此，应进一步健全环境保护举报制度，广泛实行信息公开，在区域与企业环境应急预案的编制、评估、备案等程序中，落实强化公众参与。同时要提高和保障公众知情权，利用现代社会移动互联的信息传递优势，扩大公众知情的信息获取途径，提升公众应对突发环境事件的防护能力与保护意识，进而实现全面有效的社会监督。

第三章 风险控制

第一节 环境风险控制基本概念

一、风险

（一）风险的概念

风险是指决策者面临的这样一种状态，即能知道事件最终呈现的可能状态，并且可以根据经验知识或历史数据比较准确地计算可能状态出现的可能性大小，以及整个事件发生的概率分布。

（二）风险的性质与特点

1. 风险的科学属性

如风险的评估就是对风险可能造成的危害性进行预测；风险的识别就是对风险点加以科学的统计、分析、总结、提炼，为风险管理奠定理论基础。

2. 风险的数学属性

如果把风险看作是一个系统内有害事件或非正常事件出现可能性的度量，则可以用概率的数学方法来表示，这称之为风险概率。

3. 风险的主观属性

风险的概念具有相对意义，在风险评价时，对风险的确定依赖于人们对它的认知程度和社会可接受水平。实践中，某一事件处于风险状态还是不确定性状态，并不完全由事件本身的性质决定，反而更大程度上取决于决策者的认知能力及所拥有的信息量。随着决策者认知能力的提高和掌握信息量的增加，不确定性决策也可能演化为风险决策，因此，风险和不确定性的区别是建立在投资者的主观认知能力和认知条件（主要是信息量的拥有状况）的基础上，具有明显的主观色彩。

二、环境风险

环境风险即在自然环境中产生或者通过自然环境传递地对人类身体健康和物质财富产生不利影响，同时又具有某些不确定性的危害事件。

三、环境风险的相关理论

（一）环境风险系统理论

环境风险系统理论的基本内容是将环境风险事件不简单看作是由事故释放的一种或多种危险因素造成的后果，而是看作产生与控制风险所有因素所构成的系统。环境风险系统理论认为，环境风险是由风险源、环境风险受体及风险传播机制三部分共同组成的风险演化系统。其中，风险源代表了环境风险产生的源头及事故诱发因素，在不同应用领域表现为企业生产设施、危险化学品运输、累积性面源污染等环境风险诱发因素，其与事故发生的概率紧密相关；环境风险受体包括风险源直接作用并产生危害性后果的人体、环境敏感保护目标，风险传播机制是连接风险源与环境风险受体的桥梁，体现了环境风险演变为事故后果的发展、变化动态过程，它们共同决定了事故发生后果严重性。

（二）环境风险控制理论

控制理论是研究动态系统在变化的环境条件下如何保持平衡状态或稳定状态的科学，核心思想是掌舵的方法和技巧。控制论运用到环境风险管理领域，就是要建立一整套科学有效的风险管理机制，比如说，在建设项目评价中，强化环境风险评价这个手段，这属于大的控制，不管对于什么项目，只要我们采取了这个手段，都可以在一定程度上实现对风险源头的控制。当然，对于单个项目而言，每个项目风险评价的具体内容、具体技巧又是不同的，这就要求我们在日常的环境风险管理之中，既要不断地创新思路，寻找环境风险管理的内在规律性东西，建立一套科学的防控机制，又要不断务实应急管理基础，对风险的分类分级、风险评估等基础性、技术性的东西加以细化。

（三）环境风险优先控制理论

1. 饮用水源地区域环境风险

饮用水源地区域自身系统比较复杂，现状与需求之间的矛盾、保护与发展之间的矛盾、区位的环境安全敏感性与区位的工业重要性之间的矛盾等各种因素相互交织，使得饮用水源地区域环境风险必须优先控制。这三方面的矛盾造就了饮用水源地区域环境风险控制的优先性。

2. 城市人口密集区域环境风险

城市化进程的加快是造成我国环境不安全的一个重要的内在因素，城市人口密集区域环境风险控制的优先性表现为，一是城市所在的地理位置、水源与其他物质资源供应及其他自然条件较好，具有较高的生态位。二是现代化城市是一个复杂的大系统，由于人口和建筑物高度密集，危险因素种类复杂、数量多、存储密度安全与健康风险大大增加，在人为或者自然灾害发生时，造成的后果更加严重，因此在环境风险控制中，城市人口密集区应该具有优先性。

3. 化工行业企业环境风险

化工行业企业数量大、分布区域环境风险敏感、污染危害严重这三点，造成了化工行业企业环境风险控制的优先性。

四、环境风险的特点

（一）不确定性

对于风险的不确定性最直观的理解就是将其看作不同状态下的不同结果。

（二）社会性

不同的社会阶段，对于风险的关注不同，风险等级的判断以及风险种类的认定结果就会不同；对于风险的可承受能力不同，风险的大小就会有所区别；社会对于风险的掌握程度不同，风险自身也会不同，这都是风险社会性的表现。

（三）发展性

风险防控手段不同，风险的发展程度就不同；风险防控不到位，风险会升级与扩大；风险控制到位或造成风险的某一关键因子消除了，风险自身就会发生变化，风险或者变小或者消失。风险还具有潜伏性和长期性,随着时间的变化,风险会逐步发展,直至以突发事件的形式爆发出来。

(四)可控性

风险的可控性是基于风险的不确定性、风险的主观性以及风险的发展性才具有的特性。风险有无的可控就是隐患的消除。我们通常所说的可控主要是指在最优的成本下,采取一定的措施,控制风险的大小,减少风险带来的损失。

五、环境风险源

(一)环境风险源内涵

环境风险源研究以危险源研究为基础。重大危险源的概念源于20世纪初工业高速发展的欧美,主要用于抑制工业生产领域中重大污染事件的频繁发生,实现事故的有效预防。我国在安全生产管理中,重大风险源的定义是指长期的或临时的生产、加工、搬运、使用或储存危险物质,且危险物质的数量等于或超过临界量。单元危险物质是指一种物质或若干种物质的混合物,由于它的化学、物理或毒性替性,使其具有易导致火灾、爆炸或中毒的危险。依据重大危险源辨识《危险化学品重大危险源辨识》(GB 18218—2018)判定单元是否构成重大风险源依据。当单元内存在危险物质的数量等于或超过上述标准中规定的临界量,该单元即被定为重大风险源。

迄今为止,环境风险源的概念仍比较模糊,国内外尚没有专门给出环境风险源的定义。它在"质"上没有确定的含义,在"量"上没有明确的界限。广义上讲,环境风险源是指在生产、储存、流通、销售、使用等过程中,可能产生或导致环境敏感目标(集中式饮用水源、学校、医院等人群集中区以及重要生态功能区等)受到潜在环境危害风险的来源。具体讲,环境风险源可以定义为:存储或使用环境风险物质、具有潜在环境风险、在一定的触发因素作用下能导致环境风险事故的单元。环境风险物质指由于意外释放可能导致环境污染的有毒有害物质或化学品。

环境风险源与危险源既有区别又有联系,重大危险源是从职业安全角度关注重大工业事故防范及对人体的伤害,缺乏对事故污染物释放对周边敏感受体影响的考虑;环境风险源则从生态环境保护角度考察重大工业事故演化成环境污染事件后,对场外的人群与周边敏感环境受体所产生的危害性后果。因此,从环境角度对场外环境受体的危害分析与评估是区分环境风险源与重大危险源的根本。

(二)环境风险源的存在方式

通过对各类突发环境事件汇总分析,可以发现,突发环境事件大多数与生产、使用危险化学品的企业、储存易燃易腐蚀物质的仓库、有毒有害物质的运输发生的事故密切相关,因此环境风险源主要存在于以下几种空间和形式。

1. 生产、使用危险化学品企业

生产使用危险化学品的企业存在发生突发污染事故的隐患,潜在危险性较大的为大型化工、石化企业。化工、石化企业的原料及其产品大多数为易燃、易爆和有毒化学品。由于生产过程多处于高温、高压或低温、负压等苛刻条件下,在内因方面存在的危险因素较多,因此,从事生产、使用、运输危险化学品的企业是一个需要关注的焦点。纵观以往的突发环境事件,绝大多数企业可能存在人员专业素质差、生产设备故障、管理上的纰漏、安全意识薄弱等问题,使潜在的事故隐患复杂化,导致发生事故的可能性增大。

2. 储存易燃、易爆、易腐蚀物质的仓库

储存易燃、易爆、易腐蚀物质的仓库发生突发环境事件的概率较高。易燃、易爆物质对热、撞击、摩擦敏感，易被外部火源点燃，引发爆炸。并可能产生有毒雾或有毒气体，造成污染；酸碱腐蚀物质腐蚀性强，储存容器部件易破损，导致化学物质泄漏，对水体等环境要素造成污染。

3. 有毒有害物质运输

运输有毒有害物质的车辆、船舶，途经水系发达、崎岖不平的山区道路，甚至繁忙的城镇等敏感地域若发生意外翻车、翻船，有毒有害物质泄漏会进入水体、大气土壤中，将严重污染附近的环境。如污染物进入水体不仅污染河流，而且也对河两岸及下游的生命构成威胁；有毒有害物质进入大气，将严重危及附近环境及生命安全；进入土壤将可能严重破坏土壤环境平衡，造成土壤及生态环境影响。

4. 污染物超标排放或长期累积造成的危害

污染物长期累积造成的危害一般有：长期累积在河流上游的劣质水或污水因降雨、洪水、人为控制排放等原因，排入下游水质较好的河段形成严重污染；长期累积在大气环境中的污染物产生的光化学烟雾；陆源污染物长期排入海洋，海洋形成赤潮灾害；铅、镉等污染物长期排放累积造成的重金属污染事件等。

（三）环境风险源的分类分级识别

风险识别是指用感知、判断或归类的方式对现实和潜在的风险性物质进行鉴别的过程。风险识别是风险评价的基础，在《建设项目环境风险评价》中，环境风险识别的对象是生产设施和生产过程中涉及的风险物质。环境风险识别不仅要识别环境风险源自身的危险度与损害度，还要识别环境风险源周围时空的敏感度、脆弱性，控制过程中的薄弱性，以及人群对环境安全的需求度。在突发环境事件风险评估中，环境风险识别的对象包括周边环境风险受体、涉及的环境风险物质和数量、生产工艺、环境风险单元及现有环境风险防控与应急措施，现有应急资源等，识别主要目的为掌握环境风险源地理位置、周边环境敏感性、废水及泄漏物质排放途径等内容，为下一步风险评估做好基础。

环境风险源的识别一般分为以下几个阶段，即风险源信息获取、初步排除、风险源分类、风险源突发危害评估。

1. 环境风险源信息获取

要开展环境风险源的分类、分级工作，必须了解风险源的周边环境信息及企业风险物质信息，这就需要通过多种方式获取风险源信息。获取信息的途径有多种，可以通过收集已有资料，掌握调查范围内的潜在环境风险源、环境质量、周边环境敏感点分布状况、安全管理、事故风险水平等方面的背景情况，为下一步工作提供基础资料。信息获取过程中充分搜集和利用现有的有效资料，当现有资料不能满足要求时，需进行现场调查和监测，并分析现场监测数据的可靠性和代表性。现有资料可以从当地环境保护部门、环境监测部门、企业以及开展示范区研究的相关合作单位获得。根据待评估风险源及所在地区的环境特点，确定各环境要素的现状调查和监测范围，并筛选出应调查和监测的有关参数。

环境现状调查的方法主要有收集资料法、现场调查法、遥感和地理信息系统分析的方法等。环境现状调查与评价内容包括以下五方面：

（1）自然环境现状调查。包括地理地质概况、地形地貌、气候与气象、水文、土壤、水土流失、生态等调查内容。

（2）社会环境现状调查与评价。包括人口分布、工业、农业、能源、土地利用、交通运输、发展规划等情况的调查，平均1~2年更新一次。

（3）环境质量和区域污染源调查与评价。根据待评估企业特点、潜在环境危害和区域环境特征选择环境要素进行调查与分析，调查评价区域内的环境功能区划和主要的环境保护目标，收集评价区内及其界外区各例行监测点、断面或站位的近期环境监测资料或背景值调查资料，以环境功能区为主，兼顾均布性和代表性原则布设现状监测点位。

（4）调查范围。包括评估企业下游水域10km以内分布的饮用水水源保护区、珍稀濒危野生动植物天然集中分布区、重要水生生物的自然产卵场及索饵场、越冬场和洄游通道、天然渔场。

（5）企业周边5km范围内、管道两侧500m范围内。常住/流动人口数目，河流、湖泊、土壤、生物等生态系统要素的具体状况，工业企业、医院、学校、自然保护区、风景区、饮用水水源地等各种环境敏感点，以及与其他企业的关联程度。

企业信息、风险物质基本信息也可通过企业申报或消除调查的方式获得。其中企业环境风险源的获取内容包括企业主要功能区（如生产场所、储罐区、库区、废弃物处理区及运输区）涉及的有毒有害危险化学品及其使用方式、存储量，以及相关的安全管理措施等。

企业风险源基础信息最好由企业负责定期申报。企业内所有有毒有害风险物质、易燃易爆物质、活性化学物质均须申报。为方便风险源定位，化学品须按照企业内部的功能分区分别申报，如生产场所、库区、罐区、运输区和废弃物处理区等。获取的企业具体信息见表3-1。

表3-1　企业主要风险场所基础信息表

企业名称			行业类型		
所属化工园区			占地面积		m²
经纬坐标			受纳水体名称		
生产场所	个	储罐区	个	库区	个	废弃物处理设施	个
风险物质名称		场所		最大储量		是否有事故池	

对环境风险源的调查，可采取点面结合的方法，分详查和普查。对重点风险源进行详查，对区域内所有风险源进行普查。同类环境风险源中，应选择污染物排放量人、影响范围广、危害程度大的风险源作为重点风险源进行详查。对于详查，单位应派调查小组蹲点进行调查，详查的内容从深度和广度上都应超过普查。重点风险源对一地区的污染影响较大，要认真做好调查。

2. 环境风险源初步排查

待评估企业内可能存在大量的潜在环境污染风险单元，分别评估每一单元将导致待评估风险源过多。风险源的初步筛选主要用于降低待排查风险源数量，突出重点。环境风险源筛选主要依据待排查单元内环境风险物质及其数量，通过考察其含量与风险物质所界定临界量关系，此处涉及的临界量值选取，依据生态环境部2018年颁布的《企业突发环境事件风险分级方法》评估单元内的风险物质数量等于或超过临界值该单元为待评估环境风险源。

（四）环境风险源的分类

环境风险源的分类是开展环境风险源相关研究的基础，科学合理的分类有助于客观地了解环境风险源的本质特征，为环境风险源的控制提供必要、科学、可靠的依据。

首先，环境风险源的分类是进行识别的前提，针对不同类别的环境风险源，建立相应的分级标准体系与方法，评估其对环境的潜在危害程度，进一步确定环境风险源的级别，识别出存在重大污染事故危害隐患的环境风险源；在此基础上，根据环境风险源的级别，提出针对性的监控和管理措施，从源头上对污染事故进行防控，以有效降低环境风险源引发污染事故的可能性。

1. 按环境受体分类

环境受体主要分为水环境、大气环境和土壤环境三类。一旦发生环境污染事故，不同的环境受体受污染事故影响的途径、过程、危害范围存在较大差异，事后的处理处置技术也各具特点。因此，从环境受体角度出发，环境风险源可分为水环境风险源、大气环境风险源和土壤环境风险源。

2. 按物质状态分类

对一个系统而言，系统中的物质和能量是造成事故的最根本原因，是生产系统危险和事故的内因，是决定环境系统危险程度的主要因素。目前从物质角度对危险源进行分类已有较多研究，如《化学品分类和危险性公示　通则》（GB 13690—2009）将危险源分为爆炸品、压缩气体和液化气体、易燃液体、易燃固体和自燃物品及遇湿易燃物品、氧化剂和过氧化物、毒害品和感染性物品、放射性物品、腐蚀品8类。这些分类方法主要是基于危险物质对人身安全、财产安全的危害考虑，而不是针对事故的潜在环境影响进行分类。

3. 按传播途径分类

环境污染事故一旦发生，事故风险的传播途径主要有两种，一是在大气环境中进行扩散；二是在非大气环境中进行迁移（水、土壤）。这两种传播途径的差别较大，所造成的影响以及危害后果的评估手段也存在较大的差别。

4. 分类方法对比

以上从环境受体、物质状态和传播途径三方面提出了环境事故风险源的分类方法，由于出发角度不同，各分类方法存在一定差别。尽管各种分类方法对环境事故风险源的归类方式不同，在此基础上所建立的分类体系也有所区别，但几种分类方法所涉及的危险物质是基本一致的，因为评估风险源的环境事故风险，其本质是对环境风险源所涉及物质的潜在环境危害进行评估。

六、环境风险管理

一般而言，形成环境风险必须具有以下因素：存在诱发环境风险的因子，即环境风险源；环境风险源具备形成污染事件的条件，即环境风险源的控制管理机制；在环境风险因子影响范围内有人、有价值物体、自然环境等环境敏感目标，即环境风险受体。这三个因素相互作用、相互影响、相互联系，形成了一个具有一定结构、功能、特征的复杂的环境风险体系。因此，环境风险管理应从环境风险源、控制管理机制、环境风险受体三个因素入手，针对突发环境事件的各个环节建立起环境风险全过程管理体系。

按照污染事件形成的因果关系，全过程管理可分为三个基本阶段，即事前预防、事中响应和事后处置阶段。事前预防重点在于环境风险源的控制与管理，一方面要对环境风险源可能发生污染事件的各个环节进行控制，另一方面要从源头上协调环境风险源与环境风险受体的关系，进行区域环境安全规划；事中响应重点在于对环境风险因子释放之后形成的污染事件进行及时有效的处理，启动环境风险应急预案，最大限度地降低污染事件可能产生的影响；事后处置重点在于对污染事件后形成的影响采取相应的环境治理与修复措施，并通过总结分析，不断修订与完善环境风险应急预案体系。因此，环境风险的全过程管理重点在于四个环节：环境风险源管理，区域环境安全规划，环境风险应急管理，环境污染事后评估与环境修复。

（一）环境风险源管理

环境风险源管理是做好环境风险管理工作的重要基础，是推动环境风险管理从被动、滞后的方式向全过程管理方式转变的重要手段，应通过环境风险源排查与识别、环境风险源评估建立环境风险源分类/分级管理系统，形成有效的环境风险源管理制度。

1. 环境风险源排查与识别

积极推进环境风险源排查工作，加强企业环境风险和化学品监管的重要基础性工作，重点关注化工、石化等重点行业企业环境风险及化学品检查，逐步建立有效的环境风险防范管理机制和化学品监管政策措施。在环境风险源排查的基础上，结合城市化进程中主要污染物形成的机制，应用区域性污染物优先排序和风险分类的定量评判系统，以反映污染物的毒性、暴露水平和环境化学性质的基本参数为评判指标，获得环境激素污染物优先排序和风险分类的定量结果，确定典型工业集中区域地表水、大气、土壤环境中优先控制的污染物。

2. 环境风险源评估

基于安全系统工程的分析和污染事件的致因理论，在当前重大环境风险源辨识方法的基础上，综合考虑环境风险源的可能影响后果及周围环境敏感保护目标的分布，建立环境风险源危险性等级与污染事件级别的对应关系。研究制定环境风险源分级、分类标准，优先选择典型的工业类别/区域（石油化工行业、钢铁冶炼行业、大型化工区），针对固定源（燃料、原料、药物、中间体等储料罐、仓库及生产工艺过程、易燃易爆物生产线）、流动源（危险品运输车辆、轮船、飞机等）及输送管线（石油、天然气输送管线等）等不同类别的污染事件，按照危害程度、发生频率及特征污染物等指标进行分类，建立环境风险源评估制度，为环境风险源动态管理奠定数据基础。

3. 环境风险源数据库及监控系统建设

此举是加强环境风险和化学品监管的重要基础性工作，是实施环境风险全过程管理的重要支撑。从环境背景数据及区域社会环境数据、重点风险性物质的物理化学性质及应急措施、污染事件历史数据、企业环境风险源属性等方面构建基于常规申报和实时监控相结合的环境风险源动态管理系统。通过有针对性的环境监测和环境风险预警指标体系建设，构建重点环境风险源动态监测监控管理平台，实现环境风险源的实时动态预警。

4. 环境风险源管理制度

完善环境风险管理相关的法律、法规及标准，是推进环境风险源管理的重要基础，也是推进环境风险全过程管理的重要工具。当前的《中华人民共和国突发事件应对法》由于缺少相应的实施细则，法律实施依据不够充分，相关配套尚未制定，对环境风险的预防与管理缺乏针对性的指导，需要在环境风险源普查的基础上，通过规范重点区域（工业区）污染事件应急预案、企业污染事件应急预案，明确不同级别环境风险源的管理要求，逐步建立有效的环境风险防范管理机制和化学品监管政策措施。

（二）区域环境安全规划

根据2007年全国化工石化项目环境风险排查结果，我国的化工石化行业存在严重的布局性环境风险。结果表明，虽然单一企业的环境风险普遍处于可接受状态，但由于某一区域存在多个环境风险源，相互影响使区域的环境风险增加，污染事件发生频率及其影响程度加大，使区域性环境风险处于不可接受状态。区域环境安全规划是从保护人及主要环境敏感目标的安全出发，以区域风险最小化为目标，优化区域环境风险源布局，从源头上协调环境风险源与环境风险受体的关系，建立合理的应急资源配置体系，降低重点工业集中区的环境风险水平。

1. 环境风险源布局

环境风险源分散是将某一风险源分解成多个较小风险源以减少区域总体环境风险的一种途径。一方面要针对区域中达不到安全规划目标的重大环境风险源提出风险调整与控制方案，提高区域安全水平；另一方面要对新建含有环境风险源的企业，依据区域环境敏感目标的分布、区域环境背景等因素对选址提出规划性的安排。

2. 受体保护

从保护人及主要环境敏感目标的安全出发，综合研究和确定区域发展定位、性质、规模和空间发展状态，合理确定不同工业活动或设施、场所与居民住宅、公共区以及其他重要区域的安全防护距离。安全防护距离的大小取决于工业活动的类型和危险物质的性质与数量。在风险管理中，还可以通过增加环境风险受体的抗御能力而降低其易损性。

3. 应急资源配置

污染事件应急方案实施的核心问题在于资源的合理使用，科学合理的资源配置能对污染事件的处置起到事半功倍的作用。应急资源配置不足、配置不合理是当前制约我国污染事件应急处理的关键因素。从源头上根据区域环境风险事故类型、环境风险源的分布、环境风险受体的分布，建立有效的应急资源配置体系，是保障环境风险受体安全的重要措施，应逐步建立健全应急物资储备保障制度，完善重要应急物资的监管、生产、储备、调拨和紧急配送体系。

(三) 环境风险应急管理

加强环境风险应急管理工作，是建设和谐社会、降低污染事件的影响后果、保障人民群众生命财产安全的必要举措。环境风险应急管理的核心任务是保障污染事件发生后可以得到及时有效的处理、环境风险受体能够得到安全的保护，重点要开展应急预案体系建设、应急决策工作，构建污染事件的应急响应体系。

1. 应急预案体系

针对各种区域、不同行业、不同污染事件级别等紧急情况制定有效的应急预案，指导应急行动按计划有序进行，帮助实现应急行动的快速、有序、高效，从完善的应急组织管理指挥系统，强有力的应急工程救援保障体系，综合协调、应对自如的相互支持系统，充分备灾的保障供应体系，体现综合救援的应急队伍等5个方面制定应急预案。通过应急预案绩效评估，不断完善应急预案的内容及管理体系，实现不同类型、不同级别的应急预案有效对接，建立服务于应急快速响应、灾情动态跟踪、数据分析、对策生成、辅助决策、应急指挥的污染事件应急预案及指挥系统。

2. 应急决策

建立健全分类管理、分级负责、条块结合、属地为主的应急管理体制，妥善处置各类污染事件，最大限度降低危害程度，维护人民群众生命健康和财产安全，其重要支撑是应急决策支持系统的建设。从泄漏控制与污染清除、应急救援与受体保护、风险信息沟通等方面，以信息技术为手段，应用管理科学、计算机科学及有关学科的理论和方法，辅助决策者通过数据、模型和知识，以人机交互方式进行半结构化或非结构化决策的计算机应急决策支持系统。重点是建立起典型环境风险源的控制与管理技术、规避技术（调查汇总特征有毒有害物流动源、固定源应急处置技术，确定相应的规避技术，并构建固定源应急监测网络和流动源应急技术体系）及事中环境风险源应急处理技术（污染物的快速封堵、污染物高空扩散快速削减技术等），及时让公众通过官方渠道了解事态的进展、原因和结果，避免恐慌。

（四）环境污染事后评估及环境修复

清除环境污染带来的社会心理病痛，消除环境污染产生的隐患，减缓环境污染带来的影响，开展环境修复工作，是环境风险全过程管理的最后一个环节，即事后处置。目前，普遍存在重应急处理轻环境修复的现象，往往导致污染事件的后续影响加大，进一步威胁人民群众的健康和生态系统安全。

1. 环境污染事后评估

评价重大污染事件对环境所造成的污染及危害程度，提出环境污染赔偿方案；预测污染事件造成的中长期影响，并提出相应的污染减缓措施和环境保护方案；评价污染事件发生前的预警、发生时的响应、救援行动及污染控制的措施是否得当，并依据应急响应情况改进环境应急预案；调查污染事件发生的原因，为其他污染事件责任的确认及其处理提供依据，并为环境风险的防范提供借鉴。

2. 环境修复

针对污染事件可能对生态系统造成的中长期影响，制定环境修复与生态补偿方案：对受影响的农田，提出生态补偿方案，保障农产品的环境安全；对受影响的环境系统，提出修复方案，保障环境质量达标。

第二节　国家环境风险管理体系

一、国家环境风险管理体系概念

狭义的理解，环境风险管理是环境风险评估的后续过程，即根据环境风险评估的结果采取相应的应对措施，以经济有效地降低环境危害。例如，美国国家科学院认为，环境风险评估与环境风险管理是两个既联系紧密又需要区分的过程，风险评估是一个基于科学研究的技术过程，其结果是风险管理的基础，风险管理中的决策需要考虑政治、经济和技术因素。广义的理解，将环境风险管理视为风险管理在环境保护领域的应用，环境风险评估是环境风险管理的一部分，具体指环境管理部门、企业事业单位和环境科研机构运用相关的管理工具，通过系统的环境风险分析、评估，提出决策方案，力求以较小的成本获得较多的安全保障。

上述国家环境风险管理体系广义及狭义理解是基于不同的出发点，对环境风险管理的理解各有侧重。在国家层面考虑环境风险管理，统筹考虑环境风险的防范与应急，特别是将环境风险管理纳入环境管理体系，需要对环境风险管理进行较为广义的理解，这种广义的环境风险管理应涵盖风险识别、评估、控制以及事故应急等环节，是一种全过程的环境风险管理。因此，可以认为，国家环境风险管理体系可以看作是国家环境管理体系的一部分，是环境风险管理功能的系统集合，具体指针对突出的、具有共性的环境风险问题，以风险防范为基本原则，在国家层面对环境风险防控所涉及的风险识别、评估、应对、事故应急等内容，采取计划、组织、协调、监督等管理手段，以经济有效的方式降低环境危害，实现环境保护目标。

二、发达国家环境风险防控与管理

20世纪80年代之后，欧美等发达国家的常规环境污染得到了较好的解决，环境风险成为环境管理的重点之一。欧美等发达国家的环境风险管理相关领域的研究和实践起步较早，基础性研究相对完善，实践中环境风险的防控大都经历了由事故应急向全过程防控的转变，相关经验值得借鉴。

（一）美国

美国的环境风险管理起源于对健康风险的重视，并且长期以来以健康风险防控为重点，20世纪90年代以后逐渐拓展到生态环境风险领域。1990年，美国国家环境保护局发布了题为《减轻风险：环境保护重点和战略的确定》的报告，标志着风险管理成为美国环境管理的重要策略。在环境管理活动中，环境风险防范的思想渗透到众多领域，并在环境管理决策中得到普遍的体现。相关法律法规基础比较完善，许多环境相关法律都有涉及风险防范的内容，例如，《清洁水法》《清洁空气法》《有毒物质控制法》《应急规划和社区知情权法》《综合环境反应、赔偿和责任法》(俗称《超级基金法》)，并形成了一套相关的导则、指南体系指导各地区、各领域的工作。美国十分重视环境风险评估，在长期的基础研究与实践当中，逐渐建立起了比较完善的健康风险评估、生态风险评估方法体系，并在化学物质、污染场地以及溢油事故等领域的风险评估与管理中得到了广泛应用。环境风险评估结果为环境基准的确定提供科学依据，而环境标准的设定则建立在环境基准的基础之上。在国家宏观管理层面，美国国家环境保护局、农业部、食品与药品管理局、商检局4个机构主要负责联邦环境风险评价与管理工作。美国国家环境保护局要求特定设施的企业或经营者准备和实施风险管理计划（RMP），该计划包括危险评估、预防计划以及应急反应计划等内容。针对全国油类和危险物质污染事故应急，编制实施了全国应急计划（NCP）。以全国应急反应中心（NRC）为核心负责环境以及其他应急工作的相应调度。环境责任保险等经济措施较为完善，在环境风险防控中发挥了重要作用。另外，通过出台法律法规，最大限度地保证公众对环境风险的知情权。

（二）欧盟

风险防范是欧盟国家立法、执法等环境保护活动中重要的原则之一，同时，环境风险评估被视为风险防范原则能否适用的选择依据之一。欧盟国家相关立法主要起源于职业污染防范和职业健康保护等领域，然后逐渐过渡到环境污染风险防范。1992年颁布的《马斯特里赫特条约》(简称《马约》)将风险防范上升到欧盟宪法性原则，2000年欧盟通过了《关于环境风险防范原则的公报》，为环境风险防范特别是环境风险评价制定了明确有效的指南。欧盟的环境风险管理与安全管理联系较为紧密，特别关注化学品与工业污染事故防控。通过化学物质的控制立法，出台了一系列的条例、指令和决定，以预防原则开展危险化学品管理。2007年欧盟实施的《化学物质注册、评估、授权和限制条例》被认为是欧盟20年来最重要的立法，对化学物质生产者、使用者的有关义务与行为进行了规定；对于工业活动风险管理，通过风险识别与评估实现对工业活动引发的环境污染事故风险防控，明确环境风险管理对象，进而通过分类分级管理，突出环境风险管理的针对性与高效性，出台系列的赛维索指令和相关准则以及《工业活动的重大事故指南》，旨在降低工业事故爆发和事故对环境的影响。欧美等国家的环境风险管理体系是针对发展过程中出现的实际问题逐渐建立起来的，都十分重视环境风险防范，并将风险防范原则上升到战略高度。相关法律法规体系比较完善，为环境风险管理提供了强有力的保障。各有关管理部门职责清晰，特别是环境保护主管部门具有较强的权利和执行力。同时，十分注重基础研究，有关环境健康和生态保护的基础科研成果在环境风险管理中得到了广泛而有效的应用。

三、我国环境风险防控与管理体系

国家环境风险防控与管理体系不是一种全新的体系，我国现行的诸多法律法规、政策措施当中已经涉及环境风险防范与管理的内容。建立国家环境风险防控与管理体系，即是在现有基础上，充分考虑我国当前及未来可能面临的环境风险问题，针对现有制度、机制存在的不足，充分参考借鉴国外相关领域的先进经验，从宏观战略层面对我国环境风险防控与管理的模式、要素、关键活动等进行系统化设计。针对上述内容，目前较为成熟理念为"四维一体"的国家环境风险防控与管理体系，重点围绕人体健康与生态安全，以全方位的视角统筹考虑环境风险防控与管理的主体、对象、过程以及区域等要素。同时，注重法律、法规、政策、标准、基准以及相关基础研究的保障和支撑作用，实施系统化设计。如图 3-1 所示。

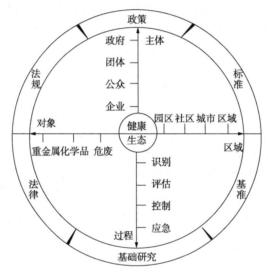

图 3-1 "四维一体"的国家环境风险防控和管理体系

（一）主体

环境风险涉及面广、不确定性强，其防控与管理需要包括政府、企业、公众以及社会团体等不同主体在内的多方参与。应明晰企业环境风险防控的主体地位，充分发挥政府的监管和引导作用，广泛实施公众参与，发挥公众的社会监督作用，调动社会团体力量提供监督保障与技术支撑。

（二）对象

环境风险的产生与来源复杂，实施防控与管理应抓住重点对象。我国目前重金属、危险废物、持久性有机污染物、化学品、危废等环境风险问题突出，环境风险防控应以此类污染物为主要对象，实施重点防控，着力解决涉及人体健康与生态安全的突出的环境风险问题。

（三）过程

全过程管理是现代风险管理的一个重要趋势，环境风险防控与管理遵循风险管理的一般步骤，即风险识别、风险评估、风险控制以及事故应急。应坚持全过程动态管理，通过系统的风险识别、科学的风险评估、恰当的风险控制与应急措施，以最小的代价获取最大的环境安全效益。

（四）区域

环境风险的产生和环境污染事故的发生往往具有显著的区域特征，环境风险防控与管理应坚持"属地原则"，体现区域性，根据企业、园区、社区、城市以及更大区域范围的不同环境风险的特征，采用不同的防控与管理措施，实现区域环境风险的优化管理。

四、国家环境风险防控与管理制度框架设计

为实现环境风险防控与管理的制度化，需要对环境风险防控与管理的制度进行系统设计。根据"四维一体"的理念，以针对性、指导性、前瞻性为基本原则，从政府、企业、公众的主体角度初步设计国家环境防控与风险管理制度的基本框架，主要包括政府环境风险管理制度、企业环境风险防控与应急管理制度、公众风险知情与自我防范制度三个部分，如图 3-2 所示。

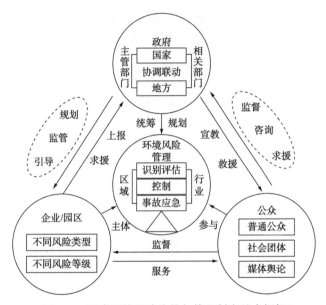

图 3-2　国家环境风险防控与管理制度基本框架

（一）政府环境风险管理制度

以明确政府职责、充分发挥监督、协调与引导作用为目标。主要包括区域（流域）、行业环境风险评估、预测、预警与控制制度、政府环境应急预案管理制度、环境风险防控与应急联动制度（包括环保、安监、公安、消防等相关部门内及部门之间的协调联动制度）、环境风险防控与应急责任追究制度、环境风险与应急信息公开制度、环境风险与应急宣贯制度等。

（二）企业环境风险防控与应急管理制度

以充分发挥企业环境风险防控与应急的主体作用为目标。主要包括企业（园区）环境风险评估制度、环境风险隐患排查与申报制度、环境应急预案管理制度、环境风险应急人员培训与物资管理制度、环境风险管理标准化认证制度、环境风险信息公开制度等。

（三）公众风险知情与自我防范制度

以加强公众参与、充分发挥公众的监督作用、提升公众应急自我救护能力为目标。主要包括环境风险隐患公众举报制度、环境风险防范公众听证制度、环境应急公众自我救护制度等。另外，针对我国快速工业化、城市化当中出现的产业转移、污染场地、新化学物质等涉

及的环境风险等问题，还应将产业转移、污染场地、新化学物质等的环境风险评估与管理制度等纳入环境风险防控与管理制度当中。

第三节　环境风险源隐患排查与识别

按照《突发环境事件应急管理办法》规定，企事业单位必须落实本单位环境安全主体责任，应当按照有关规定建立健全环境安全隐患排查治理制度，建立隐患排查档案，及时发现并消除环境安全隐患。对于发现后能够立即治理的环境安全隐患，应当立即采取措施消除环境安全隐患。对于情况复杂、短期内难以完成治理，可能产生较大环境危害的环境安全隐患，应当制定隐患治理方案，落实整改措施、责任、资金、时限和现场应急预案，及时消除隐患。

县级以上地方环境保护主管部门应当对企业事业单位环境安全隐患排查治理工作进行抽查或者突击检查，将存在重大环境安全隐患且整治不力的企业信息纳入在会诚信档案并可以通报行业主管部门、投资主管部门、证券监督管理机构以及有关金融机构。

一、环境保护监管部门环境安全隐患排查治理

环境保护监管部门在对企事业单位环境安全隐患排查治理进行监督性检查或抽查时，重点检查以下内容：

（一）环境风险专项检查

（1）环境影响评价文件是否按风险评价导则要求编制了环境风险评价专篇；环境影响评价文件提出的应急预案和事故环境风险防范措施是否合理、有效，是否在工程设计和建设中得到实施。

（2）环境应急管理机构、突发环境事件应急预案编制、备案、修订及演练情况，企业环境应急预案及风险评估报告中提出的环境风险防控设施和环境应急物资是否得到实施，企业是不是按照国家要求建立了突发环境事件风险隐患排查治理机制以及日常环境风险隐患排查治理情况。

（二）环境敏感性排查

（1）明确各环境保护目标与危险源之间的距离、方位，提供相关图件。

（2）项目选址、选线是否位于江、河、湖、海沿岸，环境风险是否涉及临近的饮用水水源保护区、自然保护区和重要渔业水域、珍稀水生生物栖息地等区域，按环境风险涉及的范围进行排查，明确保护级别。

（3）人口集中居住区和社会关注区(如学校、医院等)按 5km 排查，查明人口分布，核对厂址合理性论证是否充分。

（三）危险性物质排查

（1）按建设项目环境风险评价技术导则判定生产、储存、运输、"三废"处理过程中产生的危险性物质。

（2）说明危险性物质的储存量和加工量。

（四）危险源排查

（1）按工艺过程、生产单元及易发生泄漏的重要设备，核定判定危险源是否有遗漏，企业环境风险等级是否有误。

（2）事故连锁效应和事故重叠引发继发事故的可能性及后果。

（3）本行业的设计规范是否与防范环境风险相适应。

（五）环境风险削减措施排查

（1）核查项目各种污水装置的处理能力、各种事故池、监控池的实际容量，各清水、污水、雨水管网的布设以及最终排放口是否设置消防水收集系统，排放口与外部水体间是否安装切断设施，主体装置区和易燃易爆及有毒有害物储存区（包括罐区）是否设置隔水围堰等。

（2）排放口处于重要的水流域的企业，是否制定事故状态下减少和消除污染物对流域水体环境造成污染的应对方案。

（3）企业在发生事故、泄漏、爆炸等非正常状态下排放的各类污染物的处理处置措施和可能排放去向。

（4）是否分析了危险物质进入环境的途径，是否有相应的控制措施，措施是否有效。

（5）是否提出了伴生/次生污染防治措施，说明有效性。

（六）除按导则要求检查事故原定应急预案和减缓环境损害后果的措施外，还应重点检查以下工作是否满足相应要求

（1）环评中环境监测计划的日常环境监测因子和频次能否满足事故监控要求。

（2）事故应急环境监测方案是否满足应急需求。

（3）事故泄漏后外环境污染物的消除方案。

（4）事故处理过程中产生的伴生/次生污染的消除措施。

上级环境保护部门对下级环境保护管理部门的监督检查内容主要有：

（1）环境应急专职机构和人员落实情况。

（2）环境应急预案管理情况。

（3）应急值守及信息报告工作开展情况。

（4）隐患排查督查记录情况。

（5）应急联动机制建设和联动情况。

（6）应急演练工作计划执行情况。

（7）环境应急专家库建设情况。

（8）辖区内突发环境事件档案建设情况。

（9）重污染天气、饮用水源地应急预案编制、评估、备案情况。

（10）重污染天气应急预案实施细则编制情况。

（11）重污染天气日常应对工作开展情况。

（12）信息公开情况。

（13）环境应急宣传培训情况。

（14）环境安全大检查工作开展情况。

（15）汛期环境应急管理工作开展情况。

（16）沿河流域企业环境风险现状调查工作开展情况。

（17）其他情况。

二、案例

某省级生态环境保护部门邀请专家通过听取汇报、查阅资料、现场抽查等方式对某市两家企业环境安全隐患排查整治情况进行了现场检查，并针对检查出的问题向该市生态环境保护部门下发了整改反馈意见，见表3-2。

表 3-2　环境隐患排查整治工作专项督查现场检查环境问题汇总表

企业名称	存在问题	整改措施	整改时限	处理意见
某制药有限公司	1. 未按照《企业突发环境事件隐患排查与治理指南（试行）》建立环境风险隐患排查制度。 2. 酒精储罐未设置围堰，事故状态下，泄漏物质去向不明。 3. 将污水处理系统中调节池作为厂区事故状态废水收集池不可行。 4. 突发环境事件风险评估中风险源识别不全，风险防控措施不具操作性。评估报告和应急预案中环境风险识别和环境风险防控措施内容和现场检查情况不符	1. 按照《企业突发环境事件隐患排查与治理指南（试行）》开展突发环境事件隐患排查整治工作，制定隐患排查计划，建立隐患排查治理档案。 2. 明确罐区泄漏物质收集设施及围堰内泄漏物质去向。 3. 单独设立厂区事故应急池，酒精罐区及污水处理系统要与事故应急池进行连通，保证各风险单元产生废水全部收集进入事故应急池。 4. 评估报告和应急预案内容应结合企业实际情况进行修改完善。对现阶段自评得出的"一般"环境风险等级进行核定，经核定若等级发生变化应及时修订预案，并重新报当地环保部门备案	×年×月×日	按照属地管理原则，责令企业限期改正，对拒不改正的依据相关法律进行处理
某贵金属冶炼有限公司	1. 企业环境风险单元较多，突发环境事件环境风险隐患排查过于简单，不能实现对各类突发环境事件隐患的及时排查和整治。 2. 生产工艺中氰化物使用、产生及最终排放途径不明。 3. 雨排系统混乱，雨水收集系统无关闭设施，事故状态下受污染雨水将直接进入外环境，对周边土壤环境造成污染。 4. 厂区呈阶梯分布，未建立覆盖各风险单元的收集设施，无法实现厂区泄漏污染物质及事故产生废水收集于厂区地势最低处应急罐。 5. 突发环境事件风险评估未考虑周边环境敏感目标，突发环境事件风险物质识别不全	1. 按照《企业突发环境事件隐患排查与治理指南（试行）》开展突发环境事件隐患排查整治工作，制定隐患排查计划，建立隐患排查治理档案。 2. 结合专家现场指导意见，尽快掌握本企业生产工艺中氰化物使用、产生及最终排放途径。 3. 梳理厂区雨排水系统，在雨水收集系统总排口设置关闭阀（切换阀）等紧急关闭设施，确保受污染雨水不出厂区。 4. 完善厂区两级防控设施，针对各风险单元及厂区两级防控设施开展一次专项环境应急演练，检验厂区风险防控设施可行性，针对演练暴露出的风险防控设施、措施存在问题要一一进行整治。 5. 结合企业环境风险物质、环境风险单元、应急物资储备、环境风险防控设施实际情况，重新开展突发环境事件风险评估工作，重新划定企业环境风险等级，根据评估结果及时修订突发环境事件应急预案，并报当地环保部门重新备案	×年×月×日	

三、企业突发环境事件隐患排查和治理

（一）隐患排查内容

从环境应急管理和突发环境事件风险防控措施两大方面排查可能直接导致或次生突发环境事件的隐患。

1. 企业突发环境事件应急管理

(1) 按规定开展突发环境事件风险评估，确定风险等级情况。

(2) 按规定制定突发环境事件应急预案并备案情况。

(3) 按规定建立健全隐患排查治理制度，开展隐患排查治理工作和建立档案情况。

(4) 按规定开展突发环境事件应急培训，如实记录培训情况。

(5) 按规定储备必要的环境应急装备和物资情况。

(6) 按规定公开突发环境事件应急预案及演练情况。

2. 企业突发环境事件风险防控措施

(1) 突发水环境事件风险防控措施

从以下几方面排查突发水环境事件风险防范措施：

① 是否设置中间事故缓冲设施、事故应急水池或事故存液池等各类应急池；应急池容积是否满足环评文件及批复等相关文件要求；应急池位置是否合理，是否能确保所有受污染的雨水、消防水和泄漏物等通过排水系统接入应急池或全部收集；是否通过厂区内部管线或协议单位，将所收集的废(污)水送至污水处理设施处理。

② 正常情况下厂区内涉危险化学品或其他有毒有害物质的各个生产装置、罐区、装卸区、作业场所和危险废物储存设施(场所)的排水管道(如围堰、防火堤、装卸区污水收集池)接入雨水或清净下水系统的阀(闸)是否关闭，通向应急池或废水处理系统的阀(闸)是否打开；受污染的冷却水和上述场所的墙壁、地面冲洗水和受污染的雨水(初期雨水)、消防水等是否都能排入生产废水处理系统或独立的处理系统；有排洪沟(排洪涵洞)或河道穿过厂区时，排洪沟(排洪涵洞)是否与渗漏观察井、生产废水、清净下水排放管道连通。

③ 雨水系统、清净下水系统、生产废(污)水系统的总排放口是否设置监视及关闭闸(阀)，是否设专人负责在紧急情况下关闭总排口，确保受污染的雨水、消防水和泄漏物等全部收集。

(2) 突发大气环境事件风险防控措施

从以下几方面排查突发大气环境事件风险防控措施：

① 企业与周边重要环境风险受体的各类防护距离是否符合环境影响评价文件及批复的要求；

② 涉有毒有害大气污染物名录的企业是否在厂界建设针对有毒有害特征污染物的环境风险预警体系；

③ 涉有毒有害大气污染物名录的企业是否定期监测或委托监测有毒有害大气特征污染物；

④ 突发环境事件信息通报机制建立情况，是否能在突发环境事件发生后及时通报可能受到污染危害的单位和居民。

(二) 隐患分级

1. 分级原则

根据可能造成的危害程度、治理难度及企业突发环境事件风险等级，隐患分为重大突发环境事件隐患(以下简称重大隐患)和一般突发环境事件隐患(以下简称一般隐患)。

2. 具有以下特征之一的可认定为重大隐患，除此之外的隐患可认定为一般隐患

(1) 情况复杂，短期内难以完成治理并可能造成环境危害的隐患；

(2) 可能产生较大环境危害的隐患，如可能造成有毒有害物质进入大气、水、土壤等环

境介质次生较大以上突发环境事件的隐患。

　　3. 企业自行制定分级标准

　　企业应根据前述关于重大隐患和一般隐患的分级原则、自身突发环境事件风险等级等实际情况，制定本企业的隐患分级标准。可以立即完成治理的隐患一般可不判定为重大隐患。

　　（三）企业隐患排查治理的基本要求

　　1. 建立完善隐患排查治理管理机构

　　企业应当建立并完善隐患排查管理机构，配备相应的管理和技术人员。

　　2. 建立隐患排查治理制度

　　企业应当按照下列要求建立健全隐患排查治理制度：

　　（1）建立隐患排查治理责任制。企业应当建立健全从主要负责人到每位作业人员，覆盖各部门、各单位、各岗位的隐患排查治理责任体系；明确主要负责人对本企业隐患排查治理工作全面负责，统一组织、领导和协调本单位隐患排查治理工作，及时掌握、监督重大隐患治理情况；明确分管隐患排查治理工作的组织机构、责任人和责任分工，按照生产区、储运区或车间、工段等划分排查区域，明确每个区域的责任人，逐级建立并落实隐患排查治理岗位责任制。

　　（2）制定突发环境事件风险防控设施的操作规程和检查、运行、维修与维护等规定，保证资金投入，确保各设施处于正常完好状态。

　　（3）建立自查、自报、自改、自验的隐患排查治理组织实施制度。

　　（4）及时修订企业突发环境事件应急预案、完善相关突发环境事件风险防控措施。

　　（5）定期对员工进行隐患排查治理相关知识的宣传和培训。

　　3. 明确隐患排查方式和频次

　　企业应当综合考虑企业自身突发环境事件风险等级、生产工况等因素合理制定年度工作计划，明确排查频次、排查规模、排查项目等内容。根据排查频次、排查规模、排查项目不同，排查可分为综合排查、日常排查、专项排查及抽查等方式。企业应建立以日常排查为主的隐患排查工作机制，及时发现并治理隐患。

　　（四）隐患排查治理的组织实施

　　1. 自查

　　企业根据自身实际制定隐患排查表，包括所有突发环境事件风险防控设施及其具体位置、排查时间、垷场排查负责人（签字）、排查项目现状、是否为隐患、可能导致的危害、隐患级别、完成时间等内容。

　　2. 自报

　　企业的非管理人员发现隐患应当立即向现场管理人员或者本单位有关负责人报告；管理人员在检查中发现隐患应当向本单位有关负责人报告。接到报告的人员应当及时予以处理。

　　在日常交接班过程中，做好隐患治理情况交接工作；隐患治理过程中，明确每一工作节点的责任人。

　　3. 自改

　　一般隐患必须确定责任人，立即组织治理并确定完成时限，治理完成情况要由企业相关负责人签字确认，予以销号。

重大隐患要制定治理方案，治理方案应包括治理目标、完成时间和达标要求、治理方法和措施、资金和物资、负责治理的机构和人员责任、治理过程中的风险防控和应急措施或应急预案。重大隐患治理方案应报企业相关负责人签发，抄送企业相关部门落实治理。

企业负责人要及时掌握重大隐患治理进度，可指定专门负责人对治理进度进行跟踪监控，对不能按期完成治理的重大隐患，及时发出督办通知，加大治理力度。

4. 自验

重大隐患治理结束后企业应组织技术人员和专家对治理效果进行评估和验收，编制重大隐患治理验收报告，由企业相关负责人签字确认，予以销号。

四、案例

某企业环境安全隐患排查情况，见表3-3。

表3-3 某企业环境安全隐患排查表

排查时间： 年 月 日 　　　　　　　　现场排查负责人(签字)

排查项目	现状	可能导致的危害(是隐患的填写)	隐患级别	治理期限	备注
一、中间事故缓冲设施、事故应急水池或事故存液池(以下统称应急池)					
1. 是否设置应急池					
2. 应急池容积是否满足环评文件及批复等相关文件要求					
3. 应急池在非事故状态下需占用时，是否符合相关要求，并设有在事故时可以紧急排空的技术措施					
4. 应急池位置是否合理，消防水和泄漏物是否能自流进入应急池；如消防水和泄漏物不能自流进入应急池，是否配备有足够能力的排水管和泵，确保泄漏物和消防水能够全部收集					
5. 接纳消防水的排水系统是否具有接纳最大消防水量的能力，是否设有防止消防水和泄漏物排出厂外的措施					
6. 是否通过厂区内部管线或协议单位，将所收集的废(污)水送至污水处理设施处理					
二、厂内排水系统					
7. 装置区围堰、罐区防火堤外是否设置排水切换阀，正常情况下通向雨水系统的阀门是否关闭，通向应急池或污水处理系统的阀门是否打开					
8. 所有生产装置、罐区、油品及化学原料装卸台、作业场所和危险废物贮存设施(场所)的墙壁、地面冲洗水和受污染的雨水(初期雨水)、消防水，是否都能排入生产废水系统或独立的处理系统					
9. 是否有防止受污染的冷却水、雨水进入雨水系统的措施，受污染的冷却水是否都能排入生产废水系统或独立的处理系统					
10. 各种装卸区(包括厂区码头、铁路、公路)产生的事故液、作业面污水是否设置污水和事故液收集系统，是否有防止事故液、作业面污水进入雨水系统或水域的措施					

排查项目	现状	可能导致的危害（是隐患的填写）	隐患级别	治理期限	备注
11. 有排洪沟(排洪涵洞)或河道穿过厂区时，排洪沟(排洪涵洞)是否与渗漏观察井、生产废水、清净下水排放管道连通					
三、雨水、清净下水和污(废)水的总排口					
12. 雨水、清净下水、排洪沟的厂区总排口是否设置监视及关闭闸(阀)，是否设专人负责在紧急情况下关闭总排口，确保受污染的雨水、消防水和泄漏物等排出厂界					
13. 污(废)水的排水总出口是否设置监视及关闭闸(阀)，是否设专人负责关闭总排口，确保不合格废水、受污染的消防水和泄漏物等不会排出厂界					
四、突发大气环境事件风险防控措施					
14. 企业与周边重要环境风险受体的各种防护距离是否符合环境影响评价文件及批复的要求					
15. 涉有毒有害大气污染物名录的企业是否在厂界建设针对有毒有害污染物的环境风险预警体系					
16. 涉有毒有害大气污染物名录的企业是否定期监测或委托监测有毒有害大气特征污染物					
17. 突发环境事件信息通报机制建立情况，是否能在突发环境事件发生后及时通报可能受到污染危害的单位和居民					

第四节　环境风险评估

一、环境风险评估概念

突发环境事件的环境风险评估来源于环境风险评价。广义上，环境风险评价是指对人类的各种社会经济活动所引发或面临的危害(包括自然灾害)对人体健康、社会经济、生态系统等所造成的可能损失进行评估，并据此进行管理和决策的过程。狭义上，环境风险评价常指对有毒有害物质(包括化学品和放射性物质)危害人体健康和生态系统的影响程度进行概率估计，并提出减小环境风险的方案和对策。

二、环境风险评价发展历史

环境风险评价兴起于 20 世纪 70 年代，主要是在发达的工业国家，特别是美国的研究尤为突出。但早在 30 年代就开始有了对职业暴露的流行病学资料和动物实验的剂量-反应关系的报道，也就是健康风险评价的初级形式。迄今为止，环境风险评价大体可以分为以下三个阶段。

第一阶段：20 世纪 30~60 年代，风险评价处于萌芽阶段。主要采用毒物鉴定方法进行健康影响分析，以定性研究为主。例如，关于致癌物的假定只能定性说明暴露于一定的致癌物会造成一定的健康风险。直到60年代，毒理学家才开发了一些定量的方法进行低浓度暴露条件下的健康风险评价。

第二阶段：20世纪70~80年代，风险评价研究处于高峰期，评价体系基本形成。事故风险评价最具代表性的评价体系是美国核管会1975年完成的《核电厂概率风险评价实施指南》，亦即著名的WASH-1400报告。该报告系统地建立了概率风险评价方法。健康风险评价以美国国家科学院和美国环保局的成果最为丰富，其中具有里程碑意义的文件是1983年美国国家科学院出版的红皮书《联邦政府的风险评价：管理程序》，提出风险评价"四步法"，即危害鉴别、剂量-效应关系评价、暴露评价和风险表征。这成为环境风险评价的指导性文件，目前已被荷兰、法国、日本、中国等许多国家和国际组织所采用。随后，美国国家环保局根据红皮书制定并颁布了一系列技术性文件、准则和指南，包括1986年发布的《致癌风险评价指南》《致畸风险评价指南》《化学混合物的健康风险评价指南》《发育毒物的健康风险评价指南》《暴露风险评价指南》和《超级基金场地健康评价手册》，1988年颁布的《内吸毒物的健康评价指南》《男女生殖性能风险评价指南》等。

第三阶段：20世纪90年代以后，风险评价处于不断发展和完善阶段，生态风险评价逐渐成为新的研究热点。随着相关基础学科的发展，风险评价技术也不断完善，美国对80年代出台的一系列评价技术指南进行了修订和补充，同时又出台了一些新的指南和手册。例如1992年版的《暴露评价指南》取代了1986年的版本；1998年新出台了《神经毒物风险评价指南》；同年，在1992年生态风险评价框架的基础上，正式出台了《生态风险评价指南》。其他国家，如加拿大、英国、澳大利亚等国也在90年代中期提出并开展了生态风险评价的研究工作。

我国的风险评价研究起步于20世纪90年代，且主要以介绍和应用国外的研究成果为主，目前，还没有一套适合中国的有关风险评价程序和方法的技术性文件。尽管如此，90年代以后，在一些部门的法规和管理制度中已经明确提出风险评价的内容。1993年国家环保局颁布的中华人民共和国环境保护行业标准《环境影响评价技术导则（总则）》（HJ/T 2.1—93）规定：对于风险事故，在有必要也有条件时，应进行建设项目的环境风险评价或环境风险分析。同时，该导则也指出"目前环境风险评价的方法尚不成熟，资料的收集及参数的确定尚存在诸多困难"。1997年原国家环境保护局、原农业部、原化工部联合发布的《关于进一步加强对农药生产单位废水排放监督管理的通知》规定：新建、扩建、改建生产农药的建设项目必须针对生产过程中可能产生的水污染物，特别是特征污染物进行风险评价。2001年国家经贸委发布的《职业安全健康管理体系指导意见》和《职业安全健康管理体系审核规范》中也提出"用人单位应建立和保持危害辨识、风险评价和实施必要控制措施的程序""风险评价的结果应形成文件，作为建立和保持职业安全健康管理体系中各项决策的基础"。

三、突发环境事件环境风险评估定义及分类

（一）定义

突发环境事件环境风险评估是对可能引起的突发污染事件进行评价，而突发污染事件具有不确定性，环境风险评估的目的是分析和预测建设项目存在的潜在危险、有害因素，建设项目在建设、运行期间可能发生的突发事件或事故（一般不包括人为破坏及自然灾害），引起有毒有害和易燃易爆等物质的泄漏，所造成的人身安全与环境影响和损害程度，提出合理可行的防范、应急与减缓措施，以使建设项目事故率达到最小化。

（二）突发环境事件环境风险评估分类

现阶段，根据评估对象不同，在突发环境事件风险评估中分别有针对企事业单位、区域、流域以及特殊对象尾矿库开展的环境风险评估。

1. 企业环境风险评估

企业环境风险评估是环境风险管理的重要基础性环节，是有效防范环境风险的前提和重要保障。由于环境风险因子复杂多样，布局性和结构性环境风险问题突出，环境风险防控与管理制度方法不健全等原因，我国目前企业突发性和累积性环境风险防控形势十分严峻。近年来，针对企业环境监管工作的需要，我国相继推出了《建设项目环境风险评价技术导则》《环境风险评估技术指南—氯碱企业环境风险等级划分方法》《环境风险评估技术指南—环境风险等级划分方法(试行)》《重点环境管理危险化学品环境风险评估报告编制指南(试行)》等企业环境风险评估规范指南。

2. 尾矿库环境风险评估

尾矿库属环境风险企业范畴，但因其特殊性，将尾矿库作为一类特殊环境风险企业划分尾矿库环境风险等级，识别尾矿库可能引发突发环境事件的危险因素，并对其进行系统的环境风险分析，预测可能产生的后果，提出环境风险防控和环境安全隐患排查治理对策建议的过程。主要技术指导文件为原环境保护部2015年印发的《尾矿库环境风险评估技术导则(试行)》(HJ 740—2015)。

3. 区域环境风险评估

是指以县级以上行政区域为对象，识别区域内可能引发突发环境事件的危险因素，并对其进行系统的环境风险分析，预测可能产生的后果，提出环境风险防控和环境安全隐患排查治理对策建议的过程。主要技术指导文件为原环境保护部2018年印发的《行政区域突发环境事件风险评估推荐方法》。

4. 流域环境风险评估

流域环境风险评估严格意义来说属区域环境风险评估范畴，因流域环境风险较区域环境风险来说具有呈线条布置，并涉及河流水质水文条件以及流域本身即为环境敏感点等因素，又考虑污染物质一旦进入流域水体后，随水体快速移动并扩散，处置难度大且极易对沿流域集中式饮用水源地等造成威胁，因此较区域环境风险特征有将其单独进行风险评估的必要性。目前国家未出台流域环境风险评估相关技术指南，大量专家学者近些年针对流域环境风险评估技术方法做了大量研究，并在长江、伊犁河等流域得到广泛应用。

第五节　企业突发环境事件风险评估

一、评估目的

（一）有助于提高企业环境应急预案编制水平

通过指导企业开展环境风险识别、应急资源调查、各种可能发生的突发环境事件及其后果情景分析、现有环境风险防控与应急措施差距分析、完善环境风险防控与应急措施实施计划的制定等一系列工作，使企业系统评估自身环境风险状况，根据可调用的应急资源，落实可行的环境风险防控和应急措施。

（二）有助于提高企业环境风险防控和隐患排查治理水平

指导企业从环境风险管理制度、环境风险防控与应急措施、环境应急资源、历史经验教训等方面对现有环境风险防控与应急措施的完备性、可行性和有效性进行分析，排查隐患、找出差距，根据其危害性、紧迫性和治理时间制定短期、中期和长期的完善计划并逐项落实整改。

企业按照这些方法持续排查、治理各类环境安全隐患，不仅可以提高环境风险防控和应急响应水平，还能动态完善应急预案，从而降低突发环境事件的发生概率，减轻其危害程度。

（三）有助于提升地方政府和环保部门环境应急管理水平

根据要求，企业开展环境风险评估，并将评估报告作为环境应急预案的附件向当地环保部门备案。地方政府和环保部门通过评估报告掌握辖区内企业环境风险等级、风险状况及应急资源情况。这一方面可以将其作为区域环境应急预案编制的重要基础，提高预案的针对性和可操作性；另一方面还可根据环境风险等级，对企业实施差别化管理，在管理资源有限的情况下，优先关注重大环境风险企业。

二、评估程序和内容

第一步，资料准备与环境风险识别。这是对企业涉及环境风险物质及其数量、环境风险单元及现有环境风险防控与应急措施、周边环境风险受体、现有应急资源等环境风险要素的全面梳理，是风险评估的基础。

第二步，可能发生的突发环境事件及其后果情景的分析。这是将前一步识别的潜在风险，与所有可能的突发环境事件情景及后果联系起来，这是风险评估的核心，也是解决预案针对性和实用性的关键。

第三步，结合风险因素和可能的事件，分析现有环境风险防控与环境应急措施。这是风险评估的重要环节，也是企业排查环境安全隐患、提高预案可操作性的前提。

第四步，针对这些问题，制定完善环境风险防控和应急措施的实施计划。这是风险评估的主要目的，也是提高企业环境风险防控及应急响应水平、降低突发环境事件发生概率与危害程度地实现途径。

第五步，划定企业环境风险等级。这可用于完善区域环境应急预案及对企业实行差别化管理，也可用于企业的横向对比，提高其重视程度。五步相互关联，紧密衔接，缺一不可。

三、评估方法

（一）基于指标体系的评估方法

基于指标体系的评估方法，一般首先构建反映企业环境风险水平的指标体系，计算单项指标值后进行加权求和，得到风险值。各单项指标值通常通过定量计算或定性打分获得，指标权重通过层次分析、模糊数学或者根据经验直接赋权获得。这类方法相对简单，易操作，因此在实际的管理活动应用较为普遍，如《环境风险评估技术指南—氯碱企业环境风险等级划分方法》《环境风险评估技术指南—环境风险等级划分方法（试行）》《企业环境风险等级评估方法（征求意见稿）》以及《重点环境管理危险化学品环境风险评估报告编制指南（试行）》等都采用了这类方法。

（二）基于事故条件下污染运移扩散预测模拟的评估方法

基于事故条件下污染运移扩散预测模拟的评估方法，如《建设项目环境风险评价技术导则》以及一些重点行业建设项目环境风险评价方法研究中采用的方法。一般首先选取最大可信事故或典型事故，在源项分析的基础上模拟预测可能发生的突发性事故对周边环境影响的范围和程度，分析判断突发环境事件风险评估结果的接受性。这类方法涉及污染物运移扩散模拟，对数据资料的数量和质量要求较高，在数据资料充分和模型构建合理的条件下可较好地对突发环境事件进行模拟预测。

（三）企业污染物排放累积性环境风险评估方法

目前，对于企业污染物排放累积性环境风险的评估方法研究较少，主要原因是企业污染物排放累积性环境风险具有显著的区域特征，而区域健康风险和生态风险评价一般需要依赖于环境介质中的污染物浓度和受体的暴露参数，需要区域性的长期动态数据支撑，同时企业污染物无组织或有组织排放连续性数据不易获得，且区域范围内可能存在多个风险源，很难直接建立风险源污染物排放与最终受体影响的因果关系。因此，企业污染物排放累积性环境风险评估方法较为复杂，且存在较大的不确定性，需要大量的基础数据资料。考虑评估数据的可获得性和评估结果的准确性，在现有技术条件下全面评估企业环境风险，在方法选择上有两种思路。一是可以将基于指标体系的评估方法与污染运移扩散预测模拟的评估方法相结合，将污染运移扩散预测模拟评估结果作为指标纳入总评估指标当中，用于反映不同情景下的环境风险水平(风险值或可接受性)，同时在设计指标体系时尽可能反映企业周边一定范围内的风险受体对于累积性环境风险的响应；二是利用现有成熟的模型方法同时进行突发环境事件环境风险评估和污染物排放累积性环境风险评估，用两个评估结果直接反映企业的环境风险水平。其中，污染物排放累积性环境风险评估可首先确定有组织和无组织排放源强，结合气象数据、地形数据、扩散模型(如 AERMOD 模型等)对污染物进行环境空气质量影响模拟预测，进而采用标准比对、健康或生态风险评估等方法获得污染物排放累积性环境风险评估结果。另外，环境风险识别分析是环境风险评估不可忽略的基础性环节，具体评估中无论采用何种方法，环境风险识别分析的开展都至关重要。环境风险识别既包括环境风险物质类型、数量以及分布，也包括存储、加工、运输环境风险物质的设施设备的类型、布局等因素。

四、评估结果及运用

企业环境风险评估结果有多种形式，结果运用的方式也不尽相同。《建设项目环境风险评价技术导则》采用计算的风险值判断风险的可接受性，将建设项目的最大可信事故风险值 R 与同行业可接受风险水平 R_L 相比较：R_{max} 小于 R_L 则认为受评项目的建设风险水平是可以接受的，R_{max} 大于 R_L 则受评项目需要采取降低事故风险的措施以达到可接受水平，否则项目的建设不可接受。

《环境风险评估技术指南—氯碱企业环境风险等级划分方法》《环境风险评估技术指南—环境风险等级划分方法(试行)》将计算的企业风险值与环境风险等级标准进行比对，确定企业环境风险等级和多个同行业企业的排序，主要用于企业环境责任保险保额的设定和企业环境风险管理；《企业环境风险等级评估方法》采用分级矩阵法将企业环境风险等级划分为重大、较大和一般三级，按照风险等级实施分级管理，包括根据不同风险等级实施相应的环境应急预案备案、环境应急演练、应急救援队伍配置等。

《重点环境管理危险化学品环境风险评估报告编制指南（试行）》综合企业重点危化品环境风险判别结果和企业环境管理及风险水平判别结果，包含低、中、高以及极高四个等级的企业环境风险监管，用于企业环境风险进行自查和对防范措施落实情况、重点环境管理危险化学品释放与转移情况、环境风险防控管理计划执行情况等的监管。

评估目标、内容以及方法决定了结果的运用范围和适用性。现有的已颁布实施的评估方法规范指南，或一些研究性成果的评估结果一般是基于风险值的，以风险值作为评判企业环境风险水平的主要依据，这种综合性的结果在评判企业环境风险综合水平方面清楚明了，决策者易于判断，但只关注最终的综合结果在一定程度上会掩盖单个评估指标的好坏或贡献程度。因此，在实际运用中需要决策者把握总体风险程度的同时，应反向追踪分析造成综合评估结果的原因，诊断环境风险症结，识别降低环境风险水平途径。

五、环境风险等级划分

企业环境风险等级的划定采用矩阵法。根据企业生产、使用、存储和释放的突发环境事件风险物质数量与其临界量的比值（Q），生产工艺过程与环境风险控制水平（M）以及环境风险受体敏感程度（E）的评估分析结果，分别评估企业突发大气环境事件风险和突发水环境事件风险，将企业突发大气或水环境事件风险等级划分为一般环境风险、较大环境风险和重大环境风险三级。企业突发环境事件风险分级矩阵表见表3-4。

表3-4　企业突发环境事件风险分级矩阵表

环境风险受体敏感程度（E）	风险物质数量与临界量比值（Q）	生产工艺过程与环境风险控制水平（M）			
		M1 类水平	M2 类水平	M3 类水平	M4 类水平
类型1（$E1$）	$1 \leq Q < 10$（$Q1$）	较大	较大	重大	重大
	$10 \leq Q < 100$（$Q2$）	较大	重大	重大	重大
	$Q \geq 100$（$Q3$）	重大	重大	重大	重大
类型2（$E2$）	$1 \leq Q < 10$（$Q1$）	一般	较大	较大	重大
	$10 \leq Q < 100$（$Q2$）	较大	较大	重大	重大
	$Q \geq 100$（$Q3$）	较大	重大	重大	重大
类型3（$E3$）	$1 \leq Q < 10$（$Q1$）	一般	一般	较大	较大
	$10 \leq Q < 100$（$Q2$）	一般	较大	重大	重大
	$Q \geq 100$（$Q3$）	较大	较大	重大	重大

等级划分有突发大气环境风险等级和突发水环境事件风险等级两种，只涉及突发水、大气环境事件风险中任一种的只列出一种风险等级。同时涉及突发大气和水环境事件风险的企业，分别计算后两种都要列出。

其中大气环境风险等级和突发水环境事件风险等级划分中Q、M、E的评估分析依据《企业突发环境事件风险评估指南》及《突发环境事件风险评估分级分类方法》确定。

六、案例

某公司拥有特种冶金、不锈钢及结构钢、高合金钢长材、银亮钢、合金板带及钢管等多条现代化的生产线，形成了以特冶、不锈钢、结构钢三大系列为核心的产品体系，并聚焦于航空航天、能源、汽车（交通）三个关键行业以及模具钢、轴承钢、冷轧辊/芯棒及不锈钢线材等四大类专业化产品。主要生产工艺见图3-3。由于生产需要，公司储存有大量的硫酸、氢氟酸、硝酸、氢氧化钠、液氨等危险化学品。

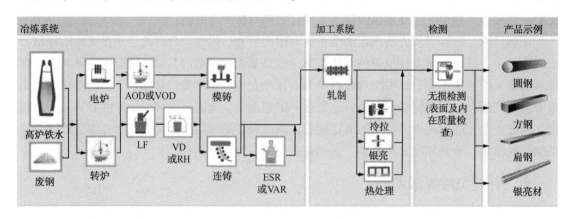

图3-3 生产工艺流程

1. 环境风险物质及风险单元

通过对该公司危险化学品储存和使用情况分析，筛选出硫酸、氢氟酸、硝酸、氢氧化钠、液氨、废酸、废碱、表面处理废物等主要环境风险物质，并根据厂区平面布置，以公司二级生产厂为单元，将企业划分为钢管厂、条钢厂、板带厂冷轧、板带厂热轧、银亮钢厂等五个环境风险单元（见图3-4）。上述五个环境风险单元均设置有酸洗储罐区、危险废物暂存点、酸洗区域，其中钢管厂、条钢厂、板带厂冷轧各设置一处液氨站，板带厂冷轧厂区西北侧设置一处酸洗污泥暂存间。

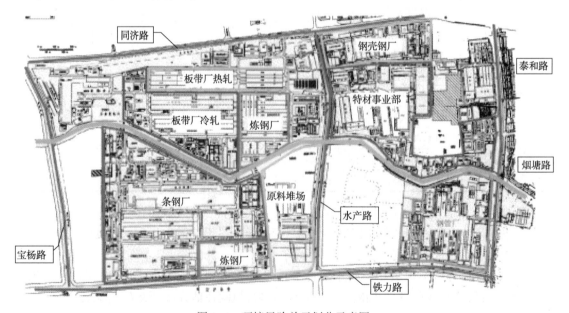

图3-4 环境风险单元划分示意图

2. 危险化学品突发环境事件情景分析

通过对国内外同类型企业或使用相似危险化学品企业发生的突发环境事件进行调查分

60

析，确定了公司突发环境事件情景设定的基本原则，见表 3-5。

表 3-5　企业突发环境事件情景原则设定

编号	情景设定原则	企业概况
A	涉及易燃易爆物质的企业应选择至少一种易燃易爆物质开展最坏事件情景分析	涉及的风险物质主要归类为腐蚀性物质、氧化性物质、易燃性物质和有毒物质。其中液氨具有易燃易爆性，并具有一定的毒性，是企业最主要的危险物质
B	涉及有毒有害物质的企业应选择至少一种有毒有害物质开展最坏事件情景分析	企业的有毒有害物质主要为液氨
C	存在环境风险物质数量与临界量比值大于等于1的风险物质或风险单元的，应对涉及的每一种风险物质或每一个风险单元开展最坏事件情景分析	企业各风险单元对应的环境风险物质数量与临界量比值均大于1，其中条钢厂酸洗储罐区的 Q 值最大，因此选取条钢厂酸洗储罐区开展最坏事件情景分析
D	最坏事件情景中，会影响到外环境的事件，应开展选择性事件情景分析	最坏事件情景中，可能涉及大气、水、土壤的污染，应开展选择性事件情景分析
E	最坏事件情景中，有毒有害物质、易燃易爆物质及发生突发环境事件风险单元的选择应以对环境的危害最大为原则	将以对环境的危害最大为原则
F	最坏事件情景中，同类污染物存在于不同风险单元，对同一环境要素的影响，可只针对事件影响最大的一个风险单元进行情景分析	以条钢厂酸洗储罐区开展最坏事件情景分析
G	企业可根据实际情况，针对其他风险物质或风险单元开展最坏事件情景分析或可选择性事件情景分析	各种自然灾害、极端天气或不利气象条件上海市处于自然灾害较小的地区，此类环境风险事件的可能性较小

　　同时，根据公司环境风险物质的使用和储存情况，基于现有风险物质、风险单元环境、风险防范措施现状和工艺危险性特征等，设定了公司可能发生的事故情景，见表 3-6。

表 3-6　突发环境事件情景分析

情景类型	典型事件	发生概率
火灾、爆炸、泄漏事件	如火灾、爆炸、泄漏等	易发生风险事故；公司各酸洗储罐区设计的危险化学品种类多，数量大，所以发生此情景事故的可能性较大
环境风险防控设施失灵或非正常操作	如雨水阀、应急阀、截止阀的失灵或操作失误	企业在各储罐区、"三废"处理装置（场所）和装卸场所均设有相应的截留措施、事故排水收集措施、雨排水防控措施、生产废水系统防控措施、毒性气体泄漏紧急处置装置及监控系统。若应急物资、阀门或预警系统等在事故时失灵，或日常没有及时检查、保养、维修和更换，则不能发挥应有的截流控制作用，泄漏物、事故伴生、次生消防废水未经有效处理通过污水收集排放系统排入污水处理厂，可能对污水处理厂造成冲击
非正常工况	如开车、停车、检修等	开车、停车、检修等过程中废气通过废气收集系统高空排放。所有污水均进入污水管线系统，通过污水处理站调节池、事故池进行暂存。因此本情景发生可能性较小

情景类型	典型事件	发生概率
污染治理设施非正常运行	如污水处理站故障停运、废气处置设施失效	各工序产生的废水经过相应的预处理站处理后排入厂区综合污水处理站。非正常情况下，污水处理系统的出水将打回调节池再次处理，达标后排放。必要时，将通知生产车间停止作业。公司制定了污水处理系统的操作规程，明确污水处理的要求，以满足上海市的排放标准。因此，本情景发生的可能性较小
违法排污	如废水偷排，废气不经处理排放	厂区内雨污水分流，在污水处理站出口设置检查井，公司定期委托开展污染物监测。所以，本情景发生的可能性较小
断水、停电、停气等	如断水、停电、停气等	公司内建有消防水池。供电、供气均由备用系统，因此本情景发生的可能性较小
通信货运输系统故障	如通信中断	对通信设备要求不高，本情景发生的可能性较小
各种自然灾害、极端天气或不利气象条件	如地震、台风	处于自然灾害较小的地区，因此本情景发生的可能性较小

3. 危险化学品突发环境事件情景源及后果分析

根据突发环境事件情景分析，确定了公司发生概率最大的突发环境事件为危险化学品泄漏事故以及危险化学品燃烧爆炸事故。

（1）危险化学品泄漏事故

事故原因分析：

根据危险化学品的储存量、挥发性及危险程度，确定以液氨作为分析对象。

① 泄漏量源强

液氨泄漏量源强按单个液氨罐全部泄漏的量计，为200kg。

② 泄漏速率

假定液氨的特性是理想液体，泄漏速率 Q_L 按下列伯努利方程计算：

$$Q_L = c_d A \rho \sqrt{\frac{2(p-p_0)}{\rho} + 2gh}$$

式中　Q_L——液体泄漏速度，kg/s;

　　　c_d——液体泄漏系数，此值常用0.6~0.64，本次分析取0.64;

　　　A——裂口面积，m^2;

　　　ρ——液体密度，kg/m^3，液氨取617kg/m^3;

　　　p——容器内介质压力，1033900Pa;

　　　p_0——环境压力，Pa;

　　　g——重力加速度，9.81m/s^2;

　　　h——裂口之上液位高度，m。

通过上述公式计算得出液氨的泄漏速率 $Q_L = 0.78$kg/s。按照液氨最大存量计算，考虑最不利情况（全部泄漏完毕），则存放的液氨将在4.3min即泄漏完毕。通常发生液氨钢瓶泄漏事故后通过报警、喷淋等措施，对泄漏事故进行控制。液氨的闪蒸率 $F = 0.183$。根据经验，当 $F \geq 0.2$ 时，一般不会形成液池。当 $F < 0.2$ 时，F 与带走液体之比存在线性关系。通过计

算可知液氨泄漏时形成液池的量非常小，可视为全部被蒸发。因此液氨的蒸发速率近似等于泄漏速率为 0.78kg/s。

事故风险预测：

预测最大可信事故发生后，液氨泄漏后挥发为氨气在不同的气象条件下，下风向轴线各点、最大落地浓度及出现的时间。根据不同气象条件下预测结果的规律，选择大气稳定度为不稳定 B、中性条件 D 和稳定条件 E，以及风速分别为 0.5m/s、1.5m/s、3.0m/s 的气象组合条件进行预测。

①预测模式

根据泄漏物料的特征，选用多烟团预测模式，预测危化品仓库内单桶化学原料发生泄漏后，对下风向环境空气的影响。

预测模式如下：

$$C(x,y,0)\frac{2Q}{(2\pi)^{3/2}\sigma_x\sigma_y\sigma_z}\exp\left[-\frac{(x-x_0)^2}{2\sigma_x^2}\right]\exp\left[-\frac{(y-y_0)^2}{2\sigma_y^2}\right]\exp\left[-\frac{z_0^2}{2\sigma_z^2}\right]$$

式中　　$C(x,y,0)$——下风向地面(x,y)坐标处的空气中污染物浓度(mg/m^3)；

x_0，y_0，z_0——烟团中心坐标；

Q——事故期间烟团的排放量；

σ_x、σ_y、σ_z——为 x、y、z 方向的扩散参数(m)，常取 $\sigma_x=\sigma_y$。

对于瞬时或短时间事故，可采用下述变天条件下多烟团模式：

$$C_w^i(x,y,0,t_w)=\frac{2Q'}{(2\pi)^{3/2}\sigma_{x,eff}\sigma_{y,eff}\sigma_{z,eff}}\exp\left(-\frac{H_e^2}{2\sigma_{x,eff}^2}\right)\exp\left[-\frac{(x-x_w^i)^2}{2\sigma_{x,eff}^2}-\frac{(y-y_w^i)^2}{2\sigma_{y,eff}^2}\right]$$

式中　　Q'——烟团排放量(mg)，$\Delta Q'=Q\Delta t$；

Q——释放率$(mg \cdot s^{-1})$；

Δt——时段长度(s)；

$\sigma_{x,eff}$、$\sigma_{y,eff}$、$\sigma_{z,eff}$——烟团在 w 时段沿 x、y 和 z 方向的等效扩散参数(m)，可由下式估算：

$$\sigma_{j,eff}^2=\sum_{k=1}^{w}\sigma_{j,k}^2(j=x,y,z)\ \sigma_{j,k}^2=\sigma_{j,k}^2(t_k)-\sigma_{j,k}^2(t_{k-1})$$

式中　　x_w^i 和 y_w^i——第 W 时段结束时第 i 烟团质心 x 和 y 坐标，由下式计算：

$$x_w^i=u_{x,w}(t-t_{w-1})+\sum_{k=1}^{w-1}u_{x,k}(t_k-t_{k-1})，\ y_w^i=u_{y,w}(t-t_{w-1})+\sum_{k=1}^{w-1}u_{y,k}(t_k-t_{k-1})$$

各个烟团对某个关心点 t 小时的浓度贡献，按下式计算：

$$C(x,y,0,t)=\sum_{i=1}^{n}C_i(x,y,0,t)$$

式中　　n——需要跟踪的烟团数。可由下式确定：

$$C_{n+1}(x,y,0,t)\leqslant f\sum_{i=1}^{n}C_i(x,y,0,t)$$

式中，F 为小于 1 的系数，可根据计算要求确定。

② 预测结果

液氨发生泄漏时最不利情况发生在风速 1.5m/s、D 稳定度的大气条件下，其中最大落地浓度为 198285.529mg/m³，最大落地浓度出现的距离为 8.1m；达到立即威胁生命和健康的浓度范围的最大距离为 85m，达到 LC_{50}（半致死浓度）的最大距离为 140.9m，影响距离均在厂区范围内；达到短时间接触允许浓度范围的最大距离为 890.1m。以氨的立即威胁生命

和健康的浓度以及 LC_{50}（半致死浓度）作为危险阈值的计算标准，可能出现危险阈值的距离范围不超过 140.9m。由于本工程液氨罐容量较小，泄漏事故持续时间很短（约 4.3min），即使出现危险阈值的距离范围内也不会对人体产生致命影响。

（2）危险化学品燃烧爆炸事故

氨气在局部空间中，与空气混合至 16%~25% 浓度区间时，遇明火会产生爆炸。氨气的最易引燃浓度为 17%。根据资料调查，液氨使用场所爆炸的主要原因绝大多数是局部区域内氨气的浓度达到燃爆的浓度区间。

在所有气象爆炸中，蒸气云爆炸影响范围和程度较大，因此选取储罐区蒸气云爆炸作为燃爆可信事故源，即储罐液氨泄漏，或在储罐检修换气中，氨气在储罐上方聚集，与空气混合并达到燃爆浓度，延迟点火，产生蒸气云爆炸。

按照最大量假设，储罐中 100% 液氨量泄漏蒸发，氨气在储罐上方聚集，与空气混合并达到燃爆浓度，延迟点火，产生蒸气云爆炸。参与爆炸的氨气总质量按照液氨储量最大的条钢厂液氨站计为 3600kg。

利用 Risk System 风险评价系统计算，进行爆炸事故预测：

$$W_{TNT} = \alpha W_f Q_f / Q_{TNT}$$

式中　W_{TNT}——蒸气云的 TNT 当量，kg；

　　　α——蒸气云爆炸的效率因子，表明参与爆炸的可燃气体的分数，取 $\alpha=18\%$；

　　　W_f——蒸气云中燃料的总质量，kg；

　　　Q_f——蒸气的燃料热，J/kg；

　　　Q_{TNT}——TNT 的爆炸热，一般取 $4.52×10^6$ J/kg。预测结果见图 3-5。

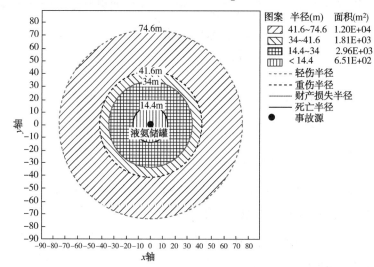

图 3-5　危险化学品燃烧爆炸事故后果预测图

可见，若液氨发生爆炸，取最不利工况条件，假定爆炸时物质全部发生蒸气云爆炸，则死亡半径为 14.4m，重伤半径为 41.6m，财产损失半径为 34m，最大波及范围可达液氨罐外 74.6m。

4. 危险化学品突发环境事件风险等级

通过定量分析企业生产、加工、使用、存储的所有环境风险物质数量与其临界量的比值（Q），评估工艺过程与环境风险控制水平（M）以及环境风险受体敏感性（E），按照矩阵法对企业突发环境事件风险（以下简称环境风险）等级进行划分。环境风险等级划分为一般环境风险、较大环境风险和重大环境风险三级，分别用蓝色、黄色和红色标识。

（1）Q 值

对公司五个环境风险单元的 Q 值分别进行计算，得出：钢管厂、板带厂热轧、银亮钢厂属于 Q_1 等级，条钢厂、板带厂冷轧均属 Q_2 等级，其中板带厂冷轧的 Q 值最大，为 17.14，全厂 Q 值为 49.95，属于 Q_2 等级。

（2）M 值

通过对公司生产工艺过程、安全生产控制措施、水环境风险防控措施、大气环境风险防控措施、环境风险日常管理措施、环评及批复的其他环境风险防控措施落实情况、生产废水排放去向等方面进行评价，得出公司属于 M_2 类水平。

（3）E 值

通过对公司周边环境进行调查，得出企业周边 500m 范围内人口总数大于 2000 人，属于 E_1 类型。企业周边环境风险受体分布情况见图 3-6。

图 3-6　企业周边环境风险受体分布情况

（4）环境风险等级确定

依据矩阵法，根据 Q 值、M 值、E 值判断，公司属于重大环境风险。

第六节　尾矿库企业环境风险评估

一、评估目的

指根据尾矿库的环境风险特点，划分尾矿库环境风险等级，识别尾矿库可能引发突发环境事件的危险因素，并对其进行系统的环境风险分析，预测可能产生的后果，提出环境风险防控和环境安全隐患排查治理对策建议的过程。

二、评估程序

尾矿库环境风险评估工作程序，由尾矿库环境风险评估准备、尾矿库环境风险预判、尾矿库环境风险等级划分、尾矿库环境风险分析与报告编制四个阶段组成，见图3-7。

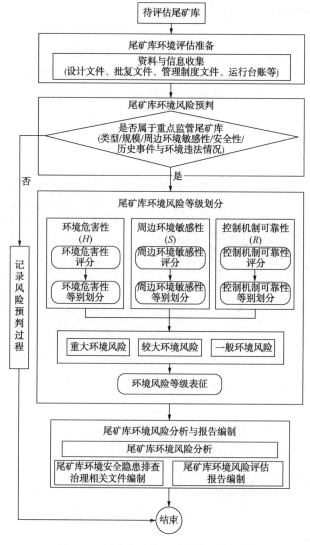

图 3-7 尾矿库环境风险评估工作程序

（一）尾矿库环境风险评估准备

根据尾矿库环境风险评估的各项工作需要，收集相关资料与信息，主要包括环境影响评价文件及相关批复文件、设计文件、竣工验收文件、安全生产评价文件、环境监理报告、环境监测报告、特征污染物分析报告、应急预案、管理制度文件、日常运行台账等。

（二）尾矿库环境风险预判

从尾矿库的类型、规模、周边环境敏感性、安全性、历史事件与环境违法情况五个方面，利用尾矿库环境风险预判表对尾矿库环境风险进行初步分析，对于满足预判表中任何条件之一的尾矿库即认定为重点环境监管尾矿库，需要进一步开展后续的环境风险评估工作。非重点环境监管尾矿库只须开展风险预判工作，并记录风险预判过程和预判结果。

（三）尾矿库环境风险等级划分

利用层次分析法，从尾矿库的环境危害性（H）、周边环境敏感性（S）、控制机制可靠性（R）三方面进行评分，采用环境风险等级划分模型，将重点环境监管尾矿库环境风险划分为重大、较大、一般三个等级，并按规则进行环境风险等级表征。

1. 风险等级划分方法

尾矿库环境风险等级划分采用矩阵法。分别评估尾矿库环境危害性（H）、周边环境敏感性（S）、控制机制可靠性（R）三方面的等别，对照尾矿库环境风险等级划分矩阵（表 3-7），将尾矿库环境风险划分为重大、较大、一般三个等级。

尾矿库突发环境事件风险评估依据《尾矿库突发环境事件风险评估技术导则》进行。

表 3-7　尾矿库环境风险等级划分矩阵

序号	情形			环境风险等级
	环境危害性（H）	周边环境敏感性（S）	控制机制可靠性（R）	
1	H_1	S_1	R_1	重大
2			R_2	重大
3			R_3	较大
4		S_2	R_1	重大
5			R_2	较大
6			R_3	较大
7		S_3	R_1	重大
8			R_2	较大
9			R_3	一般
10	H_2	S_1	R_1	重大
11			R_2	较大
12			R_3	较大
13		S_2	R_1	较大
14			R_2	一般
15			R_3	一般
16		S_3	R_1	一般
17			R_2	一般
18			R_3	一般
19	H_3	S_1	R_1	较大
20			R_2	较大
21			R_3	一般
22		S_2	R_1	一般
23			R_2	一般
24			R_3	一般
25		S_3	R_1	一般
26			R_2	一般
27			R_3	一般

三、案例

××矿业有限责任公司属采、选一体的联合型企业,现有 A、B 两个采矿区,一个选矿厂和一个尾矿库。采矿工艺为下向胶结充填采矿法,采矿能力 10.5 万吨/年;选矿工艺为全泥氰化+炭浆吸附,选矿能力目前为 480t/d,配套的××尾矿库位于选矿厂东部约 3.4km。

选矿工艺流程:二段一闭路碎矿+二段二闭路磨矿+氰化浸出+炭浆吸附工艺+部分尾矿重选。

××尾矿库主要由尾矿库坝体、排水设施、排渗设施、尾矿输送及回水系统、事故收集设施等五部分构成,占地面积为 13.44hm² (1hm² = 10000m²),属山谷型尾矿库,最终堆积标高为 570m,总库容为 322.5×10⁴m³,设计坝高 97m,为三等库。

尾矿库主要构筑物有初期坝,为透水堆石坝,内坡设有反滤体,外坡为块石护坡;堆积坝筑坝方式为推土机碾压法和人工强夯法,筑坝材料采用山坡废石土,内坡设有反滤层(防渗),外坡进行了植草护坡,每级子坝坝底均设有坝面排水沟,连接沉淀池;排水设施主要包括库外排洪设施和库内排水设施。

库外排洪设施用于拦截山体汇水进入尾矿库,主要是由拦洪坝、排洪隧洞、坝肩截洪沟组成。库内排水(回水)设施库内排水系统兼做日常尾矿水排放通道。

现有排洪系统为竖井+排水隧洞,初期坝排渗设施为水平竖向弧型排渗管。堆积坝排渗设施分为坝内排渗体和岸肩排渗体。尾矿输送及回水系统中尾矿输送管路 2 条(1 用 1 备),输送距离 5500m,回水设施容积为 300m³,回水管路 2 条,正常情况下,自流至选厂回用。当高位水池水位过满时,污水溢流进入坝肩截洪沟,导流至沉淀池。沉淀池设在初期坝坝脚西南侧,主要收集西侧坝肩截洪沟、东侧高位水池下游坝肩截洪沟排水及原排水斜槽渗水,容积 240m³。沉淀池水经两台潜水泵(1 用 1 备)回收至高位水池,经高位水池回水管道回用至选厂。当高位水池污水溢流进入沉淀池,用泵将沉淀池内水打回尾矿库内,废水不外排。

事故收集设施,设置有 1 座事故池和 2 座收集井,可在事故状态下临时储存废水,其中事故池位于尾矿库初期坝下,池容 400m³;收集井设置在事故池下游 3m 位置,容积 3m³,共 2 个。沉淀池下游建设事故导排渠,并设置两级闸板,同时,沉淀池阀门井旁侧还设置有备用溢流管道,连通事故池。当汛期水量过大、竖井渗流过快或选厂临时停产,未及时打开高位水池事故泵,导致高位水池内水位过高时,将溢流至下游坝肩截洪沟,随后流入沉淀池,沉淀池溢流或通过溢流管道使污水进入事故池暂存。事故池可收集沉淀池 1.5h 的排水量。

(一)尾矿库主要污染物

尾矿库的污染物主要是尾矿浆中的尾砂和废水。尾砂年排尾量为 11.9×10⁴m³/a,按照国家危险废物名录(2016 版)属危险废物。尾矿浆中的废水主要有三部分来源,一是选矿过程随尾砂产生的废水,二是选矿车间冲洗水,三是生活污水经化粪池处理后的水,三部分水都汇入选矿厂尾矿浆池,通过尾矿输送系统进入尾矿库,尾矿水回用不外排。废水产生及排放情况详见表 3-8。

表 3-8 废水产生及排放情况一览表

项目	产生量/（m³/d）	回用水量/（m³/d）	尾矿砂量/（m³/d）	蒸发量/（m³/d）	备注
选矿工艺尾浆	1560	1030	360	170	选厂尾矿浆池加漂白粉处理——尾矿柱塞泵打入××尾矿库——高位回水池——全部回用选厂使用
地面冲洗水	15	12	0	3	沿车间导排渠汇入选厂尾矿浆池
生活污水	5	4	0	1	经化粪池处理后汇入选厂尾矿浆池

（二）尾矿库周边环境概况

尾矿库下游 360m 为 Y 河，Y 河自西向东北流出，C 水库位于 Y 河中游，是一座以防洪为主，结合灌溉、发电、供水等综合利用的大（I）型水库，属河南省城市集中式饮用水源保护区，总库容为 $13.2 \times 10^9 m^3$。目前在水库东北侧距 Y 河汇入口约 9km、水库大坝前泄洪口西侧约 500m 设置一个取水口，主要供××市××区工业用水及部分居民生活饮用水，月均取水量为 $(75 \sim 80) \times 10^4 m^3$。

尾矿库距离 C 水库一级保护区直线距离 41km，距离二级保护区 28km，准保护区 22km。根据突发环境事件应急处置需要，将 Y 河汇入 C 水库入口作为环境风险评估边界，选择 C 水库二级保护区上游最远地点，即 Y 河汇入 C 水库入口处，作为尾矿库距 C 水库距离的边界。

（三）尾矿库周边环境风险受体情况

根据《尾矿库环境风险评估技术导则（试行）》（HJ 740—2015）环境风险受体调查评估范围的规定，涉及水环境风险受体的调查评估范围应不小于 10km，根据实际情况可适当扩大评估距离。尾矿库下游 C 水库为省级饮用水保护区，尾矿库距 C 水库一级保护区直线距离 41km、二级保护区 28km、准保护区 22km。因此环境风险受体调查评估范围为尾矿库下游 41km 内 Y 河两侧 200m 内。尾矿库周边环境风险受体分布情况见表 3-9。

表 3-9 尾矿库周边环境风险受体情况

环境受体名称		方位	距离/m	人数	高差	联系方式	备注
居民区	××村	WSW	初期坝 3300~3800	1685 人	相对河床高差>+10m		
			距输送及回水管线 10~300				
	××村	Y 河对岸 NNW	初期坝 450	40 人	相对河床高差>+10m		
	××村	Y 河对岸 ENE	初期坝 460	90 人	距 Y 河 90m，相对河床高差>+15m		不使用地下水井，引流山泉水
	××村	Y 河对岸 ENE	初期坝 1300	330 人	距 Y 河 15m，相对河床高差>+10m		

环境受体名称		方位	距离/m	人数	高差	联系方式	备注
地表水	××河	N	初期坝 260m				
	C 水库	NE	初期坝 22000m				
饮用水井	××村取水井	WSW	沟口上游 3200m				
	××村取水井	WNW	沟口上游 2000m				

（四）尾矿库管理现状

尾矿库各项环保手续齐全。尾矿库环保责任制、尾矿库环保管理制度、尾矿库环境风险管理、环境应急管理等制度，2014 年编制并备案×××矿业有限责任公司突发环境事件应急预案，其中现场处置措施中包含尾矿库应急处置措施内容。每月开展一次尾矿浆设施出口、尾矿库回水(选厂内出水口)、尾矿库 Y 河上游 50m、尾矿库 Y 河下游 200m4 个点位特征因子 (Cu、Zn、Cd、Pb、COD、氰化物、氨氮、pH)的监测工作；根据县环保局的日常检查，尾矿库近三年未发生环境违法行为，也未发生与周边居民的环境纠纷。

（五）尾矿库现有环境风险防控及应急措施

尾矿库环境风险防控与应急设施见表 3-10，应急物资及装备见表 3-11。

表 3-10　尾矿库环境风险防控与应急设施一览表

应急措施	配套设施或装备	现状布设位置技术数量	备注
尾矿库回水收集设施	事故池	初期坝下游，浆砌石，尺寸长×宽×深＝10m×10m×4m 配套潜水泵：功率 5.5kW，流量 40m³/h，扬程 30m	
	收集井	事故池北面，浆砌石，尺寸直径×深＝1m×4m 配套潜水泵：功率 3kW，流量 30m³/h，扬程 15m	设置液位计，配套自动控制阀，事故状态下潜水泵自动启动将废水抽至事故池
	沉淀池备用泵	潜水泵，功率 37kW，流量为 60m³/h，扬程 140m	平时 1 用 1 备，事故状态下将水抽回高位水池
	事故导流渠	矩形明渠，尺寸 0.2m×0.2m×0.2m	连接沉淀池和事故池，约 100m
	拦截闸板	两个，导流渠与事故池交叉口后，导排渠与收集井交叉口后	2 个，金属闸板配置彩条布、无纺布

表 3-11　尾矿库及选厂应急物资及装备一览表

类型	名称	数量	存放位置	责任部门及责任人	备注
应急抢险物资	抗氰紧急药品	2 套			氰化钠储罐/炭浸车间
	矿灯	30 盏			可用 3~4d
	铁锹	60 把			
	铁丝	6 捆			
	洋镐	30 把			
	彩条布	7 卷	选厂应急物资仓库	调度室电话负责人电话	
	塑料布	7 卷			
	编织袋	1000 个			
	棕绳	200m			
	电缆线	300m			
	水泵	2 台			
	自制抱箍	5 个			
水质净化及监测物资	胶垫	5 套			
	氰化物测定仪	2 个			
	漂白粉	4 吨	选厂污水处理系统		有效期：2017 年 3 月
	石灰	25 吨	选厂加药罐		日常生产用
预防设施	各种警示牌	若干	尾矿库主要设施及风险点		醒目位置
通信报警装置	手动警铃	1 个			
	警铃	1 个	尾矿库值班室	尾矿库值班室电话负责人电话	
	对讲机	2 部			
应急供电	应急发电机	1 个	应急发电机房		
	潜水泵	4 个			分别位于高位水池、沉淀池、事故池、收集井
防护及急救物资	雨衣	20 套	尾矿库应急物资仓库		
	雨鞋	20 双			
	胶手套	20 双			
	防尘口罩	10 个			

类型	名称	数量	存放位置	责任部门及责任人	备注
防护及急救物资	救生衣	5套	尾矿库应急物资仓库	尾矿库值班室电话负责人电话	
	安全帽	20顶			
	矿灯	10盏			
	铁锹	20把			
应急抢险物资	铁丝	4捆			
	洋镐	15把			
	彩条布	3卷			
	塑料布	3卷			
	编织袋	2000个			
	棕绳	400m			
	水泵	1台			
	电缆线	200m			
	发电机	1台	初期坝下发电机房		
水质净化物资	漂白粉	1吨	药剂物资库		有效期：2016年12月
应急车辆	挖掘机	1辆	公司	调度室电话负责人电话	
	铲车	2辆			
	货车	4辆			
	其他车辆	14辆			
应急队伍	尾矿库应急队伍依托于企业的应急组织机构人员。企业应急指挥部总指挥由企业总经理担任，副总指挥由分管副总(工会主席)担任，各应急专业组成员由岗位操作人兼任。尾矿库周边主要应急救援力量有××集团××有限责任公司，××尾矿库距该公司约15km，由洛栾快速及乡道连通，救援力量赶赴时间约20min；该公司选厂及尾矿库常备应急物资石灰20t，漂白粉50t，紧急情况时可调用				

尾矿库环境风险评估：

1. 尾矿库环境风险预判

××尾矿库环境风险预判见表3-12。

表3-12　××尾矿库环境风险预判表

符合下列情形之一，列入重点环境监管尾矿库		
类型	矿种类型(包括主矿种、附属矿种)/尾矿(或尾矿水)成分类型	现状说明
	√1.□相关的生产过程中使用了列入《重点环境管理危险化学品目录》的危险化学品 √2.□重金属矿种：铜、镍、铅、锌、锡、锑、钴、汞、镉、铋、砷、铊、钒、铬、锰、钼 3.□贵金属矿种：金、银、铂族(铂、钯、铱、锗、锇、钌)	使用了氰化物；附属矿种中含铅、铜；主矿种类型为金矿

规模	√12.□尾矿库等别：四等及以上	三等库
符合下列情形之一，列入重点环境监管尾矿库		**现状说明**
周边环境敏感性	尾矿库下游评估范围内或者尾矿输送管线、回水管线涉及穿越	16.□饮用水水源保护区、自来水厂取水口 17.□重要江、河、湖、库等大型水体	尾矿库下游360m为Ⅱ类水体××河；下游22km为河南省城市集中式饮用水源保护区××水库

根据预判结果，××尾矿库符合预判表中矿种类型、尾矿库规模和周边环境敏感性，因此确定××尾矿库属于重点环境监管尾矿库，需开展环境风险评估。

2. 尾矿库环境风险等级划分

××尾矿库属于重点环境监管尾矿库，按照《尾矿库环境风险评估技术导则（试行）》，对尾矿库的环境危害性（H）、周边环境敏感性（S）、控制机制可靠性（R）三方面进行评分，确定××尾矿库环境风险等级。

尾矿库环境危害性得分 $D_H=83>60$，根据尾矿库环境危害性等级划分表确定××尾矿库风险等级为 H_1，见表3-13。

表3-13 尾矿库环境危害性（H）等别划分指标得分

指标项目				指标分值	得分
尾矿库环境危害性	类型	矿种类型/固体废物类型/尾矿（或尾矿水）成分类型		48	48
	性质	特征污染物指标浓度情况	pH值	8	5
		浓度倍数情况	指标最高浓度倍数	14	14
		浓度倍数3倍及以上指标项数		6	4
	规模	现状库容		24	12

尾矿库周边环境敏感性得分 $D_S=69.5>60$，根据尾矿库周边环境敏感性等别划分表确定××尾矿库风险等级为 S_1，见表3-14。

表3-14 尾矿库周边环境敏感性（S）等别划分指标得分

指标项目				指标分值	得分
尾矿库周边环境敏感性	下游涉及的跨界情况	涉及跨界类型		18	0
		涉及跨界距离		6	0
	周边环境风险受体情况			54	54
	周边环境功能类别情况	水环境	下游水体 地表水	9	9
			地下水	6	4
		土壤环境		4	1
		大气环境		3	1.5

尾矿库控制机制可靠性得分 $30<D_R=33<60$，根据尾矿库周边环境敏感性等别划分表确定××尾矿库风险等级为 R_2，见表3-15。

表 3-15 尾矿库控制机制可靠性(R)等别划分指标得分

指标项目				指标分值	实际得分
尾矿库控制机制可靠性	基本情况	堆存	堆存种类	1.5	0
			堆存方式	1	1
			坝体透水情况	2	1
	基本情况	输送	输送方式	1.5	1
			输送量	1	0.5
			输送距离	1.5	0.75
		回水	回水方式	1	1
			回水量	0.5	0.25
			回水距离	1	0.5
		防洪	库外截洪设施	2	1
			库内排洪设施	2	1
	自然条件情况	是否处于按《地质灾害危险性评估技术要求(试行)》评定为"危害性中等"或"危害性大"的区域,或者处于地质灾害易灾区、岩溶(喀斯特)地貌区。		9	0
	生产安全情况	尾矿库安全度等别		15	0
	环境保护情况	环保审批	是否通过"三同时"验收	8	0
		污染防治	水排放情况	3	0
			防流失情况	1.5	0
			防渗漏情况	2.5	2
			防扬散情况	1.5	0
		环境应急	环境应急设施 / 事故应急池建设情况	5	0
			环境应急设施 / 输送系统环境应急设施建设情况	2	2
			环境应急设施 / 回水系统环境应急设施建设情况	1.5	1.5
			环境应急预案	6.5	5
			环境应急资源	2	1.5
			环境监测预警与日常检查 / 监测预警	2	2
			环境监测预警与日常检查 / 日常检查	2	1.5
			环境安全隐患排查与治理 / 环境安全隐患排查	3	2.5
			环境安全隐患排查与治理 / 环境安全隐患治理	2.5	1.5
		环境违法与环境纠纷情况	近三年来是否存在环境违法行为或与周边存在环境纠纷	7	0
	历史事件情况	近三年来发生事故或事件情况(包括安全和环境方面)	事件等级	8	4
			事件次数	3	1.5

74

综合尾矿库环境危害性（H）、周边环境敏感性（S）、控制机制可靠性（R）三方面的等别，对照尾矿库环境风险等级划分矩阵，确定××尾矿库环境风险等级为"重大"，见表3-16。

表3-16　尾矿库环境风险等级划分矩阵

情形			环境风险等级
环境危害性（H）	周边环境敏感性（S）	控制机制可靠性（R）	
H_1	S_1	R_1	重大
		R_2	重大
		R_3	较大
	S_2	R_1	重大
		R_2	较大
		R_3	较大
	S_3	R_1	重大
		R_2	较大
		R_3	一般

各项具体技术指标评分值见表3-17、表3-18，其中深色部分为该企业所对应得指标选取情况。

表3-17　尾矿库环境危害性指标评分表

指标因子	评分依据	评分	得分	现状说明
类型（48分）	√1. □相关的生产过程中使用了列入《重点环境管理危险化学品目录》的危险化学品 √2. □危险废物 3. □重金属矿种：铜、镍、铅、锌、锡、锑、钴、汞、镉、铋、砷、铊、钒、铬、锰、钼 √4. □贵金属矿种（采用氰化物采选工艺）：金、银、铂族（铂、钯、铱、铑、锇、钌） 5. □有色金属矿种：钨	48	48	选矿生产过程中使用氰化钠，属于金矿选矿企业
	6. □一般工业固体废物（Ⅱ类） 7. □贵金属矿种（采用无氰化物采选工艺）：金、银、铂族（铂、钯、铱、铑、锇、钌） 8. □轻有色金属矿种：铝（铝土）、镁、锶、钡 9. □稀土元素的矿种：钇、镧、铈、镨、钕、钷、钐、铕、钆、铽、镝、钬、铒、铥、镱、镥 10. □稀有金属矿种：铌、钽、铍、锆、锶、铷、锂、铯 11. □稀散元素矿种：锗、镓、铟、铪、铼、铊、硒、碲 12. □有色金属矿种：钛 13. □非金属矿种：化工原料或化学矿 14. □涉及硫（包括主矿、共生矿）、磷（包括主矿、共生矿） 15. □涉及酸性岩矿种或产生酸性废液的矿种	24		

指标因子			评分依据	评分	得分	现状说明
类型 (48分)			16. □一般工业固体废物（Ⅰ类） 17. □黑色金属矿种：铁 18. □轻有色金属矿种：钠、钾、钙 19. □非金属矿种：冶金辅助原料矿 20. □非金属矿种：建材原料矿 21. □非金属矿种：黏土、轻质材料、耐火材料非金属矿 22. □非金属矿种：特种非金属矿 23. □非金属矿种：能源矿种 24. □非金属矿种：其他非金属矿	0	48	选矿生产过程中使用氰化钠，属于金矿选矿企业
性质 (28分)	特征污染物指标浓度情况 (28分)	浓度倍数情况 (22分)	pH 值 (8分)	1. ○[0, 4)	8	5	尾矿浆、库内水和高位水池水中 pH>9
				2. ○[4, 6)	6		
				3. ○[6, 9)	0		
				√4. ○(9, 11]	5		
				5. ○(11, 14]	7		
			指标最高浓度倍数 (14分)	√1. ○有指标浓度倍数为 10 倍及以上	14	14	输送管线中氰化物浓度倍数 14.4 倍
				2. ○有指标浓度倍数 3 倍及以上，且所有指标浓度倍数均在 10 倍以下	7		
				3. ○所有指标浓度倍数均在 3 倍以下	0		
		浓度倍数 3 倍及以上的指标项数(6分)		1. ○5 项及以上	6	4	
				√2. ○2 至 4 项	4		
				3. ○1 项	2		
				4. ○无	0		
规模 (24分)	现状库容 (24分)			1. ○大于等于 3000 万方	24	12	现状库容 135 万 m³
				2. ○大于等于 1000 万方，小于 3000 万方	18		
				√3. ○大于等于 100 万方，小于 1000 万方	12		
				4. ○大于等于 20 万方，小于 100 万方	6		
				5. ○小于 20 万方	0		

表 3–18　尾矿库周边环境敏感性指标评分表

指标因子		评分依据	评分	得分	现状说明
下游涉及的跨界情况 (24分)	涉及跨界类型 (18分)	1. ○国界	18	0	
		2. ○省界	12		
		3. ○市界	6		
		4. ○县界	3		
		√5. ○其他	0		
	涉及跨界距离 (6分)	1. ○2km 及以内	6	0	
		2. ○2km 以外，5km 及以内	4		
		3. ○5km 以外，10km 及以内	2		
		√4. ○10km 以外	0		

指标因子		评分依据	评分	得分	现状说明
周边环境风险受体情况 （54分）	所在区域	1. □处于国家重点生态功能区、国家禁止开发区域、水土流失重点防治区、沙化土地封禁保护区等 2. □处于江河源头区和重要水源涵养区	54	54	下游地表水体 Y 河流经 21km 入河南省城市集中式饮用水源保护区××水库
	尾矿库下游涉及水环境风险受体	√3. □服务人口 1 万人及以上的饮用水水源保护区或自来水厂取水口	54		
		4. □服务人口 2000 人及以上的饮用水水源保护区或自来水厂取水口 5. □重要湿地、天然林、珍稀濒危野生动植物天然集中分布区、重要水生生物的自然产卵场及索饵场、越冬场和洄游通道、天然渔场、资源性缺水地区、封闭及半封闭海域、富营养化水域等 6. □流量大于等于 15m³/s 的河流 7. □面积大于等于 2.5km² 的湖泊或水库 8. □水产养殖 100 亩及以上	36		
		9. □服务人口 2000 人以下的饮用水水源保护区或自来水厂取水口 √10. □流量小于 15m³/s 的河流 10. □面积小于 2.5km² 的湖泊或水库 11. □水产养殖 100 亩以下	18		
	尾矿库下游涉及其他类型风险受体	12. □人口聚集区：累计人口 2000 人及以上	54		
		13. □人口聚集区：累计人口 2000 人以下，200 人及以上	36		
		14. □国家级（或 4A 级及以上）的自然保护区、风景名胜区、森林公园、地质公园、世界文化或自然遗产地，重点文物保护单位以及其他具有特殊历史、文化、科学、民族意义的保护地等 15. □国家基本农田、基本草原、种植大棚、农产品基地等 1000 亩及以上 16. □重大环境风险企业或重大二次环境污染源、风险源			
		17. □人口聚集区：累计人口 200 人以下 18. □涉及省级及以下（或 4A 级以下）：自然保护区、风景名胜区、森林公园、地质公园、世界文化或自然遗产地，重点文物保护单位以及其他具有特殊历史、文化、科学、民族意义的保护地等 19. □国家基本农田、基本草原、种植大棚、农产品基地等 1000 亩及以上 20. □重大环境风险企业或重大二次环境污染源、风险源	18		

指标因子			评分依据	评分	得分	现状说明
周边环境风险受体情况（54分）		尾矿库输送管线、回水管线涉及穿越	21.□服务人口在2000人及以上的饮用水水源保护区、自来水厂取水口	36		
			22.□规模在100亩及以上的水产养殖区	18		
			23.□江、河、湖、库等大型水体			
周边环境功能类别（22分）	水环境（15分）	下游水体（9分） 地表水	1.○地表水：一类	9	9	
			√2.○地表水：二类			
			3.○地表水：三类	6		
			4.○地表水：四类	3		
			5.○地表水：五类	0		
		□海水（不涉及海水则不计算该项）	1.○海水：一类	9		
			2.○海水：二类	6		
			3.○海水：三类	3		
			4.○海水：四类	0		
		地下水（6分）	1.○地下水：一类	6		
			2.○地下水：二类			
			√3.○地下水：三类	4	4	
			4.○地下水：四类	2		
			5.○地下水：五类	0		
	土壤环境（4分）		√1.○土壤：三类	4	1	
	大气环境（3分）		√2○大气：二类			

第七节　区域环境风险评估

一、评估目的

（1）摸清环境风险底数，说明突发环境事件情景及后果，支持政府环境预案编修。
（2）获得区域环境风险分布特征。
（3）分析查找差距与问题，消除区域环境安全隐患。

二、评估程序

行政区域突发环境事件风险评估程序，如图3-8所示。

（一）资料准备

围绕环境风险源、环境风险受体、环境风险防控与应急救援能力等因素开展行政区域环境风险评估基础资料收集，主要包括：

（1）行政区域环境功能区划与空间布局；

（2）水环境风险受体、大气环境风险受体、生态保护红线信息。水环境风险源是指可能向水环境释放环境风险物质的各类环境风险源；大气环境风险源是指可能向大气环境释放环

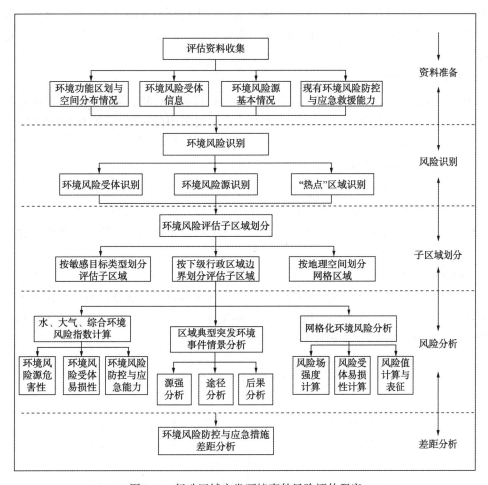

图 3-8 行政区域突发环境事件风险评估程序

境风险物质的各类环境风险源；

（3）行政区域各类环境风险源突发环境事件应急预案（以下简称环境应急预案）、环境风险评估报告；

（4）针对未开展环境风险评估和环境应急预案编制的环境风险源，收集基本信息、环境风险物质存储量与运输量等；

（5）行政区域经济水平；

（6）行政区域环境风险防控与应急救援能力，环境应急资源现状与需求等。

资料收集的基准年为环境风险评估工作年份的上一年度，资料提供部门或单位应当对资料的准确性和真实性负责。

（二）环境风险识别

1. 环境风险受体识别

根据上述收集整理的环境风险受体相关资料，列表说明水环境风险受体、大气环境风险受体基本情况，包括受体类别、名称、地理坐标以及规模等信息。以水系图、行政区划图为基础，分别绘制水环境风险受体分布图、大气环境风险受体分布图。

2. 环境风险源识别

根据上述收集整理的环境风险源相关资料，列表说明水环境风险源、大气环境风险源基本情况，包括风险源类别、名称、地理坐标、规模、主要环境风险物质名称和数量以及风险等级等信息。以水系图、行政区划图为基础，分别绘制水环境风险源分布图、大气环境风险源分布图。

3. "热点"区域识别

对水和大气环境风险源、环境风险受体分布图进行叠加分析，初步判断水环境风险、大气环境风险以及综合环境风险"热点"区域（即分布相对集中的区域）。针对"热点"区域，列表说明环境风险类型、主要环境风险源以及环境风险受体信息。

（三）环境风险评估子区域划分

1. 按敏感目标类型划分评估子区域

对于受外来环境风险源影响较大的行政区域，可按敏感目标类型划分环境风险评估子区域，包括突发水环境事件风险评估子区域、突发大气环境事件风险评估子区域和综合环境风险评估区域。

2. 综合环境风险评估区域

水环境风险评估子区域、大气环境风险评估子区域和地市或区县行政边界叠加的区域为综合环境风险评估区域。综合环境风险评估区域仅有一个，水环境风险评估子区域和大气环境风险评估子区域可有多个，见图3-9。

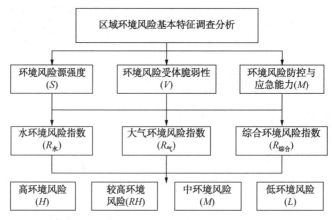

图3-9　行政区域突发环境事件风险等级划分程序

评估子区域包含了其他行政区域50%以上辖区面积，应商请其他行政区域或请示上级主管部门协调开展评估资料的收集工作，或由上级主管部门将这些区域作为一个整体开展跨区域环境风险评估。跨省界大江大河的水环境风险评估，建议由相关省（自治区、直辖市）联合开展。

3. 按下级行政区域边界划分评估子区域

在不考虑跨界影响的情况下，可按照评估区域的下级行政区域边界划分评估子区域，直接计算每个下级行政区域的风险指数，并进行比较和排序。例如，一个有10个区县的地级市开展环境风险评估，可以按照区县行政边界划分成10个评估子区域。

4. 按地理空间划分网格区域

对于资料数据充分、环境风险源和受体地理坐标较为精确的行政区域，可以按照地理空间将评估区域划分为若干网格区域，以网格为单元进行区域环境风险分析。网格精度可根据评估区域大小和实际需求确定，原则上网格不应大于 5km×5km，建议按照 1km×km 划分网格。

（四）评估方法

1. 环境风险指数计算法

环境风险指数计算法（以下简称指数法）包括水环境风险指数计算、大气环境风险指数计算和综合环境风险指数计算，是在资料准备和环境风险识别的基础上，分别确定水、大气、综合环境风险指标，对环境风险源强度指数（S）、环境风险受体脆弱性指数（V）、环境风险防控与应急能力指数（M）的各项指标分别打分并加和，得出指数值，然后使用公式计算得出环境风险指数（R），并按照表3-19判定环境风险等级。指数法适用于对区域环境风险总体水平进行分析。

$$R_水 = \sqrt[3]{S_水 \cdot V_水 \cdot M_水}$$

$$R_气 = \sqrt[3]{S_气 \cdot V_气 \cdot M_气}$$

$$R_综合 = \sqrt[3]{S_综合 \cdot V_综合 \cdot M_综合}$$

表3-19　环境风险等级划分原则

环境风险指数（$R_水$、$R_气$、$R_综合$）	环境风险等级
≥50	高（H）
[40, 50)	较高（RH）
[30, 40)	中（M）
<30	低（L）

2. 网格化环境风险分析法

网格化环境风险分析是在对评估区域划分网格的基础上，按照风险场理论和环境风险受体易损性理论，分别量化每个网格环境风险场强度和环境风险受体易损性，并计算网格环境风险值的过程。该方法能更好地反映评估区域风险的空间分布特征，精准识别高风险区域。

网格化环境风险分析法（以下简称网格法）适用于分析区域环境风险空间分布特征。区县级、辖区面积较小或环境风险等级为高或较高的行政区域，建议开展网格化环境风险分析，识别区域内重点关注的风险"热点"区域；化工园区、工业聚集区等风险源叠加效应明显的区域，可以用网格法开展环境风险分析。

（1）网格环境风险场强度计算

环境风险场强度与环境风险物质的危害性和释放量以及风险源的距离有关，可视为环境风险源的环境风险物质最大存在量与临界量的比值，是计算点与风险源距离的函数。

环境风险场按风险因子传播途径可以分为水环境风险场、大气环境风险场和土壤环境风险场。土壤环境风险场因其时间跨度大，在评估突发性环境风险时，暂不考虑。水环境风险主要通过水系（或流域）扩散，本方法采用线性递减函数构建水环境风险场强度计算模型，假设最大影响范围为10km。区域内某一个网格的水环境风险场强度可表示为：

$$E_{x,y} = \begin{cases} \sum\limits_{i=1}^{n} Q_i P_{x,y} & 0 \leqslant l_i \leqslant 1 \\ \sum\limits_{i=1}^{n} \left(\dfrac{10Q_i}{l_i} - Q_i \right) P_{x,y} & 1 < l_i \leqslant 10 \\ 0 & 10 < l_i \end{cases}$$

式中 $E_{x,y}$——某一个网格的水风险场强度;

     Q_i——第 i 个风险源环境风险物质最大存在量与临界量的比值;

     $P_{x,y}$——风险场在某一个网格出现的概率,一般可取 10^{-6}/a(可根据评估区域风险源特征适当调整);

     l——网格中心点与风险源的距离,单位为 km;

     n——风险源的个数。

为便于各个网格水环境风险场强度的比较,本方法对各个网格的水环境风险场强度进行标准化处理,公式如下:

$$E_{x,y} = \frac{E_{x,y} - E_{\min}}{E_{\max} - E_{\min}}$$

式中 $E_{x,y}$——某一个网格的水环境风险场强度;

     $E_{\max}$——区域内网格的最大水环境风险场强度;

     $E_{\min}$——区域内网格的最小水环境风险场强度。

(2)大气环境风险场

假设评估区域地势平坦开阔,且忽略人工建筑对气体扩散的影响,区域内某一个网格的大气环境风险场强度可表示为:

$$E_{x,y} = \sum_{i=1}^{n} \frac{Q_i(\mu_i + 1)}{2} P_{x,y}$$

$$\mu_i = \begin{cases} 1 + 0k_1 + 0k_2 + 0j, & l_i \leqslant s_1 \\ \dfrac{s_2 - l_i}{s_2 - s_1} + \dfrac{l_i - s_1}{s_2 - s_1} k_1 + 0k_2 + 0j, & s_1 < l_i \leqslant s_2 \\ 0 + \dfrac{s_3 - l_i}{s_3 - s_2} k_1 + \dfrac{l_i - s_2}{s_3 - s_2} k_2 + 0j, & s_2 < l_i \leqslant s_3 \\ 0 + 0k_1 + \dfrac{s_4 - l_i}{s_4 - s_3} k_2 + \dfrac{l_i - s_3}{s_4 - s_3} j, & s_3 < l_i \leqslant s_4 \\ 0 + 0k_1 + 0k_2 + 1j & l_i > s_4 \end{cases}$$

式中 $E_{x,y}$——某一个网格的大气环境风险场强度;

     μ_i——第 i 个风险源与某一个网格的联系度;

     Q_i——第 i 个风险源环境风险物质最大存在量与临界量的比值;

     $P_{x,y}$——风险场在某一个网格出现的概率,一般可取 10^{-5}/a(可根据评估区域风险源特征调整);

     l——网格中心点与风险源的距离,单位为 km;

     n——风险源的个数;

k、j——差异系数、对立系数，地势平坦开阔的地区取 $k_1=0.5$，$k_2=-0.5$，$j=-1$；

s_1、s_2、s_3、s_4 分别取 1km、3km、5km、10km（可根据评估区域地理气象特征适当调整）。

标准化处理方法见上述公式。

3. 网格环境风险受体易损性计算

（1）水环境风险受体易损性计算

水环境风险受体易损性指数 $V_{x,y}$ 可根据生态红线涉及的不同区域的敏感性确定，具体方法见表3-20。

表 3-20　$V_{x,y}$ 确定方法

目标	指标	描述	分值
水环境风险受体易损性指数	生态红线	网格位于国家级和省级禁止开发区内	100
		网格位于国家级和省级禁止开发区以外的生态红线内	80
		网格位于生态红线以外的区域	40

（2）大气环境风险受体易损性计算

大气环境风险受体易损性计算模型可表示为：

$$V_{x,y}=\frac{pop_{x,y}-pop_{\min}}{pop_{\max}-pop_{\min}}\times100$$

式中　$V_{x,y}$——某一个网格的大气环境风险受体易损性指数；

$pop_{x,y}$——某一个网格的人口数量；

$pop_{\max}$——区域内网格的人口数量最大值；

$pop_{\min}$——区域内网格的人口数量最小值。

（3）网格环境风险值计算

利用如下公式进行各个网格环境风险值的计算。可分别计算水环境风险值和大气环境风险值，并取两者的高值作为网格环境风险值。根据网格环境风险值的大小，将环境风险划分为四个等级：高风险（$R>80$）、较高风险（$60<R\leqslant80$）、中风险（$30<R\leqslant60$）、低风险（$R\leqslant30$）。整个评估区域的环境风险值可用所有网格风险值的平均值计算。

$$R_{x,y}=\sqrt{E_{x,y}V_{x,y}}$$

4. 典型突发环境事件情景分析

服务于环境应急预案编制的区域环境风险评估应进行典型突发环境事件情景分析，以分析典型突发环境事件的影响范围和程度。可以依据环境风险识别结果开展典型突发环境事件情景分析，也可以在指数法和网格法分析的基础上，针对风险源和受体分布较为集中的区域开展典型突发环境事件情景分析。

（五）环境风险防控与应急措施差距分析

根据环境风险识别与环境风险分析结果，重点对区域环境风险等级为较高及以上的区域，从环境风险受体、环境风险源以及区域环境风险管理与应急能力方面对比分析，找出问题和差距。

1. 环境风险受体管理差距分析

按照《集中式饮用水水源环境保护指南（试行）》《生态保护红线划定指南》等有关规定，

分析饮用水水源保护区以及生态保护红线等敏感目标的监控、防护等要求的落实情况。

重点对比分析在饮用水水源保护区内是否设置排污口；在饮用水水源一级保护区内是否存在与供水设施和保护水源无关的建设项目；在饮用水水源二级保护区内是否存在新、改、扩建排放污染物的建设项目以及从事危险化学品装卸作业的货运码头、水上加油站；在饮用水水源二级保护区内是否新建、扩建对水体污染严重的建设项目，是否存在其他环境违法行为。

重点对比分析生态保护红线内是否存在不符合功能定位的开发活动。

机关、学校、医院、居民区等重要环境风险受体与环境风险源的各类防护距离是否符合环境影响评价文件及批复的要求。

2. 环境风险源管理差距分析

按照《企业事业单位突发环境事件应急预案备案管理办法（试行）》《企业突发环境事件风险评估指南（试行）》以及《企业突发环境事件隐患排查和治理工作指南（试行）》等文件要求，分析区域内企业环境应急管理与风险防控措施落实情况。例如，企业是否制定环境应急预案并备案、公开环境应急预案及培训演练情况；是否开展环境风险评估，确定风险等级；是否储备必要的环境应急装备和物资；是否建立健全隐患排查治理制度、突发水环境事件风险防控措施、环境风险监测预警体系（涉及有毒有害大气、水污染物名录的企业）以及信息通报等其他环境风险防控措施。

移动源按照《危险化学品安全管理条例》《道路危险货物运输管理规定》等有关规定，分析道路、水路运输监控、路线以及管理制度等要求的落实情况。例如，危险化学品运输载具是否按规定安装 GPS 设备；承运人是否有资质；是否按专用路线和规定时间行驶。

3. 区域环境风险管理与应急能力差距分析

环境风险源布局与管理：按照《国务院办公厅关于推进城镇人口密集区危险化学品生产企业搬迁改造的指导意见》以及国家、地方有关淘汰落后产能、产业准入的要求，筛选重点环境风险防控区域、重点环境风险企业、行业及道路、水路运输重点风险源，分析区域环境风险是否可接受，并实施差异化、有针对性的环境风险管理。

环境应急处置能力：重点分析突发水环境事件的应急处置能力。例如，分析评估区域能否通过筑坝、导流等方式对污染物进行拦截；能否通过上游调水降低水体中污染物浓度；能否通过投加反应剂、投加吸附剂等方式对污染物就地或异地处置；是否建设取水口应急防护工程；重点防控道路和桥梁是否设置导流槽、应急池。

重点分析突发大气环境事件的应急防护能力。例如，评估突发大气环境事件发生时，能否及时告知并组织环境风险源周边人员紧急疏散或就地防护。

环境监测预警能力：重点分析区域环境监测预警能力是否满足应急需要。例如，是否按照《全国环境监测站建设标准》等有关规定，配备满足基本监测和应急监测需要的人员、仪器等；是否具备重要特征污染物的监测能力并按有关要求开展应急监测；是否在饮用水水源地取水口和连接水体建设监控预警设施，在涉及有毒有害气体的化工园区建设有毒有害气体监控预警设施，并具备有毒有害气体实时分析预警能力。

环境应急预案管理：重点分析环境应急预案是否按照《突发事件应急预案管理办法》《突发环境事件应急管理办法》等要求进行管理。例如，是否对政府和部门环境应急预案定期评估和修订；是否按要求备案和演练；环保部门是否对企业环境应急预案有效管理。

环境应急队伍建设：重点分析环境应急队伍是否满足本区域环境应急管理的需要。例如，按照有关规定、规划，分析环境应急管理机构应急管理人员数量、学历以及培训上岗率等；参照《环境保护部环境应急专家管理办法》等规定，分析专家库的建设情况；分析区域是否建立环境应急救援队伍。

环境应急物资储备：重点分析本区域是否储备必要的环境应急物资。例如，分析应急物资实物、协议及生产能力储备情况；重点防控区域如化工园区、化学品运输码头、水上交通事故高发地段以及油气管道等，是否就近储备吸附剂、围油栏、临时围堰等应急物资。

环境应急联动机制：重点分析存在跨界影响的相邻区域、相关部门之间是否签订应急联动协议、制定应急联动方案并建立机制保障实施。

三、区域环境风险管理措施建议举例

（一）列举优先管理对象清单

根据识别分析结果，筛选建立包括重点环境风险源、重点环境风险受体以及重点管控区域在内的优先管理对象清单，对清单中风险源、风险受体以及区域实施重点监管。

（二）区域环境风险空间布局优化

根据区域环境风险分布特点，按照相关法律法规、规划要求，从保护人口集中区、集中式饮用水水源保护区等重要环境风险受体角度出发，按照源头防控的原则，提出区域环境风险空间布局优化建议。

（1）环境风险源。例如，对于评估为高风险等级的区域，不再新、改、扩建增大环境风险的建设项目；推进工业园区外的风险企业入园，逐步淘汰重污染、高环境风险企业，对不符合防护距离要求的涉危、涉重企业实施搬迁，鼓励企业减少环境风险物质使用；合理调整危险化学品运输路线，避开人口集中区、集中式饮用水水源保护区等。

（2）环境风险受体。例如，严格集中式饮用水水源保护区监管，取缔集中式饮用水水源一级保护区内与供水设施和保护水源无关的建设项目，及时纠正环境违法行为；若高环境风险区域内的环境风险源短时间无法搬迁，对受影响的人口实施必要的搬迁、转移。

（三）区域环境风险防控和应急救援能力建设

根据区域环境风险水平和能力差距分析结果，重点从环境监测预警、应急防护工程、队伍建设、物资储备以及联动机制等方面，提出区域环境风险防控和应急救援能力建设建议。

（1）环境监测预警。例如，根据相关标准规范，加强基础环境监测分析能力，强化重点特征污染物应急监测能力；在饮用水水源保护区取水口和连接水体、涉及有毒有害气体的化工园区或工业聚集区，建设监控预警设施及研判预警平台，提高水和大气环境应急监测预警能力。

（2）环境应急防护工程。例如，针对环境风险等级为较高以上的区域及可能的污染物扩散通道，加强污染物拦截、导流、稀释和物理化学处理能力建设，建设取水口应急防护工程，针对道路和桥梁建设导流槽、应急池。

（3）环境应急队伍建设。例如，建立健全环境应急管理机构，提高人员业务能力；加强环境应急专家库建设；设立专职或兼职的环境应急救援队伍，提高专业化、社会化水平。

（4）环境应急物资储备。例如，建立健全政府专门储备、企业代储备等多种形式的环境应急物资储备模式，建设环境应急资源信息数据库，提高区域综合保障能力；针对化工园区等重点区域，就近设置环境应急物资储备库。

（5）环境应急联动机制建设。例如，存在跨界影响的相邻区域，签订应急联动协议，制定跨区域、流域环境应急预案，定期会商、联合演练、联合应对。

（四）区域突发环境事件应急预案管理

以提高环境应急预案针对性、实用性为目标，重点从企业、政府两个方面提出环境应急预案管理建议。

（1）企业环境应急预案。加强企业环境风险评估与环境应急预案备案管理，督促企业做好环境应急预案培训、演练，落实主体责任。

（2）政府环境应急预案。根据典型突发环境事件情景分析结果，编制、修订政府环境应急预案，明确应急指挥机构、职责分工、预警、应对响应流程，重点针对各种典型事件情景，细化应急处置方案及人员、物资调配流程，针对高、较高环境风险区域编制专项环境应急预案或实施方案。

四、案例

利用指数法开展某港各子区域的环境风险量化计算，对各子区域的环境风险水平进行初步判断，筛选出综合环境风险较高的子区域，并利用遥感技术法开展评估区域 1km×1km 的网格化风险评估，掌握区域内各个环境风险热点，进而有针对性地进行环境风险管控。

（一）计算方法

通过计算环境风险指数对区域的整体环境风险程度进行评估与分级。

在指数计算时，首先按照评估指标说明，将计算出的各项指标分值，再加总单一指标分值，得出环境风险源强度（S）、环境风险受体脆弱性（V）、突发环境事件环境风险防控与应急能力（M）指数的基础上，根据各类权重，计算得出环境风险指数 R，根据 R 的数值区间，判定环境风险等级。风险等级评估指标体系按照《行政区域突发环境事件风险评估推荐方法》中的要求。根据港口实际情况，将整体划分为东疆、南疆、北疆三个港区进行分析。

（二）计算结果

根据《行政区域突发环境事件风险评估推荐方法》中的风险等级计算要求，某港三个子区域的突发环境事件等级计算结果如下。

某港区域水、大气、综合风险指数如表 3-21 所示。根据水环境风险指数（$R_水$）、大气环境风险指数（$R_{大气}$）和行政区域综合环境风险指数（$R_{综合}$）的数值，将环境风险划分为低、中、高三级。

表 3-21　突发环境事件风险源强度评估指标

类别		S	V	M	风险指数 R
水		18	8	42	18.2
大气	东疆	10	24	76	26.2
	南疆	42	28	84	45.5
	北疆	18	20	70	29.3
综合		10	8	70	17.8

根据划分标准，某港区域水环境风险属于低风险等级；大气环境风险中东疆、北疆子区域均属于低风险等级，南疆子区域属于中风险等级；综合环境风险属于低风险等级。

（三）网格化风险评估

利用遥感分析的技术方法，综合考虑某港区域面积与行政区划，按照 1km×1km 正方形将某港区域（东疆、南疆、北疆）进行划分网格，共划分了约 263 个网格，以网格为最小评估单元进行区域环境风险网格化量化评估。以网格内企业的环境风险等级为依据，风险物质与临界量比值取加和，风险管控机制取水平最差，环境风险受体取最严。

结合两种方法评估结果，虽然某港区域(东疆、南疆、北疆)环境风险指数较低，但从风险企业分布来看，南疆港区还存在大量环境高风险区域且分布相对集中，北疆港区存在部分环境高风险区域。综上将天津港南疆港区设定为环境高风险区域，北疆港区设定为环境中风险区域，东疆港区为环境低风险区域。

第八节　流域环境风险评估

流域环境风险评估是防控环境风险，消除重大环境安全隐患的重要手段。国内目前未出台针对流域环境风险评估技术标准，流域环境风险评估研究主要是基于环境风险系统理论建模分析，采用压力-状态-响应(PSR)、环境受体脆弱性模型、相对风险评估模型评估流域风险，其中不乏通过突变理论、动态模糊数学等数理分析模型对流域风险作出综合评估的案例。但这些方法在实际应用中还存在主观不确定性因素多、技术难度大且不适用于基层生态环境部门推广使用问题。现阶段已经应用于流域上的环境风险评估多是基于环境风险系统理论理念，构建的基于指数法的流域环境风险评估指标体系。

环境风险系统理论概念见第三章第一节第三部分内容，流域环境风险评估核心思想，即利用风险传播与作用机制，从风险源危害性、环境受体脆弱性及风险控制机制有效性三个方面构建评估指标体系，运用风险评估模型划分流域环境风险等级，识别风险高发区域。

一、工作程序

流域环境风险评估按照基础资料调查、环境风险识别、评估子区域划分、风险分析评估、风险管控差距分析等步骤实施(图 3-10)。其中，风险分析评估直接关系到评估指标与流域实际风险程度的一致性，是风险评估的关键。

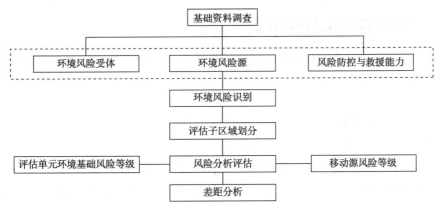

图 3-10　流域环境风险评估总体思路

(一)基础资料调查

围绕环境风险源、环境风险受体、风险防控与应急措施有效性等评估指标因子收集基础信息资料，主要包括：

① 流域行政区划、水系分布、生态保护红线、道路交通路网、地表水环境质量评价、饮用水源保护区、水产养殖区、跨界断面及其他水生态环境敏感区与脆弱区等必要的环境风险受体信息。

② 可能向水环境释放环境风险物质的各类环境风险源。重点包括：流域环境风险企业、涉及环境风险物质装卸运输港口码头、危化品运输企业及运输载具、尾矿库、石油天然气开采设施、加油站及加气站、集中式污水处理厂及垃圾处理设施、危险废物经营单位、石油（天然气）及成品油长输管道等。

③ 流域现有环境风险防控与救援能力信息。重点包括：流域环境应急管理与监测力量、风险隐患排查管理制度、移动源环境风险管理、水质预警设施、应急物资储备、应急处置资金与技术储备、流域现有应急防控工程、部门应急联动机制等。

（二）环境风险识别

结合前期资料收集，系统识别流域环境风险受体与水环境风险源。本研究重点关注污染物受纳水体、饮用水源地及取水口、水资源保护区以及跨界断面等4类环境风险受体；水环境风险源主要考虑企业环境风险等级划分情况。

（三）评估子区域划分

县（区）级人民政府是流域突发环境事件处置的第一责任主体，该级别行政区划范围内风险源分布及处置水平能更好反映流域风险现状。因此，本文按照流域县（区）划分风险评估子区域，建立流域环境风险评估指标体系。

（四）风险分析评估

考虑到甘肃省危化品道路运输事故多发特点，本研究以流域县（区）级行政区域为基本评估单元，在确定评估单元环境基础风险等级、移动源风险等级基础上，采用风险指数计算法与分级矩阵评估法相结合方式构建流域环境风险评估模型。

（五）差距分析

结合风险评估区划结果，从环境风险受体管理、风险源管理、流域环境风险应急能力等方面分析差距，提出改进措施。

二、流域环境风险评估模型构建

流域环境风险评估重点突出水环境风险受体要素，对于拟评估的流域基本水系以及干、支流，通过筛选、分析与河流水系有直接联系的县（区）行政区划范围，确定评估子区域，作为流域环境风险评估基本单元。

（一）基础风险等级评估

1. 指标体系

该类指标体系包括数值类与定性评价两类指标（表3-22）。数值型指标一律采用百分化处理，即通过对原始数据进行线性变换，将数值映射到[0-100]区间内，具体计算公式为：

$$x = \frac{x_i - x_{min}}{x_{max} - x_{min}} \times 100$$

式中　x——指标百分化处理后的数值；

　　x_i——指标在i县（区）中的实际数值；

　　x_{max}——指标在评估流域涉及所有县（区）评估单元实际数值中的最大值；

　　x_{min}——指标在流域涉及所有县（区）评估单元实际数值中的最小值。定性评估指标根据指标属性分别赋值。

表 3-22　基础风险等级评估指标体系

类别	指标名称	说　明	指标类型
风险源强度	单位面积环境风险企业数量(S_1)	评估单元中涉水环境风险企业数量与评估单元面积的比值	数值型
	单位面积环境风险物质存量与临界量比值(S_2)	评估单元内各涉水环境风险企业中风险物质数量与临界量的比值加和后除以评估单元的面积	数值型
	较大级别以上环境风险企业占比(S_3)	评定为较大环境风险企业数量占评估单元内所有环境风险企业的百分数	数值型
	港口码头数量(S_4)	评估单元内涉及危险化学品装卸暂存的港口、码头数量	数值型
	道路年运输危险化学品数量(S_5)	评估单元内每年以道路运输方式运输危险化学品数量	数值型
	较大级别以上尾矿库数量(S_6)	评定为较大级别以上尾矿库数量	数值型
	石油天然气开采设施数量(S_7)	根据实际有、无作出定性分析，分别赋值100、0	数值型
	石油（天然气）、成品油管道跨越水体情况(S_8)	针对跨越Ⅰ类、Ⅱ类、Ⅲ类、Ⅳ类、Ⅴ类、劣Ⅴ类地表水域分别赋值100、75、25	定性赋值
	近五年突发环境事件发生数量(S_9)	针对突发水环境事件数量≥1且较大及以上等级的突发水环境事件发生数量≥1、突发水环境事件数量≥1或无较大及以上等级的突发水环境事件、无突发水环境事件发生分别赋值100、50、0	定性赋值
环境风险受体脆弱性	水体水质类别(V_1)	针对Ⅰ类、Ⅱ类、Ⅲ类、Ⅳ类、Ⅴ类、劣Ⅴ类地表水质分别赋值100、75、25	定性赋值
	乡镇及以上集中式饮用水水源地数量(V_2)	评估单元内水源地数量>10、[5，10]、[1，4]、0分别赋值100、50、25、0	定性赋值
	人均GDP水平(V_3)	评估单元上一年度GDP与当地常住人口数量的比值(万元/人)，<3、[3，5)、[5，10)、≥10分别赋值100、50、25、0	定性赋值
环境风险防控能力	水质监测预警(M_1)	通过设置水环境预警监测点预测水污染事故发生能力。针对未设置应急监测点位、仅设置环境质量监测点位、设置了预警监测点位3种情况分别赋值100、50、0	定性赋值
	流域污染物拦截、稀释、处置能力(M_2)	按照流域具备污染物拦截、导流、稀释及物理化学处理能力理想情况，针对均具备2种以上处置能力、任意1种能力、不具备任意1种能力分别赋值0、50、100	定性赋值
	环境应急预案编制情况(M_3)	根据评估单元内是、否有政府专项应对流域突发环境事件应急预案，分别赋值0、100	定性赋值
	环境应急人员数量(M_4)	按照评估单元应急人员数量达到全国应急能力标准(不达标、三级、二级、一级)，分别赋值100、75、50、0	定性赋值
	环境应急物资储备(M_5)	根据评估单元内水污染事故应急物资储备现状不能满足事件应急需求且无其他区域物资储备信息、本地物资不能满足事件应急需求但有其他区域物资储备信息可供调用、本地物资基本满足事件应急需求且不需要从其他区域调用3类情况，分别赋值100、50、0	定性赋值
	环境应急监测能力(M_6)	根据全国环境监测站关于机构人员能力和应急监测仪器配置标准进行评估，按照不达标、三级、二级、一级分别赋值100、50、25、0	定性赋值

2. 评估模型

环境风险源强度、环境风险受体脆弱性、环境风险防控能力各项指标计算公式为：

$$S = \sqrt[9]{S_1 \cdot S_2 \cdot S_3 \cdot S_4 \cdot S_5 \cdot S_6 \cdot S_7 \cdot S_8 \cdot S_9}$$

$$V = \sqrt[3]{V_1 \cdot V_2 \cdot V_3}$$

$$M = \sqrt[6]{M_1 \cdot M_2 \cdot M_3 \cdot M_4 \cdot M_5 \cdot M_6}$$

将各项指标定量化、标准化处理后，代入流域基础风险等级评估模型，得到评估单元风险等级指数：

$$R_i = \sqrt[3]{S_i \cdot V_i \cdot M_i}$$

式中 R_i——评估单元 i 的环境风险指数。

通过评估得出的各个评估单元 R 值，参照文献[13]提出的三分位数划分法，将评估单元划分为一般、较大、重大 3 个风险等级。具体方法：根据评估结果中 R_{min} 和 R_{max} 数值差 L，结合数值范围划分为 3 个区间，R 值属于 $[R_{min}, R_{min}+1/3L)$ 为一般环境风险，R 值属于 $[R_{min}+1/3L, R_{min}+2/3L)$ 为较大环境风险，R 值属于 $[R_{min}+2/3L, R_{max}]$ 为重大环境风险。

（二）移动源风险等级评估

将流域环境敏感受体划分为三级，定义河流跨市（州）级地界为一级敏感目标，涉及县级城市饮用水水源地为二级敏感目标，河流跨县级地界为三级敏感目标。模型评估采用敏感目标倒推法筛选移动环境风险源，即依据危险化学品泄漏是否进入水环境以及进入水环境后是否影响下游敏感目标进行筛选。移动环境风险源主要包括流域内各干支流的沿河公路、交叉路与桥梁。根据甘肃省历年交通事故统计数据，距离河流 100m 外发生事故导致污染物入河概率很小。据此，将流域内沿河 100m 内的道路、主要支流与运输路线交叉部分作为风险评估路段。

1. 移动源环境风险路段确定

危化品在某一路段发生泄漏后，可能会对下游各类环境敏感目标造成影响。第 i 种危化品相应于第 j 个河流环境敏感目标之间的移动源环境风险距离 L_{ij} 可估算为：

$$L_{ij} = \frac{Q_i V_j \times 10^6}{q_j \times K \times S_i}$$

式中 Q_i——第 i 种危化品单个车辆单次最大运输量，吨；

V_j——第 i 种危化品泄漏点至第 j 个水环境敏感点之间关联河流的平均流速，m/s；

q_j——第 i 种危化品泄漏点至第 j 个水环境敏感点之间关联河流的平均流量，m^3/s；

S_i——第 i 种危化品在水环境中的标准限值，mg/L；

K——危化品单次全部泄漏进入泄漏点至下游水环境敏感目标河段区间数量与区段间水体中危化品 i 的本底含量比值，参考年径流量与枯水期水量比值确定，一般取 0.5。

2. 移动源环境风险路段等级

对于存在环境风险情景路段，结合环境风险受体敏感度级别，确定该路段的风险等级。当流域一级、二级、三级敏感目标分别受到影响时，上述路段确定为重大、较大、一般环境风险路段。

3. 移动源环境风险等级

以评估单元内各级环境风险路段长度与总沿河公路长度比值作为评估移动风险源等级指

标,计算公式为:

$$S_{yd} = S_{yd_1} + 0.2S_{yd_2} + 0.01S_{yd_3}$$

式中　S_{yd_1}、S_{yd_2}、S_{yd_3}——环境风险等级为重大、较大及一般风险路段与总沿河路段的比值,权重值分别取 1、0.2、0.01;

$S_{yd} \geqslant 40\%$、$5\% \leqslant S_{yd} \leqslant 40\%$、$S_{yd} \leqslant 5\%$ 代表移动环境风险源等级分别为重大(R_{yd_1})、较大(R_{yd_2})及一般(R_{yd_3})。

（三）流域环境风险等级

根据流域基础风险等级、移动源风险等级评估结果,采用分级矩阵评估法确定评估单元流域环境风险等级(表3-23)。

表3-23　流域环境风险综合表征

	R_{jc_1}	R_{jc_2}	R_{jc_3}
R_{yd_1}	重大环境风险	重大环境风险	重大环境风险
R_{yd_2}	重大环境风险	较大环境风险	较大环境风险
R_{yd_3}	重大环境风险	较大环境风险	一般环境风险

第四章　应急准备

第一节　突发环境事件应急预案管理

一、应急预案

(一) 应急预案的概念

应急预案又称应急计划，是针对可能的突发公共事件，为保证迅速、有序、有效地开展应急与救援行动、降低人员伤亡和经济损失而预先制定的有关计划或方案。它是在辨识和评估潜在的重大危险、事件类型、发生的可能性及发生过程、事件后果及影响严重程度的基础上，对应急机构与职责、人员、技术、装备、设施(备)、物资、救援行动及其指挥与协调等方面预先做出的具体安排，它明确了在突发事件发生之前、发生过程中以及应急处置结束之后，谁负责做什么，合适做什么，以及相应的策略和资源准备等。

(二) 应急预案的作用

提供突发事件发生后应急处置的总体思路、工作原则和基本程序与方法；规定突发事件应急管理工作的组织指挥体系与职责，给出组织管理流程框架、应对策略选择标准以及资源调配原则；确定突发事件的预防和预警机制、处置程序、应急保障措施以及事后恢复与重建措施，明确在突发事件事前、事发、事中、事后的职责与任务，以及相应的策略和资源准备等；指明各类应急资源的位置和获取方法，减少混乱使用带来的处置不当或资源浪费。

(三) 应急预案分类

1. 按照责任主体分类

我国应急预案体系分为国家总体应急预案、专项应急预案、部门应急预案、地方应急预案、企事业单位应急现案、临时应急预案(重大集会、重点工程)六个层次。《国家突发公共事件总体应急预案》是全国应急预案体系的总纲，规定了国务院应对重大突发公共事件的工作原则，组织体系和运行机制，对指导地方各级政府和各部门有效处置突发公共事件，保障公众生命财产安全，减少灾害损失，具有重要作用。

2. 按照事件发生类型分类

应急预案可分为自然灾害、事故灾难、公共卫生事件、社会安全事件四类预案。其中，自然灾害主要包括水旱灾害、气象灾害、地震灾害、地质灾害、生物灾害和森林火灾等；事故灾难主要包括工矿商贸企业的各类安全事故、交通运输事故、火灾事故、危险化学品泄漏、公共设施和设备事故、核与辐射事故、环境污染与破坏事件等；公共卫生事件主要包括发生传染病疫情、群体性不明原因疾病、食品安全和职业危害、动物疫情，以及其他严重影响公共健康和生命安全的事件；社会安全事件主要包括各类恐怖袭击事件、民族宗教事件、经济安全事件、涉外突发事件和群体性事件等。

3. 按照预案对象和级别分类

应急预案分为应急行动指南或检查表、应急响应方案、互助应急预案、应急管理预案。应急行动指南或检查表是针对已辨识的危险采取特定应急行动，简要描述应急行动必须遵从的基本程序，如发生情况向谁报告，报告什么信息，采取哪些紧急措施。这种应急预案主要起提示作用，对相关人员要进行培训，有时将这种作为其他类型应急预案的补充。应急响应预案，针对现场每项设施和场所可能发生的事故情况编制应急响应预案，如化学品泄漏事故的应急响应预案、台风应急响应预案等，应急预案要包括所有可能的危险状况，明确有关人员在紧急状况下的职责，这类预案仅说明处理紧急事务所必需的行动，不包括事前要求（如培训、演练等）和事后措施。互助应急预案，为相邻企业在事故应急处理中共享资源、相互帮助制定的应急预案，这类预案适合资源有限的中、小企业以及高风险的大企业，这些企业要高效的协调管理。应急管理预案，是综合性的事故应急预案，这类预案应描述事故前、事故过程中和事故后何人做何事、什么时候做、如何做，这类预案要明确完成每一项职责的具体实施程序。

4. 按照预案适用范围和功能分类

（1）综合预案。综合预案也是总体预案，是预案体系的顶层设计，从总体上阐述城市的应急方针、政策、应急组织结构及相应的职责，应急行动的总体思路等。通过综合预案可以很清晰地了解城市的应急体系基本框架及预案的文件体系，可以作为本部门应急管理工作的基础。

（2）专项预案。专项预案是针对某种具体、特定类型的紧急事件，如危险物质泄漏和某类自然灾害等的应急响应而制定。专项预案是在综合预案的基础上充分考虑了某特定危险的特点，对应急的形式、组织机构、应急活动等进行更具体的阐述，具有较强的针对性。

（3）现场预案。现场预案是在专项预案的基础上，根据具体情况需要而编制，针对特定场所，通常是风险较大场所或重要防护区域等所制定的预案。例如，在危险化学品专项预案下编制的某重大风险源的场内应急预案等。现场预案具有更强的针对性、操作性。

（4）单项预案。单项预案是针对大型公众聚集活动（如经济、文化、体育、民俗、娱乐等活动）和高风险的建设施工活动而制定的临时性应急行动方案。预案内容针对活动中可能出现的紧急情况，预先对相关应急机构的职责、任务和预防做出的安排。

二、我国突发环境事件应急预案概念及体系

（一）突发环境事件应急预案概念

突发环境事件环境应急预案简称"环境应急预案"，是指政府及企事业单位为了在应对各类事故、自然灾害时，采取紧急措施，避免或者最大程度减少污染物或者其他有毒有害物质进入厂界外大气、水体、土壤等环境介质，而预先制定的工作方案。

（二）我国突发环境事件应急预案体系

我国的环境应急预案按照责任主体分为政府应急预案、部门应急预案和企事业单位应急预案。其中政府应急预案按照行政级别又可分为国家、省、市、区（县）级政府应急预案。各责任主体的预案按照内容可分为综合预案、专项预案和现场预案。环境应急预案是专门针对突发环境事件的专项预案，包括国家、省、市、县等不同级别的政府环境应急预案、各级政府相关部门的环境应急预案和企事业单位环境应急预案，此外还有一系列专门针对某一类突发环境事件的应急预案，如饮用水源地、尾矿库突发环境事件应急预案等，见图4-1。

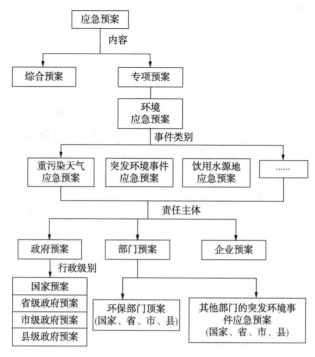

图 4-1　我国环境应急预案体系

三、我国环境应急预案管理制度设立

目前，我国环境应急预案管理制度形成了以《突发事件应对法》《环境保护法》和环境保护各项单行法为法律支撑，以《突发环境事件应急预案管理办法》《企业事业单位突发环境事件应急预案备案管理办法(试行)》《突发环境事件应急管理办法》《企业事业单位突发环境事件应急预案评审工作指南》《集中式地表水饮用水水源地突发环境事件应急预案编制指南》《尾矿库环境应急预案编制指南》《企业事业单位突发环境事件应急预案评审工作指南》等规章性文件为具体指导的框架体系。各法规文件中都有专门条款对环境应急预案管理提出要求。

(1)《突发事件应对法》《环境保护法》等上位法对应急预案管理的要求。《突发事件应对法》对预案编制提出"地方各级人民政府和县级以上地方人民政府有关部门依据本地区的实际情况，制定相应的突发事件应急预案"的要求，并明确了预案的内容"应急预案应当具体规定突发事件应急管理工作的组织指挥体系与职责和突发事件的预防与预警机制、处置程序、应急保障措施以及事后恢复与重建措施等"。《环境保护法》要求各级人民政府及其有关部门应当依照《突发事件应对法》的规定做好突发环境事件的风险控制、应急准备、应急处置和事后恢复等工作。

(2)环境保护各项单行法及相关规章性文件对预案管理的要求。环境保护各项单行法如《中华人民共和国水污染防治法》《中华人民共和国固体废物污染环境防治法》和《中华人民共和国大气污染防治法》规定在发生或可能发生紧急的环境污染时，由人民政府负责采取应急措施，强调了人民政府在突发环境事件中的主体责任。

(3)《突发事件应急预案管理办法》对应急管理工作的要求。2013年国务院办公厅印发了《突发事件应急预案管理办法》(以下简称预案管理办法)，是应急预案管理工作的重要指

94

导文件。预案管理办法从国家层面明确了应急预案的概念，规定编制应急预案要在开展风险评估和应急资源调查的基础上进行，并明确应急预案管理要遵循统一规划、分类指导、分级负责、动态管理的原则。预案管理办法对各层级预案应侧重规范的内容也作了详细规定，省级人民政府及其部门应急预案重点规范省级层面应对行动，同时体现指导性；市级和县级人民政府及其部门应急预案重点规范市级和县级层面应对行动，体现应急处置的主体职能。

（4）《突发环境事件应急管理办法》对环境应急预案的指导要求。2014 年原环境保护部颁布的《突发环境事件应急管理办法》对县级以上地方环保部门提出了开展环境风险评估、制定部门应急预案并备案、对预案及演练情况及时公开的要求，并要求突发环境事件环境应急预案制定单位要开展演练、对演练结果进行评估且及时修改完善预案。

（5）《企业事业单位突发环境事件应急预案备案管理办法（试行）》是一份规范地方环境保护主管部门对企业事业单位突发环境事件应急预案实施备案管理的规范性文件，对企业环境应急预案备案管理的适用范围、基本原则和备案的准备、实施、监督等作出了明确规定。《集中式地表水饮用水水源地突发环境事件应急预案编制指南》《尾矿库环境应急预案编制指南》是针对尾矿库和集中式饮用水源地这两个重点监管对象，结合其风险特点制定的专门应急预案编制指南。

（6）《企业事业单位突发环境事件应急预案评审工作指南》是按照《企业事业单位突发环境事件应急预案备案管理办法（试行）》有关预案评审要求的具体细化。规定了企业组织评审环境应急预案的基本要求、评审内容、评审方法、评审程序，并附有评审表等表格，为企业和评审人员提供参考。

可以看出，现阶段突发环境事件应急预案制度对环保部门和企事业单位的环境应急预案要求详细且明确，对政府环境应急预案提及较少，专门针对政府环境应急预案的文件只有环境保护法与几项环境保护单行法，且只对突发环境事件应对工作内容和政府的主体责任作了要求和强调，没有涉及具体预案管理的内容。而对所有政府预案均适用的几个预案管理文件，只是对预案的内容做了原则性要求，这将是下一步突发环境事件应急预案管理和研究重点。

四、环境应急预案管理

（一）管理原则

环境应急预案的管理应当遵循全过程管理的原则，从预案的编制、评估、发布、备案、实施、修订等方面加以监管。原环境保护部对全国环境应急预案管理工作实施统一监督管理，指导环境应急预案管理工作，县级以上环境保护部门负责本行政区域内环境应急预案的监督管理工作。

（二）环境应急预案编制

应急预案编制部门或单位，应当根据突发环境事件性质、特点和可能造成的社会危害，组织有关单位和人员，成立应急预案编制小组，或委托第三方技术服务机构开展应急预案起草工作。应急预案的编制过程必须要按照应急预案编制导则的有关规定，从程序、内容一一对应，应当征求应急预案涉及的有关单位意见，有关单位要以书面形式提出意见和建议。企业的突发环境事件应急预案必须在开展环境风险评估和应急资源调查的基础上编制并经过评审和演练后，签署发布环境应急预案。环境风险评估包括但不限于分析各类事故衍化规律、自然灾害影响程度，识别环境危害因素，分析与周边可能受影响的居民、单位、区域环境的关系，构建突发环境事件及其后果情景，确定环境风险等级。应急资源调查包括但不限于：调查企业第一时间可调用的环境应急队伍、装备、物资、场所等应急资源状况和可请求援助或协议援助的应急资源状况。

（三）环境应急预案评估

制定环境应急预案的企业，组织专家和可能受影响的居民代表、单位代表，对环境应急预案、环境风险评估报告、环境应急资源调查报告及其相关文件进行评议和审查，必要时进行现场查看核实，以发现环境应急预案中存在的缺陷，为企业审议、批准环境应急预案提供依据。评审可以采取会议评审、函审或者相结合的方式进行。采取会议评审方式的需对环境风险物质及环境风险单元、应急措施、应急资源等进行查看核实。

（四）发布及备案

环境应急预案经企业有关会议审议，由企业主要负责人签署发布。县级以上人民政府环境保护主管部门编制的环境应急预案应当报本级人民政府及上级人民政府环境保护主管部门备案。企业环境应急预案应当在环境应急预案签署发布之日起 20 个工作日内，向企业所在地县级环境保护主管部门备案。县级环境保护主管部门应当在备案之日起 5 个工作日内将较大和重大环境风险企业的环境应急预案备案文件，报送市级环境保护主管部门，重大的同时报送省级环境保护主管部门。跨县级以上行政区域的企业环境应急预案，应当向沿线或跨域涉及的县级环境保护主管部门备案。县级环境保护主管部门应当将备案的跨县级以上行政区域企业的环境应急预案备案文件，报送市级环境备案准备期间产生的环境风险评估报告、应急资源调查报告、评审意见等是备案的必要文件。环境保护主管部门，跨市级以上行政区域的同时报送省级环境保护主管部门。省级环境保护主管部门可以根据实际情况，将受理部门统一调整到市级环境保护主管部门。受理部门应及时将企业环境应急预案备案文件报送有关环境保护主管部门。工程建设、影视拍摄和文化体育等群体性活动的临时环境应急预案，主办单位应当在活动开始三个工作日前报当地人民政府环境保护主管部门备案。

（五）修订

县级以上人民政府环境保护主管部门或者企业事业单位，应当按照有关法律法规和本办法的规定，根据实际需要和情势变化，依据有关预案编制指南或者编制修订框架指南修订突发环境事件应急预案。

环境应急预案每三年至少修订一次；有下列情形之一的，企事业单位应当及时进行修订：

（1）本单位生产工艺和技术发生变化的；

（2）相关单位和人员发生变化或者应急组织指挥体系或职责调整的；

（3）周围环境或者环境敏感点发生变化的；环境应急预案依据的法律、法规、规章等发生变化的；

（4）环境保护主管部门或者企业事业单位认为应当适时修订的其他情形。

环境保护主管部门或者企业事业单位，应当于环境应急预案修订后 30 日内将修订的预案报原预案备案管理部门重新备案；预案备案部门可以根据预案修订的具体情况要求修订预案的环境保护主管部门或者企业事业单位对修订后的预案进行评估。

第二节　环境应急演练

一、环境应急演练概念

环境应急演练为突发环境事件应急演练的简称，是指各级人民政府及其部门、企事业单位、社会团体等组织相关单位及人员，依据有关突发环境事件应急预案，模拟应对突发事件的活动。

二、演练目的和原则

（一）演练目的

（1）检验预案中措施、流程的可行性和适用性；

（2）锻炼应急队伍、磨炼机制，能使有关人员在突发环境事件发生时，能够迅速反应，流畅的开展应对处置各环节工作；

（3）发现人员、装备等各方面应急准备存在的不足，从而完善应急准备体系；

（4）教育宣传，提升管理人员水平，增强人民群众意识。

（二）演练原则

1. 统一领导，分工协作

在演练组织单位统一领导和指挥下，各参演单位要听从指挥、分工负责、密切配合、精诚协作、相互协调，严格按既定的演练程序和进度安排开展工作，确保演练工作顺利进行。

2. 结合实际、目的明确

紧密结合应急管理工作实际需求，根据资源条件情况，突出演练重点，合理确定演练方式和规模；强化对应急预案所确定的应急响应责任、程序和保障措施的演练。

3. 着眼实战、讲求实效

以提高应急指挥人员的指挥协调能力、应急队伍的实战能力为着眼点；重视对演练过程和效果及组织工作的评估和考核，发挥应急演练的实效。达到查找差距、持续改进的目的；注重新闻宣传报道工作，达到扩大社会影响、强化示范教育的效果。

4. 精心组织、确保安全

围绕演练目的，充分考虑演练场所特殊性，从积极、主动、合理防灾减灾的角度出发，在最大限度地减小对参演单位正常生产和生活影响的基础上，精心策划演练内容、认真准备演练物资设备、周密组织演练过程；制定并严格遵守有关安全措施，稳妥地推进演练工作进度，确保演练参与人员的安全。

5. 统筹规划、厉行节约

各地区、各部门要统筹规划应急演练活动，安排好各级各类演练的顺序、方式、时间及地点，避免重复和相互冲突；充分利用已有资源，努力控制应急演练的成本。

三、演练分类

1. 按组织形式可分为桌面演练和实战演练两类

（1）桌面演练

桌面演练又称为图上演练、沙盘演练、计算机模拟演练、视频会议演练等，是指参演人员在非实战的环境下，利用地图、沙盘、流程图、计算机模拟、视频会议等辅助手段，针对事先假定的环境应急演练情景，讨论和推演环境应急决策及现场处置的过程，从而促进相关人员掌握环境应急预案中所规定的职责和程序，提高环境应急指挥决策和协同配合能力。桌面演练通常在室内完成，其情景和问题通常以口头或书面叙述的方式呈现。

桌面演练基本任务是锻炼参演人员解决问题的能力，解决应急组织相互协作和职责划分的问题，并为实战演练或综合演练做前期准备。事后采取口头评论形式收集参演人员的建议，提交一份简短的书面报告，总结演练活动和提出有关改进应急响应工作的建议。

（2）实战演练

实战演练是指参演人员以现场实战操作的形式开展的演练活动，即参演人员在贴近实际状况和高度紧张的环境下，根据演练情景的要求，利用环境应急处置涉及的设备和物资，针对事先设置的突发环境事件情景及其后续的发展情景，通过实际决策、行动和操作，完成真实环境应急响应的过程，从而检验和提高相关环境应急人员的临场组织指挥、队伍调动、应急处置技能和后勤保障等应急能力。实战演练通常要在特定场所完成。

实战演练由于是现场演练，演练过程要求尽量真实，调用更多的应急人员和资源；进行实战性演练，可采取交互式方式进行，一般持续几个小时或更长时间；演练完成后，除采取口头评论外，应提交正式的书面报告。

2. 按其内容规模可分为单项演练和综合演练两类

（1）单项演练

单项演练是指涉及环境应急预案中特定应急响应功能或现场应急处置方案中一系列或单一应急响应功能的演练活动。一般在某个行政区内、某个演练组织内部进行，注重针对一个或少数几个参与单位（岗位）的特定环节和功能进行检验。单项演练基本任务是针对应急响应功能，检验应急人员以及应急体系的策划和响应能力。演练完成后，除采取口头评论形式外，还应提交有关演练活动的书面汇报，提出改进建议。

（2）综合演练

综合演练是指涉及环境应急预案中多项或全部应急响应功能的演练活动。注重对多个环节和功能进行检验，一般是跨行政区域、跨流域进行的演练，是对不同单位和政府部门之间应急机制和联合应对能力的检验。

四、演练方案的设计和准备

（一）组织机构建立

政府突发环境事件应急演练通常由环保部门（代本级政府）组织，有条件的时候由相关企业承办，由企业和环保部门有关负责人或专业人员组成演练组织机构，其工作有：确定演练的类型，制定演练的方案，协调演练现场，提供演练的综合保障等。企事业单位突发环境事件应急演练由企业、事业单位根据本单位情况抽调相关部门工作人员组成演练组织机构，其工作内容和上述政府突发环境事件应急演练基本一致。

（二）确定演练方案

确定演练地点，构建由事故背景信息、事故初始情景、事故模拟应对等三项要点构成的企业突发生产事故应急情景。常见情景主要有：事故、火灾造成有害物质泄漏进入水体、大气环境；交通事故造成有害物质泄漏；违法排污造成污染物进入环境等。

（三）脚本推演

脚本制定要特别注意响应程序的规范，广泛听取参演人员意见，细致考察各个环节的工作。从某种意义来说，这个过程相当于简化的桌面演练。许多参演人员反映脚本推演的收获最大，能够理清很多应急工作的头绪，树立起对应急工作的信心；在面对不可控的事故时，人们可以通过尽早预警和报警，运用事先建成的分级防控设施、完善的应急机制，及时处置应对将事故的环境影响大大减小乃至消除。成型的脚本应还原应对突发环境事件的整个过程，从接警、研判、报告、预警、到启动应急预案、成立应急指挥部、现场指挥、开展应急处置、损害评估、应急终止都要规范。有些环节可以简化，但不能省略，还要把握好各环节的时间节点。

五、演练的实施

现场实施的演练一定要注重安全问题，不能因演练带来安全隐患。为了安全和示范的目的，现场演练实施前最好经过预演，现场演练实施中应安排专人在演练过程中进行一定的讲解。如果是以检验为主要目的演练，可以准备几个方案，通过抽查的方式更好地了解应急队伍技能素质。不论何种演练类型，组织者均应进行视频纪录并留存资料，便于推广、整理、点评和研究。

六、案例——模拟某化工厂乙烯泄漏突发环境事件应急演练

（一）环境应急演练实施

某化工厂一生产车间储存有 5t 苯乙烯原料的中间储罐，由于该生产设备长期使用且维护失当，储罐底部连接管焊缝产生爆裂，造成乙烯喷射状泄漏。泄漏物料流入厂区的雨水管道，并有少量苯乙烯已经从雨水排放口进入河道，使厂区附近的小河受到了苯乙烯的污染，如果事态进一步扩大，可能污染与小河相通的干流；散落在设备周边的液态苯乙烯，经挥发而进入大气，造成大气环境受苯乙烯污染，可能影响厂区周边的居民。环保部门环境应急队伍接警后，立即会同安监、公安、海事、气象、卫生等有关部门和事故所在地区政府，开展环境应急处置工作。

通过对事故现场及其周边地区的布点监测，运用傅立叶红外气体快速检测仪、PIDTVOC 测定仪、便携式气相色谱仪和便携式多参数水质测定仪等最新应急监测仪器的快速测定，迅速确定了苯乙烯的大气和水体污染范围和程度，为确定应急处置方案和周边居民的撤离，提供了科学依据。演练通过迅速关闭雨水排口应急阀门，对泄漏管道堵漏，在事故泄漏周边场地建立围堰，围堰内抛洒吸附材料等措施，消除事故产生的源头，减少苯乙烯的挥发，防止污染范围的扩大。并在厂区北面的小河中设置拦油网围，控制污染水域，在污染区抛洒吸油毡，吸附水体中的苯乙烯，消除苯乙烯对水体水质的影响。

在演练过程中，使用卫星应急指挥车，采用卫星通信技术，通过音频、视频和数据的卫星实时传输，将距离 20km 的模拟事故演练现场与指挥中心紧密地联在一起。模拟演练现场的事故情况、污染范围、处置过程以及周边地区的环境应急监测情况——在指挥中心的大屏幕上展示出来；而指挥中心的指挥员和专家组，在充分了解现场情况的基础上，利用环境预警与应急指挥地理信息系统，建立了污染扩散模型，利用环境质量数据库、危险源数据库、危险化学品数据库、环境敏感目标数据库、应急救援数据库等数据库，进行辅助决策。会商后提出有针对性的环境污染事故处置决策，指挥员通过音、视频系统，实时指挥模拟事故演

练现场的应急处置。

（二）环境应急预案模拟演练的特点

1. 充分反映环境应急工作程序，逼真地体现环境应急处置的基本情况

从接警、队伍出发、指挥决策、组织协调、应急监测、应急调查、应急处置、情况报告、善后处置等方面，做了充分的设计，逼真地反映了环境应急的全过程。通过分步演练，强化了各个有关单位对突发性环境污染事件应急响应各个环节的理解和应用，使得环境应急人员熟练掌握了应急响应的处置程序和方法，基本达到了锻炼应急队伍、提高应急能力的目的。

2. 充分利用信息技术，迅速了解突发环境事件应急处置所需要的基本信息

应急指挥中心的领导、专家，通过启动环境预警与应急指挥系统，从数据库中迅速调集了苯乙烯的物理、化学性质和应急处置方法等，以及产生污染事故企业的基本情况和企业周边环境敏感目标的情况，建立了苯乙烯泄漏和扩散的大气、水体模型，为高效、科学处置事故提供技术支撑。

3. 充分运用高新技术，借助卫星通信现代化技术手段，实现了事故现场与应急指挥中心之间的视频会商

利用卫星通信技术，构建了一个事故现场到应急指挥大厅的信息通信系统，将事故情况一目了然地反映在指挥中心的大屏幕上，实现了应急现场和指挥中心的音频、视频、数据实时互动，建立了视频会商系统，为领导迅速了解现场情况，准确、科学地作出决策，提供了技术保证，也为领导、专家和现场环境应急人员的多方会商，提供了一个良好的平台。

4. 充分发挥环境应急专家的作用，针对性地提出现场污染控制、事故处置的科学方案

指挥中心和事故现场的领导、专家以及环境应急专门人员，通过卫星通信视频会商系统，结合泄漏事故、现场水文、气象和苯乙烯的性质等情况，迅速拟定出有针对性的现场污染控制、污染事故应急监测和污染事故应急处置方案，保证了整个污染事故在最短的时间内，得到有效的控制和处置。

第三节　突发环境事件预警

一、突发环境事件预警法律法规要求

预警是突发环境事件应急工作的关键环节，对于预防、控制、减轻突发环境事件损害和影响具有重要作用。《环境保护法》要求："县级以上人民政府应当建立环境污染公共监测预警机制，组织制定预警方案；环境受到污染，可能影响公众健康和环境安全时，依法及时公布预警信息"。《突发环境事件应急管理办法》也根据《环境保护法》的要求规定了环境污染预警机制。目前贯彻落实《环境保护法》以及《突发环境事件应急管理办法》中预警相关管理要求的做法，一方面是通过制定突发环境事件应急预案理顺预警程序以及工作机制，另一方面是在重要区域建设监测预警系统提升预警能力。

二、突发环境事件预警的分类及作用

（一）企业预警和政府预警

根据发布主体不同，突发环境事件预警可分为企业预警和政府预警。

企业预警是指企业发生危险化学品或污染物泄漏事故可能会对外环境造成污染时，由企业发布的预警。企业预警面向企业内部，或者同时面向企业周边的其他企业或人员。

政府预警是区域内环境质量可能受到企业生产安全事故、危化品运输交通事故或其他事故影响时，由当地政府或者上级政府经研判决策发布的预警。根据发布预警的政府级别不同，政府预警又可分为县级预警、市级预警、省级预警和国家预警。政府预警面向该政府的管理区域，或者根据预警信息内容面向某一特定的范围或对象。

（二）风险预警和事件预警

根据预警与突发环境事件发生的时间关系，将预警分为突发环境事件风险预警（简称风险预警）和突发环境事件预警（简称事件预警）。

风险预警可视为宏观范围的预警，即正常状态或稳定状态已经发生变化、突发环境事件发生的概率已经增大，但是尚未出现明显征兆时发布的预警。比如，气象台发布暴雨、台风等极端天气预警时，政府经决策后可发布风险预警。风险预警相对于事件预警，其时间和空间范围更为广泛，作用主要是提醒预警范围内的企业、相关部门加强风险防范和应急准备。

事件预警即为突发环境事件应急管理中常用的预警，是有征兆表明突发环境事件即将发生或本区域环境质量即将受影响时发布的预警。比如企业已经发生危化品或污染物泄漏且外环境可能受到影响时发布的预警。发布事件预警意味着时间紧迫，相关的政府部门和其他应急参与单位要采取一系列预警措施，或者开始应急响应，有吹响战斗号角的意味。

（三）风险源预警和敏感目标预警

根据预警的目标，突发环境事件预警可以分为风险源预警和敏感目标预警。

风险源预警是以风险源为出发点的预警，比如政府根据区域内企业生产安全事故情况经决策后发布的预警，是一种主动的预警。风险源预警适用于固定风险源以及对风险源具体情况掌握全面的区域。这种预警既可告知内部人员事态的紧迫性，督促内部采取措施避免风险扩大，又可以提醒外部人员其可能遭受的风险。

敏感目标预警是以环境敏感目标为出发点的预警，如河流或水源地生物预警，或政府根据敏感目标及其附近一定范围内监测数据的异常经决策后发布的预警，是一种被动的预警。敏感目标预警适用于非固定风险或隐蔽风险，如交通事故次生突发环境事件预警、违法排污导致的突发环境事件预警。这种预警更偏重于对敏感目标的保护。

在当前政府环境应急预案以及突发环境事件应急管理中常用到的预警，是以上政府预警与事件预警的综合，即针对突发环境事件的政府预警。

三、突发环境事件预警的要素

总结目前不同的研究或应用领域对于预警概念的界定，经比较，适用于突发环境事件风险防范与应急管理的有以下两种。

第一种：预警本质是一种风险管理，是通过对已知信息的定性、定量分析，预估潜在风险因素及其程度，预测未来发展态势，确保在事故发生前采取应对措施，以达到规避风险、减小损失的目的。

第二种：预警是指在灾害或灾难以及其他危险发生之前，根据以往总结的规律或者观测到的前兆信息，向相关部门和有关人员发出紧急信号，报告危险情况，以避免危害在不知情或者准备不足的情况下发生。

第一种概念侧重强调预警对风险的提示作用，作为一种提示信号存在；第二种概念强调预警对规避风险采取的行动。分析以上两种概念，结合突发环境事件预警及应急的实际工作特点，总结出突发环境事件预警需要具备以下要素。

① 预警是在需要提防的危险"发生之前"的行为。突发事件发生之后，对已经受影响的对象就不存在预警的必要。

② 预警需要依托监测信息。监测是预报和预警的基础和前提条件，没有监测数据，预报和预警都无从谈起。

③ 预警需要根据以往规律进行。预警既要以监测预报为依托，又要在预报的基础上进行。"再判断"，根据以往规律和决策者的经验，做出是否预警和预警级别的决定。

④ 预警需要通过一定的载体来实现。预警需要通过发布预警信息来实现，及时按照规定向社会发布可能受到危害或者需要提防危险的警告，宣传避免、减轻危害的常识及需要采取的行动措施等。

四、突发环境事件预警的主体与对象

预警的主体即由谁发布预警。突发环境事件预警的主体是不同层级的地方政府，2006年印发的第一版《国家突发环境事件应急预案》(以下简称《国家预案》)提出"蓝色预警由县级人民政府负责发布，黄色预警由市(地)级人民政府负责发布，橙色预警由省级人民政府负责发布，红色预警由事件发生地省级人民政府根据国务院授权负责发布"，此后近10年时间，各级、各地的突发环境事件应急预案均遵循这一做法。2014年修订版的《国家突发环境事件应急预案》未再延续此做法，只要求"地方环境保护主管部门研判可能发生突发环境事件时，应当及时向本级人民政府提出预警信息发布建议，同时通报同级相关部门和单位；地方人民政府或其授权的相关部门，及时发布预警信息"，将预警发布主体定为地方人民政府或其授权的部门。这给地方在修订预案时不同级别的预警由谁发布留出了自主探索的空间。

那么不同级别的预警是否必须由不同级别的政府发布呢？在突发环境事件应急响应时，根据事态的严重程度，由高到低分别由省级人民政府、设区的市级人民政府、县级人民政府启动不同级别的响应。而2014年修订的《国家突发环境事件应急预案》中提出要综合"事件发生的可能性大小、紧急程度和严重程度"三个因素发布预警。因此，当一个事件非常紧急却不严重时，需要高级别预警和低级别响应。若采用高级别预警由高级别政府发布的方式，则会出现同一事件中预警主体与响应主体不一致的矛盾。此外，同样的事件态势，对于不同级别的政府来说，其紧急程度和严重程度是不同的。显然，在新《国家突发环境事件应急预案》的要求下，不同级别的预警由不同级别的政府发布这一做法不再适用。

关于预警的对象，在历来的管理文件以及各类突发环境事件应急预案中，均没有明确界定。首先，结合预警概念，预警的对象是可能受到污染影响但尚未受到影响的区域。其次，结合预警的作用，预警对象可分为两类：一类是应急工作的实施主体-区域内相关政府部门，对此对象预警主要是要求其采取预警行动，防止事态扩大；另一类是应急工作的最终保护对象-公众，对此对象预警主要是提醒其采取防护措施，避免或减少受到污染危害。因此发布预警信息时，要分别针对政府部门和公众设置不同的预警方式和预警内容，并分别制定预警行动。

五、突发环境事件预警体系构建

突发环境事件应急系统构建应以欲构建区域的环境特点为基础，充分利用已有的科研成果和现有的技术手段，以系统的实用性为目标，在系统开发建设中，通过研究区域的环境特征和在该区域常见的突发性环境污染事件的特点，收集包括环境质量信息、危险事故隐患以及社会经济基本情况等相关的环境背景信息，建立基于 GIS 平台的环境预警系统；采用合适的数学模型等模拟手段，建立与 GIS 集成的污染分布时空模拟系统；利用欲建设区域已有的环境自动监测监控系统，采集事故现场及周边地区的环境信息，在此基础上，开发具备自动监测环境污染事件的时间、地点、性质、危害程度、影响范围应急监测系统，并根据灾害应急对策知识库中的专家系统，产生预警及应急决策支持建议和对处置、处理工作提出应急方案。而建立突发性环境污染事故应急监控指挥系统是该方案得以快速有效实施的重要保证。

突发性环境污染事故预警应急系统将包括以下四个子系统，其中各子系统之间的关系见图 4-2。

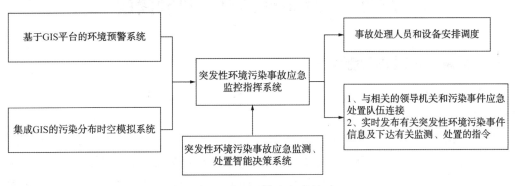

图 4-2　各子系统之间的关系

（一）基于 GIS 平台的环境预警系统

在大量基础信息调查的基础上，以欲构建区域的 GIS 为平台，建立区域内污染源基本情况、基本环境质量信息、环境危险隐患、重要敏感目标、社会经济状况等信息动态数据库，该数据库具备动态模糊查询、时空分布表达、数据关联分析等功能。当事故发生后，首先确定事故发生位置，然后利用污染分布时空模拟模块预测受影响的区域范围，通过地理信息显示模块提供污染区域内的敏感单位、救援单位、人口以及由事故发生地点到指定地点的最佳路径等信息，为应急监测、应急救援工作的开展提供决策依据。

（二）集成 GIS 的污染分布时空模拟系统

集成 GIS 的污染分布时空模拟系统作为突发性环境污染事故预警应急系统的核心组成部分，其研究思路主要是以研究区域为依托，利用 GIS 的空间数据管理功能和模型分析能力，将环境质量、有关数学模型、污染状况及地理信息等集合在一起，用先进的技术手段进行数值模拟，模拟结果以生动的图形、图像方式呈现给决策者、管理人员及研究人员，为突发性环境污染事故提供预警、应急决策支持。

（三）突发性环境污染事故应急监测、处置智能决策系统

通过推理机制分析评价有关化学危险品的风险，确定与事故实际区域有关的效应，对要采取的应急处理措施进行优化选择和评价，根据历年发生的各类事故的资料，给出

有关事故发生的概率，提出事故处理人员和设备安排调度。建立该智能决策系统，可以根据历史经验、原来产生过的案例、历史数据以及现时测量的数据总结分析，提出最佳的解决方案。

（四）突发性环境污染事故应急监控指挥系统

突发性环境污染事故应急监控指挥系统是本系统的硬件组成。该系统将综合应用无线数据通信、电子地图、图像处理、计算机技术等高新技术成果，通过 Internet、GSM、通用分组无线服务技术（GPRS）等现代化信息传输手段传输污染现场信息，并在电子地图上显示调查小组到达的位置、监测点位置、污染现场图像、测试数据、标定污染区域、计算污染区面积等。系统由现场端子系统、中心端子系统和远程查询子系统组成，根据现场通信条件可选择通过公用电话网络、移动电话网络实现现场端与指挥中心的双向快速信息交换，从而建立与相关的领导机关和污染事件应急处置队伍连接，实时发布有关突发性污染事件信息及下达有关监测、处置的指令。

第四节　环境应急联动机制建设

一、环境应急联动机制概述

安全生产事故、危化品交通运输事故、自然灾害、违法排污等均有可能导致突发环境事件发生，在应急处置救援过程中，环保部门与公安消防、交通运输、安全生产监管等部门在第一时间互享信息，及时了解和掌握突发环境事件信息，为高效处置、快速救援赢得了时间。实践证明，完善的环境应急联动机制能够最大限度地降低环境风险、消除环境隐患，极大地提高突发环境事件的应急处置效率，有效增强社会整体的防范和应对能力。

环境应急联动机制按照联动主体来划分主要有环保部门内部各单位应急联动机制、部门之间应急联动机制、区域（之间）以及上下游之间应急联动机制。环保部门内部各单位应急联动机制，例如甘肃省生态环境厅成立了厅内部多个部门组成的突发环境事件应急处置小分队，定期开展突发环境事件应急拉练，协同开展突发环境事件调查处置；部门之间联动机制比如国家、省、市各级生态环境部门与本级消防部门、水利部门、公安部门等部门之间建立的应急联动机制；区域应急联动机制，例如，为有效预防和应对跨省界突发环境事件，甘肃省与陕西省、四川省、青海省、宁夏回族自治区签订了《黄河长江中上游五省（区）环保厅应对流域突发环境事件联动协议》，会议决定将在今后定期或不定期召开例会，进一步强化跨省界突发环境事件应急响应联动机制建设，加强信息通报、资源共享、协调处置等方面的配合协作。

二、环境应急联动机制作用

加强环境应急联动机制建设有利于加强应急处置救援队伍建设，应急处置救援队伍是防范和应对突发环境事件的重要力量。国务院要求各地依托公安消防部门建立综合性应急救援队伍，承担综合应急救援任务，并协助有关专业队伍做好突发环境事件的应急救援工作。目前，在突发环境事件应对方面，环保部门的工作主要集中在应急监测、事故调查等应急管理领域，现场处置能力较为薄弱，需要强化与综合环境应急联动机制性应急救援队伍的合作。从国外应急管理现状及我国发展趋势看，建立环保部门与综合应急救援队伍的长效联动机制将是今后我国环境应急处置救援队伍建设的发展方向之一。

加强环境应急联动机制建设有利于提升应急处置救援能力。因爆炸、火灾、有毒有害物质泄漏引起的突发环境事件占较大比例，救援队伍必须迅速赶到现场，综合利用多种专业领域的手段和知识，科学有序地开展事故处置和救援，才能有效控制事态发展。环保部门虽然具有环境管理、监测设备和环保专业技术人才等方面的优势，能够科学准确地对突发环境事件从技术层面上予以分析认定，并提出有效的处置方法，但是由于自身应急处置救援能力的限制，"单打独斗"往往难以达到预期的效果。为此，必须"握指成拳"，整合资源，不断加强部门间合作，利用其他部门专业化的应急救援力量，提高环境应急救援能力。

三、我国部门间环境应急联动机制建设现状

2010 年，原环境保护部和国家安全监管总局联合下发了《关于建立健全环境保护和安全监管部门应急联动工作机制的通知》；2011 年，原环境保护部、公安部在山西省朔州市联合召开环境保护与公安消防应急联动机制建设工作交流会，部署加强环境保护与公安消防应急联动机制建设工作；2013 年，原环境保护部与交通运输部签署了《关于建立应急联动工作机制的协议》。截至目前，全国各省级、市级生态环境部门与应急管理部门（原安全监管部门）、公安消防部门、交通运输部门建立了应急联动机制，还开展了联合培训、联合演练等活动，极大地提升了环境应急处置救援能力。

虽然近年来工作取得了积极进展，但是我国部门间环境应急联动机制建设整体起步较晚，底子比较薄，基础亟待夯实，主要表现在：部门间环境应急联动机制不健全，次生突发环境事件频发。仍然有部分地方在处置生产安全事故、交通运输事故等突发事件中，习惯于优先抢救财产，未采取有效措施消除或减轻环境影响，频繁造成重大环境污染事件。其次，部门间环境应急联动机制建设的领域亟待拓展，规范性亟待加强。一方面环保与水利、气象、农业等重要部门的环境应急联动机制建设存在缺失，难以满足有效防范和妥善处置突发环境事件的实际需要；另一方面环保与安全监管、公安消防、交通运输部门既有的应急联动机制建设还只是非制度化的、缺少法律约束的倡导型、承诺型、磋商型行为，各联动主体在应急处置体系中的地位、权责分配、运作规则、处置程序、应急系统建设技术标准、经费保障等都缺乏法律规范。特别是，目前我国还没建立一套完整而有效的针对应急联动的责任追究机制，对合作不力的部门和区域没有相应的问责惩罚制度，往往发生出现问题后相互推诿责任的现象。这些都制约了部门间环境应急联动机制建设，影响了环境应急处置水平的提高。另外，部门间环境应急联动机制建设的保障手段亟待进一步丰富。环境应急联动机制建设是一项系统工程，需要一系列涉及事前预防、应急准备、应急响应、事后恢复等环节的技术、资金和物资保障。例如，我国建立了消防的 119 火警接警系统、公安的 110 指挥系统、交通运输的联网联控系统、安全生产监管的"金安工程"等安全系统工程，这些系统如何与环保部门的应急综合管理系统和应急指挥平台实现信息互通，实现应急物资、专家队伍等资源的整合，是我们必须面对的新挑战，技术保障亟待加强。

四、我国区域间环境应急联动机制建设现状

（一）权威性协调机构尚待加强

在突发环境事件应急管理，特别是在面对重大突发性环境污染事件时，必须具有超强的综合协调能力和快速的行动能力。这就要求突破和超越政府各部门之间、各地方之间、公私部门之间、政府和社会之间由于组织分化和社会分化所形成的不一致，组建统一的指挥系统，有效地整合、动员各方的力量与资源。然而当前的应急管理，自上而下是分散和割裂的。尽管是由中央集中统一指挥，实际上却缺乏一个统一的、强有力的区域综合协调机构。由于我国各地方政府之间以行政辖区为界，在防范和处置突发事件时，很容易出现推诿、扯皮的现象，即使中央政府下令，各级政府之间还可能会因为配合不默契或相互推脱而失效。

（二）联动机制低效

沿用"条块"方式将突发事件管理交由相应的地方政府、职能部门去承担，在实践中表现为纵向联系比较强，而横向合作不足。一旦发生突发事件，各部门应急联动的敏捷性差，资源共享度低，人力物力财力浪费大。同时，跨区应急预案与国家相关预案的衔接难，运行机制等尚需进一步明晰。

（三）重应急而轻预防

根据紧急事态管理的周期理论，在紧急事态管理实践中，人们不仅在各种突发环境事件发生后要采取迫不得已的应对措施，而且在事件发生前和危害解除后要对引发事件的危害做出管理，从而最大限度地获得生命财产的保障。然而，政府由于缺乏明确的突发环境事件预防职能定位，往往忙于对突发环境事件的应急管理而非日常安全管理，区域之间在突发环境事件预防措施如联合检查、联合演练、联合推进区域突发环境事件风险防控等方面仍须进一步深化。

五、应急联动机制建设建议

（一）理顺环保部门内部应急管理协调工作机制

各级环保部门要完善内部应急管理协调工作机制，将环境应急管理的主要要求渗透到环境保护各项工作中，努力架构全防全控的风险管理体系。审批环境影响评价文件时应当提出防范企业环境风险的要求，并作为开展建设项目环境保护竣工验收的前提条件，于竣工验收时提出相关要求。未落实企业环境风险防范要求的，应当将其作为重点监管对象，加大执法频次，预防环境违法行为的发生。要把指导和督促企业建立和落实企业环境风险防范的相关要求作为实施限期治理、挂牌督办的重要内容，对没有落实风险防范措施的企业不能解除限期治理和挂牌督办，督促企业环境风险防范措施整改到位。在应对突发环境事件中，环境应急、监测、科技、环境监察、宣教等部门要各司其职，各履其责，密切配合，形成合力。各级环保部门要进一步明确应急联动机制建设重点部门，积极争取政府的支持，着力推动环境风险防范部门联席会议制度，进一步提高环境风险防范综合协调力度。

（二）巩固深化环境保护与应急管理、交通运输、发展改革、水利、气象、农业农村和海洋等部门的协作，实施全过程、全领域环境风险管理

环保部门在与应急管理部门开展应急联动机制建设工作中，要将分清职责作为首要任务，牢牢把握依法履职这个合作之本。根据安全生产和环境保护的法律、法规、规章、规范性文件、标准、规范等规定，安全生产监管部门负责安全生产事故泄漏行为的监管，环境保

护部门负责安全生产泄漏事故引发的环境污染事件的污染行为监管。在防范风险的厂区内"围"、厂界外"截"和入外环境后"清"等三个关键环节中，环保部门要在政府统一领导下，推动落实企业环境安全主体责任，积极防范安全生产事故对外环境的次生污染，并指导做好清污工作，做到不缺位、不越位。只有在分清职责的基础上，才能真正整合力量，发挥部门协同的作用，避免权责模糊、职能分散，逐步完善应急响应联动机制，完善应急预案体系，建立应急联动平台，实现互联互通、信息共享，确保集中高效、反应灵敏，着力提升快速反应能力。要建立完善应急处置联动机制，强化专业训练、处置配合、安全防护和战例研讨，着力提升科学施救水平。要建立完善应急保障联动机制，提请政府落实人员、经费和物资保障，因地制宜建立突发环境事件应急救援队伍，着力提升队伍建设水平。与发展改革部门加强沟通，争取能力建设规划支持，共同制定和完善高环境风险产业名录。与交通运输部门强化交流，着力加强危险化学品和危险废物运输中的环境监管。与水利部门务实合作，实现信息共享和联合应对，充分发挥水利设施在突发事件处置中的作用。在应急工作实践中，因爆炸、火灾、有毒有害物质泄漏引起的突发环境事件占较大比例拦截和调蓄作用，建立健全预防和处置跨界突发水环境事件的长效机制。与气象部门创新机制，以气象预警和气象服务为重点，提高环境风险管理水平和突发事件的预警水平。与农业部门携手合作，推动建立和完善突发事件损失评估机制。与海洋部门互通信息，加强沿海地区环境风险防范工作。

（三）积极推进区域间联防联控机制建设

重点流域交界地区的地方环保部门要积极推动建立定期会商机制、联合预警机制、联合防控机制、联合监测机制、信息共享及处置信息发布联动机制、联合执法监督机制，充分发挥流域管理作用，有效利用各类应急资源，切实增强风险防范的协同性。

六、案例

（一）甘肃省环境应急小分队

甘肃省环境应急小分队是原甘肃省环保厅在 2013 年成立的厅内部突发环境事件应急处置的一支专业队伍，由省环保厅直属单位环境应急中心、省环监局、省监测中心站和省固废中心组成。

接到突发环境事件信息后，省应急中心应立即进行甄别与确认，第一时间报告省厅环境应急领导小组。省环境保护主管部门先于地方环境保护主管部门获悉突发环境事件信息的，应要求当地环保部门核实并报告相应信息。对不能准确判断突发环境事件的，必须立即指令事发地环保部门现场核实，并在当地执法人员到达现场后 20min 内如实报告现场情况，做好应急处置准备。

根据省环保厅环境应急领导小组的指示，对需深入现场调查指导事故处置的，应急小分队队长第一时间通知省应急中心、省环监局与省环境监测站应急小分队负责人做好赶赴现场准备；事故涉及危险化学品及危险废物的，应急小分队队长通知省固废中心小分队负责人做好赶赴现场准备。

小分队副队长接到应急小分队队长通知后，应在 10min 内通知各自小分队队员，并发出出警指令；队员自接到出警指令 20min 内，必须完成执法证件、快速监测仪器和取证设备等器材的出警准备工作；省环境监测站应急监测人员必须在 90min 内，完成应急监测及应急防护设备等所有出警准备工作；各成员单位应在规定时间内赶赴事发现场。

应急小分队到达事故现场后，应对事故等级进行初步核实。一般性突发环境事件由应急小分队协助当地政府指导现场处置；出现重大及以上突发环境事件，队长应立即向省环境应急领导小组汇报，根据领导小组指示适时启动省级突发环境事件应急预案，应急小分队就地转为协助指导现场处置突发环境事件的省环保厅第一支救援队伍，按照《甘肃省突发环境事件应急预案省环保厅内部实施细则》划定的部门职责开展应急处置与调查工作。根据事件的性质、危害程度、监测结果及专家意见，及时指导地方提出控制污染方案，做好事件调查处置工作，保障环境安全。

现场应急指挥部确认事件造成的威胁和危害已得到控制或者消除，符合应急终止条件后，应急小分队队长需请示省应急领导小组，得到批准后可指令应急小分队撤离现场。

（二）京津冀环境执法与环境应急联动工作机制

为逐步实现京津冀三地环保一体化，共同打击京津冀区域内环境违法行为，维护环境安全，改善环境质量，北京市环境保护局、天津市环境保护局和河北省环境保护厅三部门协商建立了"联动工作机制"。"联动工作机制"建立了五项工作制度，一是定期会商制度。领导小组每半年会商研究一次，领导小组办公室每季度会商一次，季度会议由三省（市）轮流组织。二是联动执法制度。根据工作计划或需要，由三省（市）环保局（厅）定期或不定期统一人员调配、统一执法时间、统一执法重点开展联动执法。三是联合检查制度。三省（市）环境保护局（厅）每年各牵头组织 1~2 次联合检查行动，互相派遣执法人员到对方辖区开展联合检查，共同学习交流执法经验、提高执法水平。四是重点案件联合后督察制度。对同时涉及京津冀的重点环境违法案件联合进行环境行政执法后督察。五是信息共享制度。相互共享本辖区环境监察执法信息，互相借鉴学习。

"联动工作机制"以务实、高效和可持续为原则，明确了联动执法四方面主要内容：一是排查与处置跨行政区区域、流域重污染企业及环境污染问题、环境违法案件或突发环境污染事件；二是排查与处置位于区域饮用水源保护地、自然保护区等重要生态功能区内的排污企业；三是在国家重大活动保障、空气重污染、秸秆禁烧等特殊时期，联动排查与整治大气污染源；四是调查处理上级交办的重点案件。具体执法重点将结合京津冀三地年度环境保护重点工作及各季节环境监察阶段性重点工作任务确定。

第五节　环境应急救援队伍及物资储备

一、我国环境应急资源现状

按照《中华人民共和国突发事件应对法》要求，由国家建立健全应急物资储备保障制度，完善重要应急物资的监管、生产、储备、调拨和紧急配送体系。设区的市级以上人民政府和突发事件易发、多发地区的县级人民政府应当建立应急救援物资、生活必需品和应急处置装备的储备制度。县级以上地方各级人民政府应当根据本地区的实际情况，与有关企业签订协议，保障应急救援物资、生活必需品和应急处置装备的生产、供给。

党中央国务院高度重视环境应急资源储备。《中共中央、国务院关于全面加强生态环境保护坚决打好污染防治攻坚战的意见》（中发〔2018〕17 号）要求，国家建立环境应急物资储备信息库，省、市级政府建设环境应急物资储备库，企业环境应急装备和储备物资应纳入储备体系。《突发事件应急预案管理办法》（国办发〔2013〕101 号）规定，编制应急预案应当在开展风险评估和应急资源调查的基础上进行。

目前我国范围内的环境应急救援资源数量有限，且主要分散在大型环境风险企业中，政府层面储备应急装备的主动性不够，且未形成体系，未充分考虑各地的现实及潜在需求，针对性、实用性不强。各地对辖区内环境应急物资储备底数不清，情况不明，紧急需要时不能及时、有序、有效地获取并应用所需资源，延误了时机，制约了救援，扩大了危害。为此，各级采取了一些措施：

（一）积极建立环境应急物资储备信息库

为解决突发环境事件频发与环境应急处置部门应急物资、设备严重缺乏的矛盾，适应新形势下环境应急工作科学、快速、妥善处置的需要，部分环境保护部门开展了对相关物资储备情况的调查工作，积极建立了环境应急物资储备信息库。

（二）积极做好应急物资保障工作

与生产物资单位签订合同，以便发生突发环境事件时能及时保障环境应急物资供应。辽宁省某市环境应急物资储备库于 2007 年年底建成，主要储备了活性炭 40t、围油栏 1000 延长米、化学药品 10 余吨，以及其他工程配套物资、夜间照明设备等。同时对重点工业企业及相关部门物资储备情况进行了统计调查，明确了联系人和调集方式。

（三）紧急调度调配应急物资

汶川地震发生后，生态环境部紧急调拨环境应急监测和处置仪器装备到达四川灾区，将这些仪器直接划拨给在四川灾区一线的省、市、县环保局。截至 2008 年 5 月 24 日，共调拨环境应急仪器装备 2468 台(套)，总价值超过 7000 万元，其中支持四川重灾区的仪器装备达到 2348 台(套)。同时又筹集 2000 万元紧急采购调查取证设备和防护服等分发灾区 4 省市。

二、环境应急资源储备体系建设

环境应急资源作为环境应急处置工作的基础和保障，对环境应急能力的提升意义重大。但环境应急资源应包括哪些内容、不同的应急主体该如何配置等却没有统一的标准和明确的概念，造成各类环境应急主体在资源配置过程中理解各异，给环境应急救援造成诸多不必要的麻烦，甚至耽误救援，导致严重的环境后果。因此，建立完善的环境应急资源体系，对推进环境应急能力建设尤为重要。原环保部相关部门已开展多个区域的环境应急资源的调查工作，拟为各级政府及环保部门编制环境应急预案奠定基础，见图 4-3。

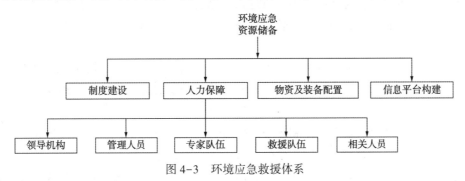

图 4-3　环境应急救援体系

三、环境应急救援体系建设

（一）制度建设

完善的应急法律法规、制度规范是环境应急资源体系完善、环境应急救援水平不断提高的前提。我国目前已发布了一些法规、制度，如《中华人民共和国突发事件应对法》《国家突发环境事件应急预案》《突发环境事件信息报告办法》等，这些法律法规对环境应急处置行为、能力建设、信息报告等方面进行了规范，对于保障我国环境应急体系的构建和完善具有重要的意义。下一步应在现有的法规、制度基础上，进一步构建更加完善和可操作性强的法规、制度体系，如有针对性地制定相关法规、制度，严格规范政府各监管部门、企业、救援部门及公民的行为，明确责任主体，加大处罚力度，规范赔偿条款，并通过法规、制度强调突发环境事故的预测预警，努力争取从源头上减少突发环境事故的发生、减轻突发环境事故损失。

（二）人力保障

环境应急人员是环境应急处理过程的主体和关键，也是环境应急资源储备体系的重要组成部分。领导机构设置是否合理、相关人员素质和能力是否满足要求等，直接关系到环境应急处理效率和环境应急管理水平的高低。

1. 领导机构

环境应急领导机构设置可分为政府和企业两个层面。

政府层面上，国家、省、市、县乃至工业区等各级政府应明确各自职责，设立完善的环境应急机构，强化政府在突发环境事件处理方面的主导地位，以及政府统一协调指挥的职责，为各职能部门及时处理环境突发事件搭建统一平台，保障应急事故的快速响应和信息传递的通畅。

企业层面上，可结合实际情况建立相应的领导小组，以指挥企业内部的统一行动；成立应急救援小组，以指挥内部风险源截断、二次污染消除等；成立信息响应小组，以统筹信息上报、外部协调工作。

2. 管理人员

环境应急管理工作贯穿突发环境事件应急工作始终，因此环境应急管理人员的管理水平直接决定着环境应急救援的效果。管理人员的配置同样可分为政府和企业两个层面。

政府层面上，原环境保护部已经发布《全国环保部门环境应急能力建设标准》，其中对机构与人员从人员规模、学历及培训上岗率方面做出了明确要求。今后，应进一步加强环境应急管理人员队伍建设，建立严格的人员选拔任用机制；规范优化部门配置，提高各部门紧急联动的协调配合能力；加强环境应急管理培训，努力提高管理人员的专业素质、科学决策水平和事故处理能力。

企业层面上，企业应配备专兼职环境应急管理人员，并从制度上明确职责和相应的奖惩措施。同时，企业应制定保障专兼职人员素质的相关条款，如定期培训、组织演练等。

3. 专家队伍

专家队伍是环境应急管理工作和环境事件救援工作的参与主体，其组成体系、专业素质和技术的完善与否直接关系着环境应急管理水平和突发环境事件救援的效果。突发环境事件处理难度相对较大，应急措施专业性要求较高，因此需要一支具有较强专业知识及丰富救援经验的专家队伍提供科学的技术支撑和救援指导。

环境应急救援专家队伍组成应坚持"属地、专业"的原则，一是专家人选应在合理的半径范围或合理的抵达时间范围内，方便及时赶赴现场进行指导；二是应选择长期从事环境应急研究工作的知名学者、长期从事工业领域研究工作的专业人士及长期从事环境应急救援工作的专业技术人员。特别需要重视的是，专家选择应本着"唯专业不唯学历"的宗旨，防止部分学历低但实战经验较强的人员被排除在外。专家队伍将在关键技术攻关、应急处置、风险及损害评估等工作中发挥重要作用，对于突发环境事件应急管理工作的顺利开展意义重大。

为了扩大专家资源利用范围、提高利用效率，采用建立专家信息库的形式收集各专家行业情况、掌握技术情况、擅长领域、应急处理经验及联系方式等信息，搭建专家信息共享平台，并将其纳入政府、企业应急预案中，及时发挥专家队伍资源的技术指导作用。

4. 救援队伍

专业救援人员是参与环境事故救援的主体力量，作为环境应急资源的重要组成部分，提高救援人员专业素质、技术能力，建立完善的救援人员体系和合理的救援人员调动机制，关系着整个突发环境事件应急处置效果。

专业救援人员多涉及公安、消防、环保、医疗等多个部门，突发环境事故后及时联系、协调各部门，组织救援人员有序、高效地开展环境应急救援工作至关重要。有些具备条件的地方可考虑配备专业的社会化应急救援队伍，或依托区域大型工业企业救援队伍。

对于专业救援人员，各地相关部门应充分重视专业人员的安全教育、培训工作，加强先进仪器使用操作的培训，多种途径加强救援队伍建设，争取建立"一专多能"的救援队伍；同时，针对当地潜在突发环境事故，定期联合各部门开展综合救援演练，实现突发环境事件快速反应，切实提高环境应急救援能力。

此外，有关部门应组织专家编制突发环境事件应急技术指南及应急工作手册，供救援人员日常学习参阅，并及时进行信息、技术等相关内容的更新。

（三）物资及装备配置

应急物资及装备是突发环境事件应急处理过程的基础和保障，是环境应急资源储备体系的主体构成部分。目前各地突发环境事件应急物资、装备体系以当地环境应急物资、装备储备库和重点工业企业及相关部门的物资、装备储备库为主。

（四）信息平台构建

为实现突发环境事件应急处理的科学化、程序化、高效化，实现环境应急资源的共享，环境应急资源储备系统需大力推进环境应急资源信息平台的建设。信息平台应主要包含专家数据库、救援机构数据库、突发环境事件处理技术数据库、监测方法数据库及环境应急物资、设备储备数据库等，从而为应急指挥者和救援人员提供必要的救援信息，也可对环境风险事故的预防和监控提供指导。

四、环境应急救援队伍及物资储备调查

环境应急救援队伍及物资储备调查是生态环境部门或企事业单位进行环境应急救援队伍及物资储备建设的基础，是通过调查收集和掌握本地区、本单位第一时间可以调用的环境应急资源状况，从而建立健全重点环境应急资源信息库，加强环境应急资源储备管理，达到促进环境应急预案质量和环境应急能力提升目的。根据突发环境事件应急救援实际要求，环境应急物资调查重点有污染源切断、污染源控制、污染源收集、污染物讲解和安全防护五大类，详见表4-1。应急救援队伍调查重点为应急监测队伍、应急救援队伍。

表 4-1 环境应急资源参考目录

主要作业方式或资源功能	重点应急资源名称	备注
污染源切断	沙包沙袋，快速膨胀袋，溢漏围堤 下水道阻流袋，排水井保护垫，沟渠密封袋 充气式堵水气囊	
污染物控制	围油栏(常规围油栏、橡胶围油栏、PVC围油栏、防火围油栏) 浮桶(聚乙烯浮桶、拦污浮桶、管道浮桶、泡沫浮桶、警示浮球) 水工材料(土工布、土工膜、彩条布、钢丝格栅、导流管件)	
污染物收集	收油机，潜水泵(包括防爆潜水泵) 吸油毡、吸油棉、吸污卷、吸污袋 吨桶、油囊、储罐	
污染物降解	溶药装置：搅拌机、搅拌桨 加药装置：水泵、阀门、流量计，加药管 水污染、大气污染、固体废物处理一体化装置 吸附剂：活性炭、硅胶、矾土、白土、膨润土、沸石 中和剂：硫酸、盐酸、氧化钙、硝酸、碳酸钠、碳酸氢钠、氢氧化钙、氢氧化钠 絮凝剂：聚丙烯酰胺、三氯化铁、聚合氯化铝、聚合硫酸铁 氧化还原剂：过氧化氢、高锰酸钾、次氯酸钠、焦亚硫酸钠、亚硫酸氢钠、硫酸亚铁 沉淀剂：硫化钠	
安全防护	预警装置：防毒面具、防化服、防化靴、防化手套、防化护目镜、防辐射服 氧气(空气)呼吸器、呼吸面具 安全帽、手套、安全鞋、工作服、安全警示背心、安全绳、碘片等	
应急通信和指挥	应急指挥及信息系统 应急指挥车、应急指挥船 对讲机、定位仪 海事卫星视频传输系统及单兵系统等	
环境监测	采样设备 便携式监测设备 应急监测车(船) 无人机(船)	具体可参考环境应急监测装备推荐配置表等

五、案例(一)——某省级环境应急管理部门突发环境事件应急物资储备

选择三座重点市级城市建设了环境应急物资储备基地，同时为了满足中心人员处置突发环境事件的需要，在中心储备了个人防护、检测仪器、交通通信器材和生活保障等物资。

(一) 个人防护设施

个人防护设施主要是为了保护应急人员的自身安全。进入突发环境事件现场的应急人员，必须注意自身的安全防护，对事故现场不熟悉、不能确认现场安全或不按规定配戴必需的防护设备(如防护服、防毒呼吸器等)以及未经现场指挥、警戒人员许可，不应进入事故现场。

个人防护设施主要有正压式空气呼吸器、防护服、自吸过滤式防毒面具、口罩、洗消器、防护眼罩和眼镜、防护靴、化学品防护手套等。在处置现场应根据现场状况（污染物种

类、程度等)选择合适的防护服、滤毒盒和配套设施，保障处置人员安全。在距离突发环境事件现场较近时，可穿着重型防护服，佩戴正压式空气呼吸器；距离现场较远位置，经检测气体中各项指标限值符合要求时，可穿着轻型防护服，佩戴自吸过滤式防毒面具、口罩等轻便防护设施。为了减少各种防护用品的准备时间，在实际案例分析的基础上，中心将反光背心、半面罩、滤毒盒、口罩、防护眼镜、耳塞、防切割手套、橡胶手套、手电筒和激光测距仪等常用物品统一摆放于应急背包中，各科室均配备一定数量的应急背包，携带方便，大大提高了工作效率。

(二) 检测仪器

突发环境事件中使用的检测仪器，应具有体积小、重量轻、便于携带、使用方便的特点，对样品的前处理要求低，可以快速鉴别污染物，并能够给出定性、半定量或定量的结果。

中心配备的气体检测仪有 HAPSITE 便携式气相色谱-质谱仪及顶空和吹扫进样器、傅立叶红外多组分气体分析仪、复合式气体检测仪和挥发性有机物检测仪等；水体检测仪有多参数水质分析仪、直读流速仪、重金属分析仪和自动水质采样器等；辐射检测仪器有 α、β 表面污染仪和 X、γ 辐射个人监测仪等。HAPSITE 便携式气相色谱-质谱仪可以对沸点低于350℃、碳 17 以下的挥发性有机化合物和部分半挥发性有机化合物进行定性和定量分析，在突发环境事件的应急监测中发挥越来越重要的作用。目前多使用其快速定性和半定量检测来初步掌握现场环境状况，为下一步的处置工作提供数据参考。复合式气体检测仪采用一体式泵吸操作，有电化学、催化燃烧、红外、光离子化等 25 种即插即用的传感器供选择，各种传感器可根据实际需要组合使用，同时检测 1~6 种气体，携带方便，操作便捷。

(三) 交通通信器材

交通通信器材有应急指挥车、应急监测车、高精度 GPS 卫星定位仪和防爆无线对讲机(配喉震空气导管耳机)等。应急指挥车配备有视频监控、传输系统，可将现场实时情况传输到后方指挥中心，为决策人员提供最新信息，使指挥中心、现场指挥人员和现场处置人员时刻保持在线，掌握现场最新情况。监测车搭载大气、水体检测仪器，可在现场对样品开展分析，省去了长途运输时间，提高了工作效率。

(四) 生活保障

配备的生活保障类器材有急救箱、氧气瓶、手电筒、给养设施、帐篷和睡袋等。急救箱中配有微型灭火器、医药包、逃生绳、安全背心和多功能工具锤等 15 种常用物品；给养设施包括取暖炉、液化气罐、锅等，可满足短时内生活保障需要。

六、案例(二)——某省级环境应急救援队伍建设

当地省级环境应急管理通过协商依托省级消防总队现有的 7 个区域战勤保障中心，建立了 7 支省级直属突发环境事件应急救援队伍，承担全省重特大突发环境事件的应急处置任务，并向省财政为其申请了 600 万元的环境应急装备经费。同时借助于省级区域特勤力量，建立了区域环境应急专业救援队伍，进一步提高省级突发环境事件应急处置能力。

七、案例(三)——某市环境应急救援队伍

某市为更好地处置本市辖区范围内各类突发环境事件，依托本市危险废物处理站建立了

市级环境应急救援队伍，并申请环境保护专项资金1000万作为该公司前期工作经费，该危废处置公司成立了本市第一支突发环境事件应急处置救援队伍，自筹经费建设了环境应急物资仓库，建筑面积1600米，分上下两层，用于储备环境应急处置物资和设备，并通过环保专项资金购置了应急检测仪器和工具、应急设备、辅助设备、吸附材料、处理药剂、防护产品、堵漏材料、现场处理设备和2台大型化学事故救援车辆。2台车辆经改装后，可容纳和放置各类应急处置现场处置设备和材料，保障事件发生后可第一时间运载处置设备和物资到达现场开展应急救援。为保障应急储备物资和应急队伍的有效管理和运行，公司制定了应急队人员管理规定、应急队物资管理规定、应急专用车辆管理规定、应急队日常训练管理规定、应急队值班管理规定等规章制定，初步建立了物资齐全、结构合理、运行高效的应急物资储备体系和应急救援队伍管理体系。

第六节　环境应急信息化平台

一、环境应急管理信息化现状

（一）发展形势

当前，突发环境事件日益频发，加强环境应急管理工作，提高事故预警预测能力，快速提升突发环境事件应急处置能力已经成为环境管理工作越来越迫切的需求。面对当前日益严峻的环境安全形势，急需立足环境应急的全过程管理，利用信息技术、通信技术、网络技术和数据库技术，建立包括环境风险源管理、应急预案管理、决策支持、指挥调度、现场处置、后期评估在内的环境应急指挥平台，全面提升环境应急管理效能。

当前，大数据不仅在信息技术、电子商务行业备受瞩目，更成为科研变革、商业革新、政府运作乃至人类思维方式转变的一个热点。2012年，美国总统奥巴马于白宫正式宣布启动"大数据研究与发展计划"，提出利用大数据技术在科学发现、环境保护等领域大力开展研究，将大数据研究作为国家战略提出。随后，我国也出台了《十二五国家政务信息化建设工程规划》（2012年5月）、《促进大数据发展行动纲要》（2015年7月）等战略性文件，推动大数据在我国各个领域的发展和运用。2015年8月，国务院办公厅印发的《生态环境监测网络建设方案》明确指出利用大数据实现生态环境监测与监管有效联动，从政策层面对大数据应用于环境管理领域提出要求。与此同时，我国环境管理战略逐渐由污染减排总量控制为主向环境质量改善为目标导向转变。环境质量改善的目标导向要求提升环境管理的精细化水平，实现分地区、分类别的差异化管理并实施精准治理。传统的以经验性的预测、决策为主导的粗放式管理思维很难满足新的考核要求。大数据作为新的技术手段和思维方式，打破了传统收集、整合、存储、处理、分析和可视化数据信息的方式，管理的定量化水平和决策的科学性提高，为环境管理逐渐向网络化和智能化转变带来新的机遇。

（二）环境大数据的界定与特征

从20世纪80年代以来，环境信息技术得到了飞速发展，环保部门开展了多种环境质量监测工作、生态环境调查工作及污染源管理工作，积累了大量数据，包括污染源数据和环境质量数据。近十年来，一些新的环境管理工作，如污染物减排"三大体系"建设、应急管理、辐射管理职能的全面调整、环境诉讼和公众监督的发展、清洁生产和循环经济的兴起、污染源调查工作的筹备等，又都带来了大量新的环境信息。据统计，2015年我国对367个城市的空气质量进行了在线监控，设置了145个重点断面水质自动监测站，对14920家重点污染企业实行在线监控，实时环境数据不断增加并逐步实现了信息的联网发布，环境大数据时代到来。

1. 环境大数据的界定

通过声学传感器、生物传感器、化学传感器、RFID技术、卫星遥感、视频感知、光学传感器、人工监察等可感知和采集海量环境数据，为大数据应用于环保提供了基础，而大数据技术又为解决当前复杂的环境问题带来了新的机遇。环境大数据即把大数据的核心理念和关键技术应用到环境领域，对海量环境数据进行采集、整合、存储、分析与应用等。

2. 环境大数据的基本特征

环境大数据同样具有大数据的4"V"特征。从数据规模来看，据不完全统计，目前各类环保数据达几十亿条，且将呈爆发式增长，若考虑实际环境管理中与环保间接相关的经济、社会等数据（如环保投入金额、居民健康状况），数据的规模将更大。

从数据种类来看，环境大数据涉及部门政务信息、环境质量数据（大气、水、土壤、辐射、声、气象等）、污染排放数据（污染源基本信息、污染源监测、总量控制等各项环境监管信息）、个人活动信息（个人用水量、用电量、废弃物产生量等）等。各级政府部门、社会公众、媒体、环保NGO等都是可能的披露主体。它不仅包括关于事物物理、化学、生物等性质和状态的基本测量值，即可用二维表结构进行逻辑表示的结构数据，也包括了随着互联网、移动互联网与传感器飞速发展涌现的各种文档、图片、音频、视频、地理位置信息等半结构化和非结构化数据。

从数据处理速度来看，数据量的快速增长要求对环境数据进行实时的分析并及时作出决策，否则处理的结果就是过时和无价值的，有时延迟的信息甚至会误导用户，比如空气质量的预警预报。

从数据价值来看，环境大数据具有巨大的应用价值，为精细化、定量化管理和科学决策提供了新思路。但同时海量数据特别是其中快速增长的非结构化数据，在保留数据原貌和呈现全部细节以供提取有效信息的同时，也带来了大量没有价值甚至是错误的信息，使其在特定应用中呈现出较低的价值密度。比如各类环境传感器、视频等智能设备可以对特定环境进行360天×24小时的连续监控，但可能有用的监控信息仅有一两秒。如何利用大数据技术快速地完成环境数据价值的"提纯"是大数据背景下环境管理亟待解决的问题。

另外，IBM的报告提到了数据真实性（Veracity）。环境大数据也存在数据精确性，即数据反映客观事实程度的问题。我国现行公开的污染排放数据的真实性及有效性一直备受质疑，扩展数据来源从而实现数据间的校验成为可能的解决途径。

（三）环境大数据的作用

在环境领域，可利用物联网技术将感知到的环境监测、环境管理数据通过处理和集成，再运用合适的数据分析方法进行分析整理后，将分析结果展现给环境用户，指导治理方案的制定，并根据监测到的治理效果动态更新方案。环境大数据的应用，对于政府、企业和公众都有重要意义。

具体来说，对政府而言，大数据可帮助其掌握全面的数据信息，为各项环境政策的制定提供更为科学、更为坚实的数据和技术支撑；实时地监控和分析可以提升环境监管、预警和应急能力；数据量的剧增及互联共享可以加强部门间协作性，提升管理效率等。对企业来说，大数据可实时提供生产各环节能耗和污染排放情况、生产设施和环境设施运行情况等，帮助其降低生产和污染治理成本，也体现企业社会责任。另外，大数据也可以帮助公众准确了解身边的环境状况，并及时获得生活中的注意事项。"十三五"开始，我国的环境管理战略将逐渐转变为以质量改善为导向。在以质量改善为主的考核标准，迫切要求管理方式从经验型粗放管理向科学、精细化管理转变。而环境系统的分布性、复杂性和动态性使得过去的管理很难达到量化决策、动态调整等要求。环境大数据作为新的技术手段和思维方式，可将海量、互相关联的环境信息进行有效链接，做到数据驱动环境管理与决策，使得环境管理逐渐向数字化、网络化和精细化转变。

（四）环境大数据在环境管理中的应用场景

1. 在环境规划编制中的应用

过去利用环境数据进行规划分析，只能简单的回答"环境发生了什么事情"，并且由于涉及要素有限且以历史的统计数据为主，得到的结论很难精准的反映客观情况。利用大数据系统可以带来研究技术方法的变革，其处理迅速、实时展示、多因素分析、智能决策等作用可促进规划编制的变革。纳入考虑的环境统计数据实时性更强，另外大量相互关联的自然、经济、社会等数据也纳入分析，得到结论更快、更精准有效。并且，对于"为什么环境会发生这种事情"，大数据系统也进行了回答。若进一步进行数据挖掘与数据分析，将环境数据与污染扩散模型、预测模型等结合，模拟复杂的环境过程，预测环境系统演变的发展方向，还可预言"将来环境发生什么事情"。比如通过仿真模拟新建项目会对环境产生怎样的影响来调整新建项目的数量、规模、选址、环保要求等。最终环境大数据可成为活跃的数据仓库，用来进行"环境想要什么事情发生"。按照这样的思路利用大数据，可以给环境规划提供科学可量化的决策支持，环境质量目标的实现路径清晰可见。

2. 在环境质量管理中的应用

一方面可应用于环境质量信息的发布。当前城市空气质量信息已基本实现了实时发布，并运用地图进行直观展示，但仍存在监测点布置的科学性不足，密度低等问题。而借助微小传感器以及大数据算法等方式，可得到各细分区域更精确的大气质量状况。微软提出的基于大数据的城市空气质量细粒度计算和预测模型 Urban Air 是这一方面的成功案例。Urban Air 模型利用监测站提供的有限的空气质量数据，结合交通流、道路结构、兴趣点分布、气象条件和人们流动规律等大数据，基于机器学习算法建立数据和空气质量的映射关系，从而推断出整个城市细粒度的空气质量。利用少量的环境数据，再结合其他看似与环境数据并不直接相关的异构数据源，就可以建立一个区域的数据分布及空气质量观测值的网络模型，最后得到 1km×1km 范围的细粒度。基于这样的细分区域的高准确度的数据，可为环境管理者在决策中提供科学依据。水、声、固废、辐射等环境质量信息的发布也可借鉴空气质量管理经验，提升环境管理的精细化水平。

另一方面可用于环境质量的预警预报。预测性分析是大数据分析很重要的应用领域，环境预测性分析常用于空气及水环境质量预测。以空气质量预报预警为例，过去主要依靠对历史气象、空气质量监测数据进行统计分析处理，预报的精度及对污染防治的决策支持作用有限。当前，数值预报结合区域地形地貌特征、气象观测数据、空气质量监测数据、污染源数据等，基于大气动力学理论建立大气扩散模型，可预报大气污染物浓度在空气中的动态分布情况，为区域大气污染联防联控等提供更科学的决策支持。

3. 在污染源生命周期管理中的应用

可实现污染源的全生命周期管理，切实提高管理效率。利用物联网等新技术，将污染源在线监测系统、视频监控系统、动态管控系统、工况在线监测系统、刷卡排污总量控制系统等进行整合，形成全方位的智能监测网络，实时收集污染源生命周期的全部数据。然后基于

116

每个节点每时的各类数据，利用大数据分析技术，进行"点对点"的数据化、图像化展示。这有利于快速识别排放异常或超标数据，并分析其产生原因，以帮助环境管理者动态管理污染源企业，有针对性地提出对策。

4. 在环境应急管理中的应用

环境应急包括日常管理、事中应急和事后评估三个阶段。在日常管理中，主要是环境应急人才建设、大数据感知设备的安装以及相关大数据处理技术的应用能力建设，以建立海量信息的实时收集、高效计算、迅速传递、结果可视化和机器预判的能力。实时监测和机器决策有利于及时发现风险隐患，降低突发污染事件产生概率。环境事件发生后，大数据管理系统可快速反应，实现各部门信息的融合分析和实时报告，全面感知应急事故的变化过程，并快速集合多项关键指标信息以辅助决策。在事后评估中，运用大数据可有效判定应急处置工作的状态与实际效果。总之，大数据的应用可提高环境应急的管理效率和智能化水平，从而节省成本和减少不必要的损失。

5. 在环保公众参与中的应用

随着互联网和 GPS 设备的普及，NGO 或者民众可以发布各类自发式地理信息，比如通过环保随手拍上传的图片等信息。将这些碎片化的异构数据进行整合处理，可验证官方公开数据的质量，或者对已有信息进行详细补充。另外，利用社交媒体上公开的海量数据，也可帮助环保部门了解公众需求，进而提供差异化和精细化的公共服务改善公众的环保感受。

二、基于环境大数据的环境应急信息化平台建设

（一）平台目标

环境应急指挥平台的总体目标应立足于当前环境应急管理的实际现状，考虑突发环境事件事前、事中、事后全过程管理以及风险控制、应急准备、应急处置、事后恢复四个环节，以环境风险源的动态管理为核心，建立基于动态联网管理的风险源动态管理系统、环境应急预案管理系统、环境应急预警预测系统、环境应急辅助决策支持系统、环境应急指挥与调度系统、环境应急通信系统和环境应急处置后期评估系统等，不断加强环境应急能力建设，逐步建立完善的环境应急体系。

（1）建立风险源动态管理系统，在摸清风险源底数的基础上建立动态管理机制；

（2）建立以风险源自动监控系统和 12369 接警系统为基础的环境应急预警预测机制；

（3）开发环境应急指挥与调度系统，实现环境应急预案、环境应急资源、环境应急模型的智能化集成，为环境应急管理提供辅助决策支持，全面提升处置突发污染事件的现场应急协调及处置能力；

（4）建立环境通信系统，实现固定应急指挥中心、车载移动应急指挥中心和应急现场数据的即时应急通信；

（5）建立环境应急能力管理系统，加强环境应急处置演练，提升环境应急基础能力；

（6）建立环境应急后期评估系统，提升环境应急事件后评估能力。

（二）业务流程分析

当前的环境应急管理主要包括事前预防、应急准备、应急响应和事后管理四个环节，见图 4-4；环境应急过程则主要包括应急响应、应急处置和善后处理三个阶段，见图 4-5。

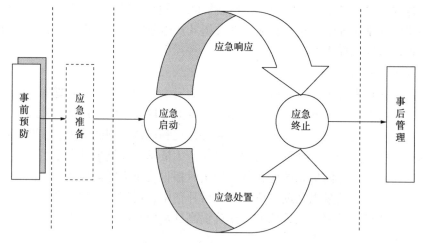

图 4-4　环境应急管理业务图

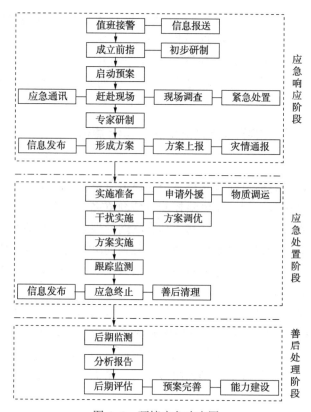

图 4-5　环境应急响应图

　　环境应急指挥平台应满足"平战结合"需要，即首先要满足对各级、各类环境风险源的日常监管，主要以预防性监控预警为主，结合"三同时"和环境评价对环境风险源进行环境安全风险评估，建立区域环境安全评估体系，完成应急预案的建立、评价、演练和修订。其次要满足应急指挥需要，即当突发性环境事件发生后，环境管理部门能用其实现对环境应急事件的指挥、调度、勘察、决策、响应、联络、处置等。其主体框架见图 4-6。

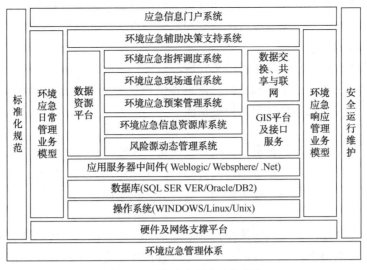

图 4-6　环境应急平台主体框架

(三) 平台核心系统

环境应急指挥平台核心系统主要包括风险源动态管理系统、环境应急预案管理系统、环境应急预警预测系统、环境应急辅助决策支持系统、环境应急指挥与调度系统、环境应急通信系统、环境应急移动指挥系统、环境应急新闻发布管理系统、环境应急后期评估系统、环境应急队伍管理系统和环境应急演练管理系统等,其系统结构图见图 4-7。

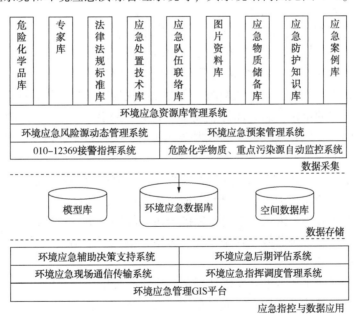

图 4-7　环境应急平台核心系统结构

(四) 平台关键业务需求分析

1. 基于 GIS 的数据管理

建立以合适比例尺地图为基础的环境应急指挥调度 GIS 平台,使之具备如下功能:①地图数据管理功能,如地图制作功能、地图操作功能、地图发布管理功能等;②地图数据查询功能；③通用 GIS 分析服务功能，如空间分析、插值分析、栅格分析等；④GIS 专题分析功能，如影响范围分析、空间聚集度分析、空间趋势分析、资源调度分析、模型分析等。

2. 应急过程管理

环境应急指挥调度过程管理主要用来完成环境突发事故应急响应、应急处置及善后处理等过程环节的记录、跟踪、查询和分析。需具备值班接警管理、报告管理、应急指令通知、指挥调度记录、应急监测信息动态上报等功能。

3. 应急资源集成

开发环境应急指挥调度应急资源调用集成接口，实现对环境风险源信息、环境应急预案信息、环境应急信息资源库信息等的调用。同时，实现调用日志及异常信息的管理，提供异常信息分析、纠错、报告功能，提供查询、统计和分析功能。

4. 通信集成

（1）基础通信调度：具有快速拨号、来电显示、长途直拨、录音功能、多路接入和打出等功能；具备与政府应急办、事故所属地环境应急指挥中心、事故现场及相关职能部门应急中心的专线电话联通，有应急通信故障保证措施；具备自动启用无线通信、断电通信、海事卫星通信的接驳功能；能实现和电话号码数据库(特别是应急事故调度相关电话数据库，如公安、武警、消防、卫生、军队、水利、海洋、外交、发改委)的联动；要求具备高度的稳定性和可靠性。

（2）视频会议系统调用：和环保部门已有的视频会议系统实现无缝连接，并能通过该调用接口实现和政府应急办、事发地环境应急指挥中心、环境应急移动指挥车及相关职能部门的视频会议系统开展视频会商功能。

（3）移动应急指挥车通信系统调用：实现移动指挥车和应急指挥中心的应急通信(电话、视频等)功能，满足移动指挥车系统对应急指挥调度系统后台各类数据资源的调用功能(如通过环境应急指挥调度资源调用接入系统把各类应急信息资源提供给移动指挥车系统)。

（4）移动应急现场终端通信系统调用：实现应急现场终端数据资料的多路接入，动态接收应急现场终端发送的定位信息、图片、文本、视频、录音、报告、格式数据等现场信息。根据预先设定规则，实现和现场终端的数据交互功能，实现指令、指示、命令、批件等调度信息的主动推动功能。

（5）远程专家协助：参考群决策支持系统模型或研究厅巨型复杂系统模型，提供环境应急专家辅助决策支持功能，为远程专家参与应急辅助决策提供接入等功能，保证多点异地的远程专家以及指挥中心指挥人员、应急专家能通过与辅助决策系统的人机接口交互，为应急过程中的初判、研判、分类分级、污染预测、方案评审、预案调优、干扰防范、终止评审等环节提供通信接口服务。

（6）应急现场通信集成调度：实现环保部门应急指挥中心和政府应急办、事发地环境应急指挥中心、事故现场移动指挥车、应急现场终端、相关职能部门应急指挥中心的一对一、一对多、多对多，异地多路多频通信的集成调用，保证通信链路的畅通，保证应急通信的稳定正常。实现多路分屏通信数据显示，通过大屏幕切换指定线路的音视频信号。同时，系统要能存储这些采集的各类通信数据资料，具备资料回放、回查、按秒、分检索等功能，提供通信数据的动态管理功能。

（7）应急指挥现场图像处理：实现应急现场图像数据的接收、处理与展示。可接收的数据来源包括应急指挥车视频数据、应急现场"单兵"视频数据。能实现一对多信号接入，通过编解码后把多路视频信号切换到大屏幕上。

（8）短信群发：实现应急指挥过程的信息通报服务。利用短信群发可以把日常应急事故处置过程信息及环境应急事件处置过程信息及时通报给相关参与人员。

（9）应急现场数据管理：实现应急现场数据（包括文本、图片、视频、记录等）的接收以及各类查询统计服务接口。能保存应急现场传输的视频等数据，记录每次传输的日志，根据日志检索历史记录并进行比对分析、汇总统计，同时，也可为其他调度系统提供查询服务接口。

5. 应用协同集成

（1）与政府应急平台应用协同。实现和政府应急平台的对接和信息互动，即能按预案要求通过该应急平台向政府应急办报告应急接警信息，事故初步研判信息，事故处置方案信息，续报、终报、临时协调报告（如涉及跨国流域污染事故），事故总结报告、事故分析报告等信息或报告；能通过该平台接收政府应急办发送的关于事故处置的各类指令、指示和命令；能通过该平台向政府应急指挥中心传输事故处置各类音视频资料；也可通过该平台实现与其他相关职能部门的沟通、协作、互联、互通。

（2）信息发布。按预案要求或人工设定规则自动生成待发布的各类信息、报告，提供待发布内容的编、审、批管理功能；通过信息发布接口把经过审批的信息内容交互给环保部门新闻发布中心信息发布相关管理系统；提供信息发布的各类数据管理功能（待发布信息管理功能、已发布信息管理功能）。系统还要能提供该应急事件相关部门已发布信息的管理功能，具备历史记录的查询、统计和分析功能。

（3）灾情通报。根据预案要求或人工设定规则实现灾情通报功能。通报对象包括上级部门、影响区域环保部门、影响区域人民政府、跨界污染属地管辖部门、跨境污染属地管辖部门等；通报方式包括电话、传真、邮件、公文、指令等；系统首先根据这些规则定义通报对象，确定通报方式，审定通报内容，跟踪通报过程，记录通报结果，并提供通过日志查询、统计、分析功能。

（4）应急物资保障。实现应急处置物资的计算机管理，包括应急物资征集管理、应急物资调拨管理、应急物资运输管理、应急物资接收管理、应急物资使用管理、应急物资回收管理、应急物资回收处置管理等。特别是要综合考虑应急物资的调拨功能，通过建立应急物资调拨模型寻求最优调拨方案，在最短的事件内，以最有效的方式，把最有用的物资运输到指定地点。系统通过最短路线、最优路线、动态博弈等资源配置管理模型实现与环境应急辅助决策支持系统、地理信息系统的结合，为物资调运提供决策支持。

6. 辅助决策管理

（1）污染扩散模拟、预测。搭建事故污染扩散模型系统的基本框架，实现污染扩散模型的综合管理，提供污染扩散模型接口供其他系统调用。通过整合接入污染扩散模型（重点考虑常见的致灾因子，从毒性、危害性、可消除性等方面考虑），实现污染扩散模拟和预测。即可以根据污染物中污染因子特性、应急事故点的水文特征以及当地的地理环境、气象环境，模拟、预测污染物的降解、扩散趋势。

（2）应急事件分类分级辅助评估。一方面，设定环境应急事件分类分级评估模型，根据外界输出参数和变量（如应急接警信息资料、应急现场调查信息资料）对突发事件进行分类分级，并能实现与预案库的自动调用，提供不同类型不同级别应急预案的调阅功能。另一方面，实现分类分级的组合及组合调优功能，即评估出的分类分级存在模糊不确定的情况下，系统能给出分类分级模糊组合及组合的概率排序。

（3）环境突发事件发展态势预测。根据突发事件报警信息、事故现场调查信息、应急监测信息，结合各类应急资源信息库、风险源基础信息库、地理信息数据库、污染模型库，运用专家决策支持模型对事件发展态势进行预测，基本描述出事故类型、级别、性质等；预测事件的影响范围，影响程度，可能造成的影响，估计的事故损失等。利用 GIS 平台生成预测描述图，通过 GIS 平台展现污染地带，对污染扩散趋势进行分析、预测，划定疏散区。系统要能根据事件发展态势预测，充分利用各类应急资源信息库和应急预案，根据所掌握的当前模糊信息提出若干套(至少两套)可行的处置方案。

（4）突发事件处置方案完善。运用群决策支持系统模型或研究厅巨型复杂系统模型，运用专家决策支持系统提供的人机界面，实现处置方案的完善调优功能。提供多路、异地、领导、专家参与的处置方案讨论接口，完成应急资源规划、资源调度与反馈的综合考虑，用系统控制论思维，运用动态控制模型对处置方案进行调优完善。

（5）环境应急处置方案评估。运用最优评估模型对可行的处置方案进行评估，从经济型、可减缓性、可挽救性、可恢复性、最小风险损失等原则进行综合评估，通过与专家、领导的交互，确定"较优"的待实施处置方案，并提出处置方案实施的准备工作部署思路及要求和相关资源保障措施。

（6）环境应急干扰防范辅助决策。接收若干干扰信息(如天气、经济政策、公众反映、国际舆论等)，利用干扰防范模型，对处于待实施状态或实施过程中的应急处置方案进行自动动态调优，及时发布需要进行变化的处置策略，并能给出变化后的处置策略评估方案，能全面、综合的考虑处置代价。另外，系统还要能自动记忆这些干扰信息，并对应急预案提出调整建议。

（7）应急终止评审。根据应急预案中关于应急终止的设定、应急处置方案、应急处置进程以及应急监测数据，运用应急终止评估模型，给出应急终止的建议，通过专家和指挥人员的交互，优化模型边界，明确应急事件终止的条件，给出应急终止建议。

三、案例——某省级环境应急指挥平台

按照环境应急事前、事中、事后的"全过程管理"和"平战结合"管理理念，依托全省环境监测大数据、通信网络资源，有效整合厅系统内部水、大气、环境监察数据和应急管理、地理测绘、水利、交通运输、住建、卫计、气象等部门数据资源，实现环境风险综合管理、环境风险预警、突发环境事件应急处置指挥调度、环境应急保障、企业环境风险等级评估、事故溯源等处置需求，实现提升日常环境风险源管理水平，以及预警监测准确、资源调度便利、指挥处置迅速地应急管理"按图作战"的最终目标。具体必须实现以下五个目标：

（1）建立环境风险源动态管理机制，彻底说清区域内、重点流域内各类环境风险源基本情况，实现针对性和分类分级管控目的。

（2）通过污染源在线监控、环境质量监控、视频监控以及化工园区预警体系，建立事前预警机制。

（3）打破信息壁垒，实现内部数据、外部数据按需抓取，保障应急处置过程即时传输、

模拟分析及辅助决策快速、准确、有效。

（4）现场与指挥中心多形式、多途径联动指挥，实现快速、高效的处置突发环境事件。

（5）确保系统运行的可扩展性和兼容性。在网络、软件、数据库系统的设计上做到接口标准、开放性好，满足以后与其他业务系统联网应用和数据共享要求，同时要确保系统运营后与其他新建系统的兼容性，以及系统涉及的预测软件、评估软件不断更新过程中不影响系统正常使用。

该省环境应急指挥平台包括现场端移动应急通信指挥系统、后端应急调度指挥系统和应用软件系统三大部分内容。现场端移动应急通信指挥系统满足突发事件应对过程中事故发生现场视频、语音等信息的实时传输功能，并能够与后方指挥部实现可视化会商，建设内容包括移动应急通信卫星指挥车、应急单兵、3G应急箱、无人机、电脑等通信设备。后端应急调度指挥系统满足突发事件的后方应急指挥调度功能，向现场应急指挥部传达指令，动态掌握现场情况，建设内容包括应急指挥大厅、省厅卫星地面站及其附属设备。应用软件系统满足日常环境应急管理和应急状态下指挥调度所需要的基础数据支持，建设内容包括基础硬件和应用软件两部分，应用软件包括环境应急数据库、环境风险源动态管理、应急调度处置、辅助决策、移动应急管理、重点风险源图形化管理、预警会商、应急演练八个子系统。系统的总体应用架构如图4-8所示。

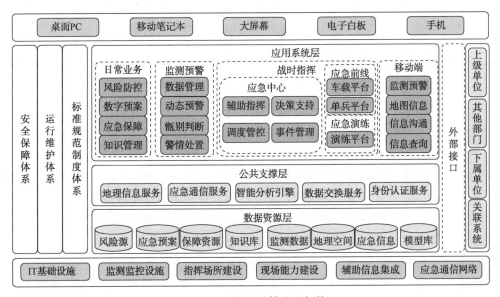

图 4-8 系统的总体应用架构

第五章　应急响应

第一节　环境应急响应

一、环境应急响应概述

突发环境事件影响范围广、波及面大，其应急响应工作涉及社会各个层面，包括各级人民政府及各部门、专业机构、企事业单位、社会团体和公众，是一项复杂的系统工程。根据"统一领导、综合协调、分类管理、分级负责、属地管理为主"的原则，在应急响应过程中，各级人民政府履行其指挥和协调职责，各级政府有关部门、专业机构、社会团体等按照职责分工承担相应的应急任务，充分发挥各类应急救援队伍的作用，保障人民群众生命财产安全和环境安全。

应急响应包括从启动应急预案到响应终止的全过程。内容包括应急救援、人员疏散、应急监测、现场调查、现场应急处置、信息发布和报告、治安管制等工作。

二、环境应急响应基本原则

1. 以人为本，减少危害

一切应急响应活动必须把保障公众健康和生命财产安全作为首要任务，最大限度地保障公众健康，保护人民群众生命财产安全。

2. 统一领导，分类管理

应急响应工作在人民政府应急救援指挥机构的统一领导下组织实施。现场应急指挥机构具体负责现场的应急处置工作，各部门、专业机构、社会团体等救援力量按照职责分工承担相应的应急任务，听从应急救援指挥机构的应急指挥，充分发挥自身优势，形成指挥统一、各负其责、协调有序、反应灵敏、运转高效的应急指挥机制。

按突发环境事件的可控性、严重程度和影响范围，突发环境事件的应急响应分为特别重大（Ⅰ级响应）、重大（Ⅱ级响应）、较大（Ⅲ级响应）和一般（Ⅳ级响应）四级。超出本级人民政府应急处置能力时，应及时请求上一级人民政府启动突发环境事件应急预案。

一般（Ⅳ级响应）及以下时，由县级人民政府负责启动突发环境事件的应急处置工作；

较大（Ⅲ级响应）时，由地级市人民政府负责启动突发环境事件的应急处置工作；

重大（Ⅱ级响应）和特别重大（Ⅰ级响应）时，由省级人民政府负责启动突发环境事件的应急处置工作。生态环境部视情况派出现场工作组指导各地开展事件应急处置。

3. 属地为主，先期处置

强调属地管理为主，是由于突发环境事件发生地政府的反应迅速和应对措施准确及时是有效遏制突发环境事件发生、发展的关键。各级人民政府负责本辖区突发环境事件的应对工作。由于企事业单位原因造成突发环境事件时，企事业单位应进行先期处置，控制事态、减轻后果，并报告当地环境保护部门和人民政府，加强企事业单位应急责任的落实。

4. 部门联动，社会动员

建立和完善部门联动机制，充分发挥部门专业优势，共同应对突发环境事件；实行信息公开，建立社会应急动员机制，充实救援队伍，提高公众自救、互救能力。

5. 依靠科技，规范管理

积极鼓励环境应急相关科研工作，重视环境应急专家队伍建设，努力提高应急科技应用水平和指挥能力，最大限度地消除或减轻突发环境事件造成的影响；依据有关法律和行政法规，加强应急管理，维护公众合法环境权益，使突发环境事件应对工作规范化、制度化、法制化。

三、环境应急响应主要内容

1. 肇事单位

发生事故或违法排污造成突发环境事件的单位，应立即启动本单位突发环境事件应急预案，迅速开展先期处置工作，并按规定及时报告。具体应急响应工作包括：

（1）立即组织本单位应急救援队伍和工作人员营救受害人员，疏散、撤离、安置受到威胁的人员；

（2）控制危险源，标明危险区域，封锁危险场所，并采取其他防止危害扩大的必要措施；

（3）立即采取清除或减轻污染危害的应急措施；

（4）立即向当地政府和有关部门报告，及时通报可能受到危害的单位和居民。

（5）服从人民政府发布的决定、命令，积极配合人民政府组织人员参加所在地的应急救援和处置工作；

（6）接受有关部门调查处理，并承担有关法律规定的赔偿责任；

2. 人民政府

突发环境事件发生后，履行统一领导职责，并组织处置事件的人民政府启动本级突发环境事件应急预案，成立现场应急指挥部，立即组织有关部门，调动应急救援队伍和社会力量，依照有关规定采取应急处置措施。超出本级应急处置能力时，及时请求上一级应急指挥机构启动上一级应急预案。具体应急响应工作包括：

（1）组织营救和救治受害人员，疏散、撤离并妥善安置受到威胁的人员以及采取其他救助措施；

（2）迅速控制危险源，标明危险区域，封锁危险场所，划定警戒区，实行交通管制以及其他控制措施；

（3）启用本级人民政府设置的财政预备费和储备的应急救援物资，根据《中华人民共和国突发事件应对法》的规定调用其他急需物资、设备、设施、工具，或请求其他地方人民政府提供人力、物力、财力或者技术支持；

（4）组织公民参加应急救援和处置工作，要求具有特定专长的人员提供服务。

（5）采取防止发生次生、衍生事件的必要措施；

（6）要求生产、供应生活必需品和应急救援物资的企业组织生产、保证供给，要求提供医疗、交通等公共服务的组织提供相应的服务；

（7）及时向上级人民政府报告，必要时可越级上报；及时向当地居民公告；及时向毗邻和可能波及的地区政府及相关部门通报。

3. 环境保护部门

突发环境事件发生后，在当地政府统一领导下，环境保护部门要及时做好信息报告及通报、环境应急监测、污染源排查、提出污染处置建议、提出信息发布建议等工作。具体应急响应工作包括：

（1）启动突发环境事件应急预案，成立应急指挥部及综合、监测、处置、专家、宣传、后勤保障等小组。保障有关人员、器材、车辆到位；

（2）及时、准确地向同级人民政府和上级环境保护主管部门报告辖区内发生的突发环境事件；

（3）向涉及的相关部门及毗邻地区进行通报；

（4）在政府统一领导下，参与突发环境事件的应急指挥、协调、调度、处置；

（5）尽快赶赴现场，调查了解情况，查看污染范围及程度，进行污染源排查，对事件性质及类别进行初步认定；

（6）开展环境应急监测，对数据进行分析，寻找规律，判断趋势，为应急处置工作提供决策依据；

（7）推荐有关专家，成立环境应急专家组，对应急处置工作提供技术和决策支持；

（8）根据现场调查情况及专家组意见预测环境污染发展趋势；

（9）向地方政府提出控制和消除污染源、防止污染扩散、信息通报与发布等方面的建议；

（10）向政府提出恢复重建建议。

在多年突发环境事件应急处置经验中，生态环境部提出各级环保部门在突发环境事件应急处置要严格执行突发环境事件应急处置"第一时间报告、第一时间赶赴现场、第一时间开展监测、第一时间向社会发布信息、第一时间组织开展调查"五个第一时间应急处置的要求。那么在突发环境事件应对中如何做到"五个第一时间"。

第一时间报告：A. 如何信息报告：①事件发生地市、县环保部门接报或发现事故信息后，核实-初步认定等级、性质、类别-分级报告（较大一般 4h 内报省环保厅，重大、特大 2h 内报省环保厅）；省环保厅接到市州初步认定为较大、一般事件信息后不须上报生态环境部，接到市州初步认定为重大（满足环境污染导致 30 人以上死亡或 100 人中毒或重伤、市级水源地中断、跨国中之一的）或特大（满足环境污染导致 10～30 人以上死亡或 50～100 人中毒或重伤、县级水源地中断、跨省中之一的）事件信息后，核实并在 1h 内上报生态环境部（包含核实时间）。②各省对突发事件信息报告的具体时限要求，例如甘肃省省政府要求省级环境保护部门在突发环境事件信息核实后立即向省政府电话报告，并在 30min 内补充纸质版报告。③对一时无法判明事件等级的五类突发环境事件（对饮用水水源保护区造成或者可能造成影响的；涉及居民聚居区、学校、医院等敏感区域和敏感人群的；涉及重金属或者类金属污染的；可能产生跨省或者跨国影响的；因环境污染引发群体性事件或者社会影响较大的)应当按照重大或特大程序上报也就是 1h 内报告生态环境部(包含核实时间)。信息报告中情形紧张时可先电话报告,后及时补充书面报告。B. 如何信息通报:突发环境事件已经或者可能涉及相邻省份的,应及时通报相邻省份同级环保部门,并向省政府提出向相邻省政府通报的建议。若接到相邻省份事件已经或可能涉及我省区域的,在接到对方通报后,应当按照 A 中信息报告要求向生态环境部进行报告。

第一时间赶赴现场:到达现场后应立即组织排查污染源,初步查明事件发生的时间、地点、原因、污染物质及数量、周边环境敏感区等情况并提出防控措施建议。

第一时间开展监测:按照相关技术规范开展应急监测,及时向本级政府和上级环保部门报告监测情况,及时掌握污染物扩散和环境质量变化情况,为科学处置提供参考。

第一时间发布信息:依据《突发环境事件应急管理办法》和《国家突发环境事件应急预案》,突发环境事件和应对工作信息发布由履行统一领导或负责组织事件处置的人民政府负责,也可由负责发布的人民政府授权某部门进行发布。我厅需向负责信息发布人民政府提出信息发布的建议,或经政府授权发布信息,发布信息内容包括事件原因、污染程度、影响范围、应对措施、需公众配合采取的措施、公众防范常识和调查处理进展情况等,信息发布内容由省预案中确定的省应急指挥部各组成部门提供。

第一时间组织开展调查:按照《突发环境事件调查处理办法》,应急处置期间可开展事件调查前期工作,应急响应终止后事件调查正式启动。较大突发环境事件调查处置处理工作由省环保厅负责组织开展,也可委托市级环保部门开展;一般突发环境事件由市级环保部门负责组织开展调查处理,也可以由我厅在市级环保部门组织开展调查基础上直接组织调查处理。较大和一般事件调查工作自响应终止后 30 日内完成,不包括污染损害评估时间。

四、环境应急响应程序

一般而言,政府及其部门应急响应工作程序包括接报、甄别和确认、报告、预警、启动应急预案、成立应急指挥部、现场指挥、开展应急处置、应急终止等环节。

1. 一般程序

(1)接报

接到投诉举报、上级交办、下级报告、相关部门通报、媒体报道等突发环境事件信息后,应详细了解、询问并准确记录事件发生的时间、地点、影响范围及可能造成或已造成的环境污染危害与人员伤亡、财产损失等情况。接报的有关政府和部门准备进入预警期。相关职能部门和专业机构加强环境信息监测、预测和预警工作,迅速布置现场调查。

(2)甄别和确认

及时向信息来源核实情况,必要时组织人员现场核实,对未发生突发环境事件的可解除警报;对可能或已发生突发环境事件的,组织事件初期调查与评估,初步对突发环境事件的性质和类别作出认定、建议和发布预警,进入预警期。

(3)报告

根据事件报告的有关规定,有关部门及时向本级政府和上级主管部门报告,本级政府向上级政府报告,情况严重、确有必要时,可越级报告。及时向可能受影响的地区和单位通报情况,及时向公众预警。

(4)启动应急预案

对突发环境事件情况核实属实的,按照属地为主、分级响应的原则,事发地县级以上人民政府根据事态级别确定响应级别，并启动或建议上级人民政府启动相应的突发环境事件应急预案，有关部门启动部门应急预案。成立现场应急指挥部等应急指挥机构，明确其组成和各职能部门职责。根据情况开展初期处置工作，开始各类应急救援力量动员工作；加强信息监测、收集、分析和交流工作；调集应急物资、器材、工具；安排人员救治、疏散、转移、安置等应急救援工作。

（5）指挥、协调与指导

指挥、监督事件责任主体或有关部门、机构和其他应急救援力量启动并执行应急预案。视情况建议上级政府和部门启动上一级应急预案，并采取扩大应急措施。命令有关部门、机构进入应急待命，并指挥其开展应急救援。指导下级政府和部门开展应急处置工作。提供专家指导和必要的人力、物力和财力支援。

（6）现场处置

突发环境事件发生后，责任企事业单位应按照相应的应急预案进行先期处置工作。事发地人民政府应立即派出有关部门及应急救援队伍赶赴现场，迅速开展处置工作。开展应急监测、迅速查明污染源、确定污染范围和污染状态；迅速组织、实施控制或切断污染源，收集、转移和清除污染物，清洁受污染区域和介质等消除和减轻污染危害的措施，严防二次污染和次生、衍生事件发生。

（7）信息发布

根据事件报告的有关规定，及时向上级续报进展情况，及时向可能受影响地区和单位通报进展情况。

按照有关规定，通过政府公报、政府网站、新闻发布会以及报刊、广播、电视等多种方式和途径，统一、及时、准确地发布突发环境事件应急的有关信息，及时向社会公布应急处置情况。

（8）应急终止

有关职能部门根据现场应急处置进展情况，在符合应急终止条件时提出终止应急预案的建议。国家和地方政府在突发环境事件的威胁和危害得到控制或者消除后，下令停止应急处置工作，结束应急响应状态，采取必要的后续防范措施。

凡符合下列条件之一的，即满足应急终止条件：

① 事件现场危险状态得到控制，事件发生条件已经消除。

② 确认事件发生地人群、环境的各项主要健康、环境、生物及生态指标已经降低到常态水平。

③ 事件所造成的危害已经被彻底消除，无继发可能。

④ 事件现场的各种专业应急处置行动已无继续的必要。

⑤ 采取了必要的防护措施以保护公众免受再次危害，并使事件可能引起的中长期影响趋于合理且尽量低的水平。

按照以下程序应急终止：

① 环境应急现场指挥部决定终止时机，或事件责任单位提出，经环境应急现场指挥部批准。

② 环境应急现场指挥部向组织处置突发环境事件的人民政府和各专业应急救援队伍下达应急终止命令。

③ 应急状态终止后，国务院突发环境事件应急指挥机构组成部门应根据国务院有关指示和实际情况，继续进行环境监测和评价工作，直至无须采取其他补救措施，转入常态管理为止。

2. Ⅰ级响应的内容和程序

特别重大（Ⅰ级）响应。发生特别重大突发环境事件时，由国务院负责启动特别重大（Ⅰ级）响应。国务院或者国务院授权国务院环境保护主管部门成立应急指挥机构，负责启动突发环境事件的应急处置工作，根据预警信息，采取下列应急处置措施：

（1）立即取得与突发环境事件发生地的省级突发环境事件应急指挥机构、现场应急指挥部、相关专业应急指挥机构的通信联系，随时掌握突发环境事件变化及应急工作进展情况。

（2）通知有关专家组成专家组，分析情况。根据专家组的建议，通知相关应急救援力量随时待命，为地方或相关专业应急指挥机构提供技术支持。

（3）派出相关应急救援力量和专家赶赴现场参加、指导现场应急救援，必要时调集事发地周边地区专业应急力量实施增援。

国务院突发环境事件应急指挥机构其他组成部门接到特别重大环境事件信息后，根据各自职责采取下列行动：

（1）启动并实施本部门应急预案，及时报告国务院突发环境事件应急指挥机构。

（2）成立本部门应急指挥机构。

（3）协调组织应急救援力量开展应急救援工作。

（4）需要其他应急救援力量支援时，向国务院突发环境事件应急指挥机构提出请求。

突发环境事件发生地省级人民政府结合本地区实际，调集有关应急力量，配合国务院突发环境事件应急指挥机构，组织突发环境事件的处置。

根据规定成立的环境应急现场指挥部，负责组织协调突发环境事件的现场应急处置工作。主要内容包括：

（1）提出现场应急行动原则要求，依法及时公布应对突发事件的决定、命令。

（2）派出有关专家和人员参与现场应急处置指挥工作。

（3）协调各级、各专业应急力量实施应急支援行动。

（4）协调受威胁的周边地区危险源的监控工作。

（5）协调建立现场警戒区和交通管制区域，确定重点防护区域。

（6）根据突发环境事件的性质、特点，通过报纸、广播、电视、网络和通信等方式告知单位和公民应采取的安全防护措施。

（7）根据事发时当地的气象、地理环境、人员密集度等，确定受到威胁的人员疏散和撤离的时间和方式。

（8）及时向国务院应急管理办公室报告应急行动的进展情况。

现场应急指挥部可根据污染事件的类型，下设综合协调组、专家组、应急监测组、信息新闻组、污染控制组、现场处置组、现场救治组、治安保障组、文件资料组等。

综合协调组：负责统筹事故应急工作。负责联系上级部门与跨界政府，协调后勤保障工作等。

专家组：指导突发环境污染事件应急处置工作，为应急工作决策提供科学依据。

应急监测组：组织实施应急监测、监测质量保障、数据审核、汇总分析。

信息新闻组：向上级部门报送信息和最新状况，联系新闻媒体，收集境内外新闻报道，编写信息简报。

污染控制组：负责清查污染源，督促落实污染源整治措施，对违法排污单位依法查处。

现场处置组：负责现场污染防控和现场应急工程的实施。

现场救治组：为现场救治提供医疗保障，实施现场救治。

治安保障组：负责现场的警戒，提供交通管制及周边人员的疏散与撤离。

文件资料组：负责资料的发放与接收等。

3. Ⅱ级响应的内容和程序

重大（Ⅱ级）响应。发生重大突发环境事件时，由省级人民政府负责启动重大（Ⅱ级）响应，会同环境保护主管部门成立应急指挥机构负责启动突发环境事件的应急处置工作，并及时向国务院环境保护主管部门报告事件处置工作进展情况。国务院环境保护主管部门为事件处置工作提供协调和技术支持，并及时向国务院报告情况。

有关部门、单位应当在事故应急指挥机构统一组织和指挥下，按照应急预案的分工，开展相应的应急处置工作。

4. 其他级别响应的内容和程序

较大（Ⅲ级）响应及一般（Ⅳ级）响应。发生较大或一般突发环境事件时，由地市级或县级人民政府负责启动应急处置工作。地方各级人民政府根据事件性质启动相应的应急预案，同时将情况上报上级人民政府和环境保护部门。超出其应急处置能力的，及时报请上一级应急指挥机构给予支持。

五、案例——省级层面环境应急响应机制

为规范和有效处置各类突发环境事件，某省级环境保护部门结合本省特点建立了突发环境事件应急处置机制，具体包括突发环境事件应急响应流程（如图5-1、图5-2所示）、突发环境事件调度处置单、突发环境事件日志等（见表5-1、表5-2）。

表5-1 省级突发事件调度处理单

编号：2019—

接报人（搜集人）			时间	
信息来源	网络		关信息 （联系人、电话）	
	市州上报			
	上级通知			
	当事人直报			
发生时间			发生地点	
事件基本情况	（见附件）			
周围学校、医院、村庄、河流、饮用水源地等敏感点分布及受影响情况				

接报人(搜集人)		时间	
相关部门已采取的处置措施			
我中心已采取的措施			
中心分管领导意见			
中心主要负责人意见			
调查处理结果			
是否定性为突发环境事件			

表 5-2 省级突发事件调度处理工作日志登记表

事件名称：

序号	时间(精确到分钟)	工作内容	记录人
1			
2			
3			
4			
5			
6			
7			
8			
9			
10			
11			
12			
13			
14			
15			
16			
17			
18			
19			
20			

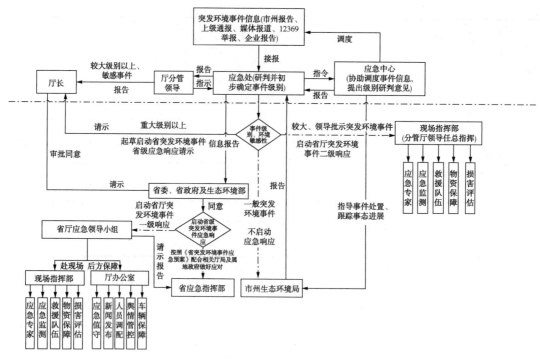

图 5-1　省级生态环境厅突发环境事件应急响应体系图(1)

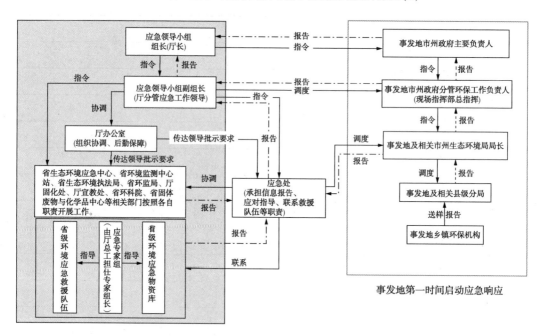

省级层面启动重大及以上级别响应或敏感事件紧急应对

图 5-2　省级生态环境厅突发环境事件应急响应体系图(2)

注：环保系统涉及应急处置工作各部门主要负责人、
应急救援队伍及物资储备中心负责人、专家组成员，均须公开联络方式

第二节　环境应急监测

一、环境应急监测概述

环境应急监测是指环境应急情况下，为发现和查明环境污染情况和污染范围而进行的环境监测。包括定点监测和动态监测。

环境应急监测包括突发性污染事故监测、对环境造成自然灾害等事件的监测，以及在环境质量监测、污染源监测过程中发现异常情况时所采取的监测等。环境应急监测是环境应急体系中的重要组成部分，是突发环境事件处置中的重要环节，是对污染事故及时、正确地进行应急处理、减轻事故危害和制定恢复措施的根本依据。

其作用主要有：

（1）对污染物进行现场快速定性监测，及时判明污染物与污染类型，为现场应急救援和疏散工作提供快速的科学依据。

（2）对污染物和相关环境进行快速定量监测，对环境污染物的性质、污染范围、污染变化趋势、受影响的范围、危害程度做出准确的认定，为污染事故的应急处理与环境保护提供技术保障。

（3）对污染物扩散和短期内不能消除、降解的污染物进行跟踪监测，为环境污染的预防、环境恢复、生态修复提出建议措施等。

（4）对污染事件的相关污染源和相关生态环境进行监控监测，为污染事故的原因分析与事故处理提供技术支持。

（5）避免突发事故后果被人为夸大，以致造成经济损失，造成紧张气氛，甚至影响社会稳定。通过环境应急监测，可以及时发布信息，以正视听，让人民群众满意，让政府放心。因此，环境应急监测也是一项严肃的、特殊的、重要的政治任务。

二、环境应急监测特点

（一）污染发生时间的不确定性

环境事故的发生具有很强的突然性，随时随地都有可能发生。如运输过程中发生泄漏，操作不当在生产过程中发生爆炸、燃烧或泄漏，检修过程中由残留气态、液态物质发生泄漏污染环境，也可能在试生产过程中发生意外造成污染。以上各种情况的发生不受季节和时间的限制，具有很强的不确定性。

（二）危险化学品性质不确定性

由于危险化学品的生产工艺复杂，生产各工序的产品及过渡产品（原料、半成品、成品、催化剂、添加剂、衍生物）的物理化学性质存在很大差异，另外生产装置（加热、冷却、通风及除尘装置）的不当操作也可能导致爆炸、燃烧和泄漏等危险发生，对周边环境构成威胁。

（三）监测试剂装备的不确定性

不同化学品的检测需要使用不同试剂和不同仪器。通常发生事故后，造成环境污染的化学品常常是很多种，有些可以向相关单位了解后确定，但多数情况下化学品名称及性质是不确定的，这就给应急监测工作带来了相当大的难度，不但应急监测所需试剂数量、品种不明确，而且应急监测所需仪器也不能在短时间内到位。

（四）污染危害程度的不确定性

危险化学品的物理化学性质和向外部环境中泄漏的数量直接影响决策者的现场处置。如果不能及时搞清以上情况，就不能及时做出有效处置和防护，而危险化学品暴露时间越长，渗入地下、流入水域或进入空气的危险性就越大，危害程度就会大大增加。

（五）危害处置方式的不确定性

当出现环境污染事故后，及时有效地对污染物进行处置，把对环境造成的污染降到最低，是环境应急的最根本的要求。但由于化学品性质的不确定性和污染形式存在差异，处置方法就会有所不同。加之各地人员处理经验及方法存在差异，不能保证处置方式的高效快捷。

三、环境应急监测管理

为解决环境应急监测过程中存在的以上多个不确定因素，健全机构、监测思路清晰、装备先进、方法得当才能确保快速、准确出具环境监测数据。

（一）建立应急人员及装备的值班制度

环境污染事件的处置，关键就在"急"字上。发生突然，上报耗时，准备费时，到达就有可能超时。报不上来急，准备不好急，到达不了急，解决这几"急"，要强调人员进得快、装备开得动，要建立应急值守、预警和响应工作的值班制度。建立健全应急系统的检查制度，定期检查应急机构、队伍、车辆、物资、设备的状况。保证值班电话随时有人接听，并对相关人员的活动范围有所了解，保证应急人员第一时间进入现场。值班装备（实验及采样仪器）应配备齐全，严阵以待，建立检测车辆上试剂定期更换制度，以保证试剂质量和品种的多样性，并能够同时对多种常见化学品进行检测实验。当发生环境污染事故后要保证应急车辆、应急人员直接到达现场，迅速开展采样、检测工作。

（二）建立健全危险化学品档案库制度

凡是在生产和科学研究过程中会产生有毒有害物质的企业及科研机构，要对相关危险化学品建立详细的技术档案并报所在地环境保护主管部门备案。监测部门要了解获取相关信息的渠道，并注重积累相关危险化学品监测技术。其中应包括原料、半成品、成品的物理化学性质及检测实验方法，可能对人体造成的危害及有效救治办法，可能对周边生态环境造成的危害及应对措施等。

（三）建立应急监测装备专项使用制度

目前监测单位普遍存在经费不足，监测仪器数量有限，缺少专门应急装备等问题。一般应急监测所用装备都是日常监测的常用装备，为解决应急监测和日常监测冲突的问题，必须建立应急监测装备专项使用制度，使应急监测装备随时保证在位，随时能进入现场。

（四）建立污染危害信息互通联动制度

各级环境主管部门与生产的产品及半成品为危险化学品或有毒有害物质的企业，利用当地局域网或在线监控等方法建立起信息互通联动制度，这有利于日常监管工作的开展，更有利于当环境污染事件发生后对应急力量的统筹和对污染程度的准确判断，对污染事故高效处置。

（五）建立起立足自身解决与专家远程指导相结合制度

危险化学品及有可能对环境造成危害的有毒有害物质的品种之多，远非环境主管部门所能了解及掌握齐全。环境管理人员要在加强本行业本专业知识学习的同时，更要多方面、多角度加强相关行业知识的学习，从源头上解决由于知识面窄、行业跨度大等问题制约环境污染事件的处置进程，进而对人民群众的生命财产安全构成威胁。也可以通过电话、网络等介质与相关行业专家进行沟通，在专家的远程指导下及时高效地处置环境污染事故。

四、环境应急监测预案的制定

（一）预案的制订应具有较强的针对性

1. 各级环保监测部门的应急预案

应急预案的制订，应重点放在具有本地区特点的敏感地区防护及企业行为的监管上。要建立以例行监测与企业重点目标定期巡察监测制度，体现"以管促防、以防制控，以监测定性、以性质定论"的思路。在日常管理中，要把加大监管力度，加强监测预防，防止环境污染事件发生作为重点；在污染发生后，要把第一时间对现场进行监测、指导企业对污染物进行有效控制、对事件初步定性并及时上报上级主管部门等工作作为重点。

2. 各类危险化学品生产企业的应急监测预案

对生产原料、半成品或产品属于易燃易爆可能对周边自然环境、群众生命和财产安全构成威胁的单位，应把应急预案的重点放在操作人员安全意识的培养、操作规程的学习、紧急避险能力的训练及周边群众紧急疏散的组织工作上。应急监测预案也要对容易发生危险的部位及工序重点监管，建立严格的岗位环境安全责任制，必要时可设立环境安全监督岗。

对生产原料、半成品或产品具有较强毒性的单位，要在应急监测预案中明确指出对生产及运输每一个过程的严格控制要求。首先，要防止运输过程中的违规操作，并对运输人员的资质进行审查，对无资质人员和车辆坚决不能放行，杜绝因危险化学品在运输过程中失控而造成环境污染事件的发生。对危险化学品运送频繁的企业，可建立专业人员带车制度。其次，在生产活动的组织中要遵守规章制度，严格按照生产工艺要求操作，坚决杜绝人员野蛮操作、设备带病生产等现象发生，加强生产全过程的监控和管理。第三，防止人为破坏，对于在关键岗位工作的人员，要经常了解和掌握其思想和工作状况。如果发现有不良习惯或存在不良动机时，要及时做其思想工作或调离工作岗位。

对位于大江大河、饮用水源地、自然保护区及农田生产用地周边的化工企业，除了要建设容量足、防渗性好的事故池，应急监测预案的重点应放在事故内部消化和防止对周边环境二次污染上。

（二）应急监测预案的制订应具有较强的可操作性

1. 建立健全体系，职责程序明晰

在应急监测预案制订过程中，首先应考虑组织体系的建设问题。第一，应建立一个功能全面、反应灵敏、运转高效的突发环境事件应急监测指挥机构，但人员不宜多，避免多头指挥，出现下级人员执行难的问题；第二，监理、监测、安全保卫及后勤保障人员应职责明确，分级负责；第三，应建立一套内容全面，务实可行的应急监测响应程序，做到思路清楚、操作规范、责任明确。

2. 明确就位时间，确保自身安全

人员是保证突发事件得到迅速遏制，及时处置的最关键因素。在预案中应明确指出各类人员进入现场的具体时间，防护装备应随车携带，确保现场处置人员的生命安全。

3. 装备准确可靠，指挥动态高效

装备是应急事件中最主要的物质保证。先进的仪器装备，可以使各级人员在最短时间内了解事态的发展情况，使指挥人员做到心中有数，配合人员心中有底。预案的制订是为了在发生环境污染事件时有章可循，但也不能墨守成规，要灵活机智，动态高效，充分调动一切可以调动的力量，发挥各级应急人员的创造性和主观能动性，体现在预案中的内容必须全面、翔实、准确。

（三）加强横向协调和潜在环境风险防范

1. 应急监测预案应注重与相关部门协调

环境保护主管部门在发生突发性污染事件后，应把加强与相关单位的协调放在重要位置，减少因相关部门不知情、不配合，给生命和财产安全造成不必要的损失。因此，应急监测预案应在广度和深度上下功夫，如加强与当地政府联系，及时准确地通报应急监测情况，避免因群众不知情误食误饮造成伤害，或因城市供水短缺造成恐慌；加强与当地公安部门联系，通过通报污染物的扩散范围来确定周边群众避险和疏散的程度；加强与消防部门的联系，防止消防用水渗入地下、进入雨水管网或直接进入大江大河；加强与医疗卫生部门的联系，通报污染物的物理、化学性质，以便受伤人员能在最短时间内得到及时对症的治疗。

2. 相关化工企业及研究机构的应急监测预案中应对本单位的危险化学品建立详细档案

深入开展环境安全隐患排查，建立动态档案管理制度，凡是在生产和科学研究过程中会产生有毒有害物质的企业及科研机构，要对相关危险化学品建立详细的技术档案并报所在地环境保护主管及监测部门备案。其中应包括原料、半成品、成品的物理化学性质及检测实验方法，可能对人体造成的危害及有效救治办法，可能对周边生态环境造成的危害及应对措施等。

（四）内容应翔实、易懂、直观

预案的制订应达到非本行业人员能看会用的目的，对有毒有害物质多用老百姓耳熟能详的名称或加注解；完整地体现可能发生的情况及应对措施，包括可能发生危险的装置的名称、方位、报警方式、最有效的自救方法等；表达要图文并茂，简明扼要，做到外行一看就懂，一学就会；标志标识要直观、可靠、通用，多点布设，建立与安全检查同步的巡察制度，防止缺失。如遇预案涉及人员离岗或企业情况发生变化，应及时对预案进行补充修订。

（五）应急监测实地演练

进行应急监测实地演练，增强相关人员处置事故能力和紧急避险意识。预案的制订在于应用，绝不能让预案成为"机关文件""存留档案""官场预案"。预案的制订只是为应对突发性环境污染事件做好了前期准备，若要真正使其发挥作用、派上用场，还需要进行实地演练。

应急监测预案的演练要突出真实、高效两个特点。首先，演练要公开，要充分保障群众的监督权和知情权。组织单位要做到演练过程透明，群众能够对号入座。领导要能够对现场人员、装备进行合理调配使用。演练中对关键环节、重点部位要尤为关注，以检验应急人员应变能力、装备可靠程度、通信畅通与否及各部门协调情况等。其次，演练还应充分考虑如何保证社会安定，如何及时有序地疏散群众，如何与友邦和相邻地区互通信息，如何保障群众的衣食住行，如何进行现场抢救、治疗等一系列问题。第三，针对不同性质、不同类型的污染事件，要加强应急演练工作开展的多样性，组织不同类型、不同形式的环境应急演练，达到演练预案、培养队伍、磨合机制，不断提高实战能力和水平的目的。如果发现存在不足，要及时完善调整，并建立定期演练机制，真正打造出一个实用性强，适合本地区、本部门、本单位实际的突发性环境污染事件应急监测预案。

五、环境应急采样、监测技术、设备

为指导科学合理开展突发环境事件应急监测工作，2010 年原环境保护部印发了《突发环境事件应急监测技术规范》(HJ 589—2010)，对突发环境事件应急监测的布点与采样、监测项目与相应的现场监测和实验室建设要求。

六、案例(一)——汶川特大地震环境应急监测回顾及对监测工作的启示

(一) 应急监测组织

汶川特大地震后，地方一线监测站充分体现了业务素养和职业敏感性。在震后人心惶惶、通信瘫痪、交通堵塞的情况下，自发组织、整合调度环境监测资源，形成全市规模的联动应急和预警监测网络。应急监测主要从三个方面展开：快速成立灾后应急监测指挥小组，下达全市震后应急监测指令；迅速组织一支以技术骨干为主的应急监测突击队奔赴都江堰市，在成都市饮用水源进口建立野外实验室，实施每 2h 1 次的监测；收集全市监测系统受损情况、掌握当时应急监测能力状况，整合调度可用监测资源，对极重灾区和承担监测任务较重的环境监测站在人员和设备配置上予以支援。

与此同时，四川省紧急成立了抗震救灾环保指挥部，组建了前方工作组和后勤保障工作组，调配整合省内监测资源，制定应急监测工作方案，奔赴各级重灾区实施支援与指导。原环保部在全国范围内先后紧急抽调三批 21 个省(市、自治区)154 名应急监测技术骨干和 30 余台应急监测车入川支援。

制订了《全国各省(市、区)环境应急监测对口支援工作方案》，明确了管理、调度、轮换、信息、后勤保障和质量控制方面的具体办法，保证各监测队伍相互配合、相互协调、相互帮助、分工明确地开展工作。

震后环境应急监测三个层次(国家、省、地方)的组织指挥充分发挥各级职能、优势互补，为应急监测的开展打下基础。通过汶川特大地震应急监测经验表明，科学定位各级环境监测站在特大灾害或环境污染事故应急监测中的关系和职责，既是顺利开展应急监测工作的重要条件，也是解决应急监测体系与制度建设薄弱环节的重要内容之一。

首先，各级监测站要明确职责，优势互补。地方环境监测站(二、三级环境监测站)要充分发挥熟悉当地情况、赶赴现场迅速、监测点位选择准确、项目设置恰当、污染源排查迅速等优势，为掌握第一手环境质量状况赢取时间；上级监测部门要发挥技术优势，对下级监测站进行指导，主要完成地方监测站办不了、办不到、办不成的事情，如本次地震中各省、市监测站的技术支持，药品、仪器设备的跨省、跨地(市)州调配等。

其次，形成联动机制，建立面对特大灾害或污染事故应急监测时上下级监测站为隶属关系的制度。特大灾害或污染事故具有复杂性、全域性等特点，统一的指挥和调动才能形成统一的行动和统一的监测目标，才能整合有限的监测资源，形成监测网络联动，达到上下游之间和不同区域之间监测数据的连续性、可比性和完整性，才能为政府决策提供及时、科学和可靠的监测数据和分析报告。

其三，优化规范任务下达与报告报送程序是顺利开展应急监测的基础。本次应急监测开始阶段，由于情况紧急，曾出现任务多头下达，监测数据多部门要求报送等问题，打乱了正常工作和监测计划。经过多次向上级监测部门提出建议，监测数据只向本级环保局和上级监测站报送，使监测数据的管理使用统一规范，杜绝了随意性，避免了混乱和误报的发生。

（二）应急监测方案

本次震后成都市环境应急监测方案的制定分为五个阶段：第一阶段（5月12~15日），监测方案由一线监测站独立制定，着重从快速掌握区域水环境质量状况出发，突出饮用水源保护、主要出入境水质以及重点污染源控制。监测方案具有针对性、灵活性、实用性和调整频率高等特点，在短短3d内根据实际需要和震后监测能力恢复情况进行了10余次调整，及时反映了成都市水环境质量状况，稳定了5月15日成都市因饮水造成的恐慌。二~五阶段监测方案在四川省震后应急监测总体方案要求下制定，覆盖了主要饮用水源、流域主要控制断面、农村饮用水源、空气质量、震后次生灾害指标以及灾民安置点污染控制。第二阶段（5月16~29日）着重恢复灾后监测能力，扩大监测范围，全面了解重灾区环境质量，继续重点控制成都市城区饮用水源水质。第三阶段（5月30日~6月10日）重点控制城镇及农村集中式饮用水源地水质。第四阶段（6月11~28日）着重于灾后次生污染监测，重点控制城镇及农村集中式饮用水源地水质，监测频率有所降低。第五阶段（6月29日~8月1日）着重于持久性污染物监测并将监测频次逐步恢复到灾前水平。

应急期间，原环境保护部、中国环境监测总站对监测内容作出了总体要求和部署，清华大学、四川大学等单位学者对监测方案的调整提供了宝贵的指导性意见，并对饮用水源地水质监控、随灾情发展出现的次生灾害和震后频发的突发性污染事故监测进行了具体指导。国家先后下发了10个应急监测技术指导文件，为灾情发展的不同阶段应急监测方案的制定提供了有力依据。在我国环境应急监测体系中，如何在紧急状态下做到有的放矢，监测方案是核心和导向，是监测网络或监测站综合能力的反映，特别在特大灾害或污染事故时尤显重要。

1. 科学优化监测内容

监测内容应抓住重点保护目标，以人为本，结合污染事故和区域特征，与环境风险源排查相结合，科学设计监测内容，满足"测得准、说得清"的要求；特大灾害或污染事故产生和引发的污染瞬息万变，监测内容应根据需要作出及时调整；在满足污染防控的总前提下，监测的项目、范围、频次尽可能优化，避免不必要的浪费和内耗，力争把成本降到最低程度；上级监测部门及时地指导和支援保证了后续监测的连续性和科学性，延伸了监测范围并提高了监测数据的综合分析水平。

2. 建立基础信息共享平台

应对特大灾害或污染事故应急监测，需要掌握、了解的信息较多，尤其是基础信息的掌握对于制定监测方案、合理调度监测资源、确定重点控制对象，在有限的时间、人力和监测资源下，实现监测效用的最大化至关重要。比如，特大灾害或污染事故的污染范围较大，往往是跨流域、跨区域的，地方监测站虽然了解辖区内流域水系、重要环境保护目标以及重点污染源分布情况，但对辖区外情况不是很清楚，制定的监测内容存在局限性，容易造成监测项目漏选或重复监测；再比如，如果事先了解区域内监测站监测能力信息，就能及时请求支援或调度使用，发挥资源效应。因此建立省级以上的基础信息共享平台对于科学制定监测方案意义重大。基础信息内容主要包括：区域内行政区域的基础情况，区域（流域）主要保护目标及敏感点分布、重点危险源分布以及特征污染物信息；例行监测断面分布、监测站监测能力配备情况；污染源、地表水在线自动监测实时数据等。此外，还包括地理信息系统数据的共享。

3. 加快特大灾害或污染事故应急监测指导性文件研究

目前我国的应急监测响应体系大多针对污染源非正常排放、化学品泄漏等偶发事件，对于大地震这类污染范围广、强度大、持续时间长的灾害或污染事故，特定的、规范的响应规程和指导书的研究与技术储备较薄弱，而这些指导性文件在环境应急监测中起到极其重要的作用。比如本次地震，国家先后下发 10 个地震应急监测技术指导书，对灾情发展的不同阶段环境应急监测的监测范围、监测重点、监测项目的确定意义重大。从另一角度而言，震后应急监测技术指导书下发也存在滞后问题，大多数地方没有配备特殊项目(如本次震后监测要求的尸胺项目)的监测仪器和药品试剂，即使配备也由于实际条件所限无法开展。

考虑到近年来突发性自然灾害和气候灾害时有发生，国家应加快重大自然灾害环境应急监测和评价技术规范的研究，建立预警体系。自然灾害环境应急监测预警体系必须打破常规的污染源应急的思维框架，重点从能力建设、技术储备、资料储备、监测重点、监测方案、评价预测模式方面进行研究。

4. 建立典型应急监测案例库

俗话说前事不忘，后事之师。收集、精选国内外环境污染事故应急监测案例，作综合剖析，建立典型案例库对环境污染事故防范、处置和应急监测有十分重要的指导作用。应急监测案例库主要包括以下内容：不同类型灾害或污染事故的起因及危害特征，不同类型灾害或污染事故的应急监测指南，不同类型灾害或污染事故处置措施，不同类型灾害或污染事故产生的经济评估，建立全国范围的资源共享的案例库。

七、案例(二)——某重大突发环境事件环境应急监测方案

2014 年某供水公司在例行水质检测分析时，检出出厂水苯含量为 $78\mu g/L$，超过国家 $10\mu g/L$ 的限制标准。经多路水质检测，判定两条向市区供水管网供水的自流沟水体被污染。

事发后，省、市两级环境监测部门紧急制定监测方案，共布设采样点位 11 个，其中一水厂 5 个(上游取水口、下游取水口、2 号管线进口、3 号自流沟进口、4 号自流沟进口)，二水厂 3 个(2 号管线出口、3 号自流沟出口、4 号自流沟出口)，黄河地表水断面 3 个，饮用水采样点位 4 个。监测点位布设如图 5-3 所示。

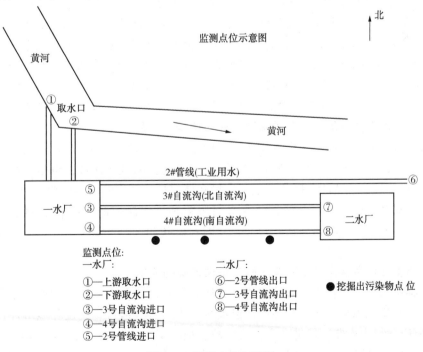

图 5-3 监测点位布设图

第三节 环境应急信息公开

一、环境应急信息公开概述

《突发环境事件应急管理办法》明确要求：突发环境事件发生后，县级以上地方环境保护主管部门应当认真研判事件影响和等级，及时向本级人民政府提出信息发布建议。履行统一领导职责或者组织处置突发事件的人民政府，应当按照有关规定统一、准确、及时发布有关突发事件事态发展和应急处置工作的信息。福建泉州"11·4"东港石化公司码头碳九泄漏事故发生后生态环境部印发了《关于做好 2019 年突发环境事件应急工作的通知》，明确规定："发生重特大或者敏感事件时 5 小时内发布权威信息，25 小时内要举行新闻发布会"。对突发环境事件信息公开时限作出明确要求。

二、突发环境事件信息公开的价值分析

服务、责任和法治是现代政府的三大理念。"服务政府"体现的是尊重人权和以民为生的服务理念，"责任政府"体现的国家义务和社会契约的担当精神，二者统一于执政为民、守法诚信、权责法定的"法治政府"本质。突发环境事件信息公开是指在突发环境事件发生后，政府通过电视、广播、报纸、互联网、手机短信等多种方式和形式向社会公众发布突发环境事件的预警、产生、发展、后果、治理措施等，使公众及时获得突发环境事件的相关信息，以消除由突发环境事件所致的谣言、惶恐和慌乱对公众的影响，进而维护社会秩序的稳定。

（一）突发环境事件信息公开是政府环境义务的体现

自然环境是人类得以生存和延续的基本条件，就其自然属性和对人类社会的重要性而言，应该是全体公民的"共享资源"和"公共财产"。为了合理支配和保护这些"公共财产"，全体公民将其委托给国家来进行管理。国家作为全体公民的受托人，必须对公民负责，不得滥用信托权。政府既是环境的保护者、管理者，也是环境问题的治理者、环境公共利益的受托者。因此，政府在行使受托者的权利义务过程中，必须认真履行保护环境、维护公共环境利益的职责与义务，突发环境事件信息公开是政府应承担的环境义务和法律责任。

（二）突发环境事件信息公开是满足公民知情权的需要

环境知情权是"公民对本国的环境状况、国家的环境管理状况以及自身的环境状况等有关信息获得的权利"。公民的环境知情权，既是人民主权的具体体现，也是公民实现环境参与权、请求权等其他权利的前提与基础。环境知情权被一系列的国际公约、条约及宣言予以确认，其中《在环境问题上获得信息公众参与决策和诉诸法律的公约》最具代表性。同时，也在我国的环境立法中得到确认，可见《中华人民共和国环境保护法》（2014）第 53 条的规定。

（三）突发环境事件信息公开是对政府依法行政的要求

"一切拥有权力的人都容易滥用权力，有权力的人们使用权力一直到遇到有界限的地方才停止"，只有把权力暴露于阳光下，才能促进权力的有效运行。突发环境事件信息公开监督，是政府应急权力行使、促进政府依法行政、预防腐败的有效手段。当环境突发事件发生时，政府行政权力的运行要接受公众的讨论、肯定、赞扬、批判、否定。

三、我国环境应急信息公开现状

（一）法律制度尚不完备

多年来，我国高度重视政府环境信息公开制度的建设与完善。自《中华人民共和国突发事件应对法》（2007）和《中华人民共和国信息公开条例》（2008）施行以来，《环境信息公开办法（试行）》（2008）、《突发环境事件应急预案管理暂行办法》（2010）、《环境保护公共事业单位信息公开实施办法》（2010）以及《中华人民共和国环境与资源保护法》（2014）等系列法规文件陆续出台。但是这些法律法规对于突发环境事件信息公开问题涉猎较少，即使有所规定也过于原则或粗略，可操作性差。以《中华人民共和国环境保护法》（2014）第54条为例，该条款对突发环境事件信息公开作出了规定，但是对于公开的时间、主体、内容、原因、责任追究及如何救济等均未做出明确规定，这就给政府部门的信息公开留出较大的自由裁量空间。

（二）监管机制需进一步完善

当前，我国环境保护实行的是以政府为主导、各方广泛协同参与为辅的机制。政府信息公开"难"主要还是跟地方的领导是否重视、是否当回事密切相关。环保工作执行的是地方政府首长责任制，而地方政府的GDP、安全生产、卫生医疗等工作也都实行首长考核的责任机制。相比而言，只有环境突发事件达到不得不解决或者说迫不得已的情况下才会受到重视。此外，我国的环境保护监管机制是由国务院的环境保护部门实施统一监督管理，地方的环保部门负责本区域的环境保护工作机制。上级环保部门虽然有指导和监督的权力，但是却权力"失真"，环保部门的工作机制也受制于地方政府的经济发展和"少出或不出乱子"的怪圈，出于自利，突发环境事件的信息公开往往处于失语或失真状态。再有，目前我国尚缺乏突发环境事件信息发布的常设机构，信息发布主体不明确。如此，当突发环境事件爆发危及公众安全健康时，信息发布主体便会出现关系不顺、职责不清、互相推诿的情况，也不利于突发环境事件信息发布的规范、明确、权威。

（三）公众参与不足

突发环境事件信息公开依赖于两种路径：其一是政府等有关主管部门主动公开发布信息，其二则是由公众申请或者推动政府等有关主管部门被动发布相关信息。突发环境事件信息公开公众参与不足体现在：一方面，通常情况下公众难以第一时间优先获取突发环境事件有关信息；另一方面，我国公众习惯于政府主动公开环境信息，其环境意识和权利意识有待于进一步提高。只有全社会环境意识得到整体提升，才会激发公众了解突发环境事件信息的自觉性、主动性，在维护好自身环境权益的同时，进而推动突发环境事件的信息公开。

四、如何做好环境应急信息公开

突发环境事件信息公开困境的应对策略。近年来，我国突发环境事件呈现高频化、复合化、叠加化和非常规化的趋势，其带来的安全隐患动辄威胁几十万人，甚至上百万人民群众的生命财产安全。由于突发环境事件信息的不对称，导致流言四起，极易引发社会恐慌和群体性事件，对社会稳定造成极大的危害。突发环境事件的信息公开，是消除恶劣影响、维系社会安定的首要步骤。而突发环境事件信息公开面临的困境，需采取如下应对之策。

（一）完备法律规范是前提

将环境知情权法律化为公民的基本权利。环境是公民依宪法享有维持基本生存所需的有尊严生活的重要组成部分，环境知情权只有成为宪法上的权利，才能为权利的实施和保障提供持续性支持。当公民的环境知情权受到侵害时，使公民有法可依，拥有寻求司法救济的权利。

1. 提升环境信息公开立法层级

当前，依照《中华人民共和国信息公开条例》(2008 年) 制定的《环境信息公开办法(试行)》(2008 年)，由国家环境保护总局颁布执行，立法层级较低；应提升《环境信息公开办法(试行)》(2008 年)的立法层级。由国务院制定《环境信息公开条例》及《中华人民共和国环境保护法》(2014 年)关于环境信息公开的对象约束范围，限于各级人民政府的环境保护主管部门。应使政府、环保等相关职能部门、企事业单位和公民等都成为环境信息公开的约束对象，以切实减少政府等相关职能部门在环境信息公开时出现的互相牵制、推诿扯皮现象，促进各部门间的有机合作。

2. 完善应对环境突发事件的环境行政紧急程序法律规范

环境行政紧急程序对于满足环境应急管理的需求，控制紧急环境行政权的行使过程，保护环境行政相对人的合法权益及保障公民的基本权利具有特殊意义。现有的《国家突发环境事件应急预案》对上述规定均不明确，应该在《国家突发环境事件应急预案》等行政法规中，对环境行政应急程序和政府应急权限予以明确。

(二) 健全监管机制是关键

1. 有效推进政府问责机制

突发环境事件信息公开是政府的法定职责。地方政府首长承担经济、安全、生产、环保等多个领域的责任，便会呈现"虱子多了不怕痒、债多了不怕愁"之态，这不利于环境信息公开工作的有效推进。应将环境信息公开责任落实到具体的某位领导或责任人身上，对突发环境事件信息公开的原因、内容、影响、处理等各环节再明晰到具体的相关责任人，真正做到分工明确，职责明晰。相关责任人如不作为、少作为，则要切实追究其行政责任甚至是刑事责任，进而引导公众对职能部门环境信息公开的不作为或少作为进行申诉和诉讼，以获取合法权益。

2. 切实激活监察监管机制

要健全环境保护的督查监察机构，加大中央、省、市等环保机构的垂直监管力度。同时，要动员媒体、组织、公民等加强监督。对突发环境事件信息公开虚报、漏报甚至是瞒报现象，要加大曝光力度，并在第一时间将上级环保部门的监察和惩处信息向社会公开。如此，不仅能起到良好的警示作用且取信于民，又能促进环境突发事件信息公开工作的有效开展。

(三) 推动环境权意识的树立是根本

环境权意识，不仅是公众需要获取相关环境信息的理念，重要的是在政府信息公开不顺、不畅时，公民能够依据所知的环境理念和法律知识采取维护自身权益的行动。首先，领导干部率先树立选取近年来国内发生的两起典型突发环境事件舆情应对事件，收集事件相关资料及专家学者研究结果对突发环境事件信息公开进行详细介绍。其次，逐步引导公众在突发环境事件发生时能够以正确途径和方式参与和了解突发环境事件信息公开全过程。

五、案例——天津港"8·12"瑞海公司特别重大火灾爆炸事故环境应急信息公开分析

2015 年 8 月 12 日 22 时 51 分 46 秒，位于天津市滨海新区吉运二道 95 号的瑞海公司危

险品仓库运抵区最先起火，23时34分06秒发生第一次爆炸，23时34分37秒发生第二次更剧烈的爆炸。事故现场形成6处大火点及数十个小火点，8月14日16时40分，现场明火被扑灭。事故造成165人遇难，798人受伤住院治疗；304幢建筑物、12428辆商品汽车、7533个集装箱受损。

公众对环境问题的关注，主要涉及以下五个方面：

（1）质疑企业环评不到位，安全距离较小。

（2）质疑环境监测数据是否准确。

（3）担忧降雨会导致污染物扩散。

（4）有媒体报道现场测出神经性毒气，可致心脏骤停，引发恐慌。

（5）海河现大量死鱼，引发公众产生污染联想。

针对公众普遍关注的问题，环保部门及时回应。

1. 牢牢抓住公众关心的话题

学界有个"三圈理论"，认为政府需要、媒体关注和公众关心三者重叠部分是政府信息发布的最佳内容选择。在突发事件新闻发布时，要掌握媒体和受众的情况，即媒体的报道需要和采访重点、受众的话题预期，包括受众获取信息的动机、兴趣、情绪、心理等。

环保部门在此次舆情应对过程中，充分考虑到了公众的质疑，有针对性地组织力量回应，消除负面影响，取得了良好的效果。官方微博在跟进事件、报道进展的同时，保障回应内容真实、全面，依据可靠，处置合理合规，减少了舆论质疑，掌握了主动权。多数微博、微信内容为环保部门的独家权威解读，减少了不必要的舆情质疑与猜测。

事故发生后，环境监测数据首次发布，网上就开始流传不信任的声音。有网友怀疑初步监测结果的真实性，认为《环境空气质量标准》并没有对氰化物浓度做出规定，发布的空气质量指数并不能反映氰化物浓度。

2. 以开放的姿态接纳社会组织参与

8月13日，有媒体报道，出事货场目前还存放至少700t氰化钠，但根据救援队伍在现场进行的检测结果，下水沟里已检出氰化钠，说明已经泄漏。

8月14日，环保组织绿色和平快速反应小组到达天津滨海新区，当晚进入最近距离即核心危险区两公里处现场监测。

8月15日，快速反应小组离开核心危险区，对爆炸区南部的海河及天津新港水域内的4个点进行了12次针对地表水的氰化物检测，未检出氰化物。绿色和平组织的监测数据印证了环保部门数据的真实性，让谣言不攻自破。

社会组织参与监测，可以说是此次环保部门在舆情应对方面的一个亮点。环保部门以开放的姿态接纳社会组织监督，以阳光的心态面对社会公众，不仅消除了公众的质疑，也树立了良好形象。

3. 环保系统整体行动，全国一盘棋

此次天津爆炸事故，原环境保护部及时介入、协调指导，无论是环境应急处置还是舆情应对，环保部门都体现出很强的组织性和协调性，反应迅速、应对及时，得到了专家的认可。官方微博、微信及时跟进，把握事态发展脉搏。以"中国环境新闻"微博、微信公众号为例，连续10天每晚23：30左右发布，抓住网民阅读高峰时段，早于报纸、网站，将原环境保护部当天的权威信息及时发布。

第四节 突发水污染事件处置中水利工程运用

近年来，水利工程调度目的和运行方式发生了较大变化，在突发性水污染事件应急处置中效果显著。2004年3月，四川沱江因企业违法排污而造成严重水污染事件，四川省水利厅通过都江堰和三岔水库紧急实施跨流域调水，取得了较好效果，减轻了污染危害。2005年5月下旬，为应对太湖蓝藻暴发造成的无锡市供水危机，水利部"引江济太"，急调长江清水注入太湖，使直接受水的太湖水域水质明显好转。2005年6月，巢湖也出现蓝藻暴发迹象，当地水利部门利用凤凰颈排灌站闸门，经近百公里将长江水调入巢湖，使巢湖东半湖水质得到明显好转。2006年1月，为应对黄河支流洛河油污染事件，黄委在凌汛情况下适时调整调度方案，对干流小浪底水库和支流洛河故县水库联合调度，为事件的处置争取了时间，减轻了污染危害。一系列针对水污染事件的应急调度表明，水利工程能够在突发水污染事件的防范和处置中发挥重要作用。

一、水利工程应急运用一般方式及作用

根据突发性水污染事件的性质和应急需要，可采取以下几种运用方式。

(一)"拦"水

主要通过水利工程的调度，关闭水利工程闸门或下降水利工程闸门，减少或断阻水污染发生河段上游水利工程下泄的清水流量，减缓污染带向下游推进的流速，为下游采取污染物拦截、防治措施争取时间。2006年"1·5"洛河水污染事件应急处置中，黄委通过水量调度关闭污染源上游伊河陆浑水库、洛河故县水库闸门，减缓了污染团在洛河的推进速度，为当地政府采取污染物拦截、防治措施争取了时间，使进入洛河下游和黄河的污染物数量减少。

(二)"排"水

主要通过水利工程的调度，启动水污染发生河段上游水利工程闸门泄水或加大水污染发生河段上游水利工程的下泄流量，以稀释污染带、污染团或使其快速通过某一敏感水域(如城市供水水源地)。2005年"11·3"松花江重大水污染事件处置中加大丰满、尼尔基水利工程泄流，洛河水污染事件应急处置中将小浪底水库下泄流量由275m³/s加大到600m³/s等，对稀释污染团、降低污染物浓度起到了积极作用。放水冲污或稀释污染团对水污染事件处置一般具有良好的效果，但在平时河道污染较重、河道内沉积污染物较多的情况下，也可能效果有限。2006年9月8日，湖南省岳阳县城饮用水源地新墙河发生水污染事件，当地政府按照通常防控方法从上游大量调水稀释，但两天过去后，取水口砷浓度仍然居高不下。经进一步核查，发现大量含砷污染物沉淀在新墙河底泥中，原因是调水冲刷后，底泥中存积多年的砷污染物被释放出来。在北方河流特别是支流的某些河段和城市下游河段，这种情况有可能出现。

(三)"引"水

引水实际也是一种调水，只不过是通过调度其他水域的水到另一水域，以达到稀释污染、改善水质的目的。2007年无锡水污染事件中，太湖管理局通过实施大流量"引江济

144

太"，紧急启用常熟水利枢纽泵站从长江应急调水，又与江苏省人民政府防汛抗旱指挥部、无锡市人民政府紧急会商，最大限度地加大望虞河引江入湖水量，长江引水量和入太湖水量均较大幅度增加。通过大流量"引江济太"，太湖水量得到了有效补给，太湖水位维持在较高水平，有效减轻了此次水污染事件造成的危害。

（四）"截"污或"引"污

从对水流的处置形式上讲，其实质是"拦"水或"引"水的特例，其差异在于"拦"水或"引"水一般是对"清"水的处置，"截"污是对污水团或严重污染水体的处置，是为防止下游重要水源的污染，针对一些毒性较大、难以处理及污染物浓度特高的污染团采取的一种应急处置方法。该方法主要是在有闸、坝控制的河道上，通过闸、坝的控制调节，对污水进行拦蓄，有计划排放或过坝溢流、自然复氧，可降解有机污染物，减轻水污染；或采取引流方式将污染团导引出流动水域，利用岸边有利洼地将污染团暂时缓存，然后进行处理的一种方式。在2007年广西那蒙江水污染事件的处理过程中，就是采用拦蓄污水、控制排放和过坝溢流的方法，使污水慢慢下泄、自然稀释、自然降解、自然复氧、自然净化的。受多方面因素的制约，该方式在突发水污染事件应急处置中一般仅使用在较小的支流上，可使主干流免受或少受水污染事件的危害。但是，该方式将给污水暂时存放水域或地域内及周边的居民生活生产及生态环境造成影响，采用时应非常慎重。同时，要在评估的基础上做准备，并在采用时注意对居民的宣传和转移。

二、多种工程情况下的运用

（一）单工程运行

采取单一工程进行应急处置，其调度运行不考虑其他水利工程调度方式的改变，较易实施，一般在突发较小水污染事件应急处置中比较常见。在发生较大水污染事件时效果可能受到限制，在特殊水期，因考虑防灾或用水保障等方面的需要，此时单一工程调度运行的实施难度会相应增加。

（二）多工程联合运行

主要是采取两个或两个以上水利工程联合调度运行进行应急处置的一种方法。采取多工程联合调度运行时，可以根据具体情况采取相同或几种不同的调度运行模式，以达到减少污染危害的效果，也可以兼顾多方面安全需要。松花江重大水污染事件应急处置中，采取丰满、尼尔基水利工程加大下泄的方式稀释污染物，收到了较为满意的效果。在2006年"1·5"洛河水污染事件应急处置中，关闭了污染源上游伊河陆浑水库、洛河故县水库闸门，减缓了污染团在洛河的推进速度，为采取消除污染措施提供了时间，减少了污染物进入黄河干流的数量；同时，小浪底水库加大下泄流量，对进入黄河干流的污染团进行稀释，降低了污染物浓度，加快了污水运行速度，最后取得了较好效果。

（三）临时工程的建设使用

在突发水污染事件应急时，可能需要临时建设一些水利工程，这些工程一般规模较小，应急结束后一般不再保留。2006年6月12日，山西省繁峙县境内发生了煤焦油泄漏水污染事故，当地政府为了将污水最大限度地拦截在山西境内，在遭受污染的15 km河道内共修筑了58座拦污坝，层层拦污，将重度污水和中度污水拦截在山西省境内，减轻了对下游河北省的污染。

第五节　常见突发环境污染事件现场处置技术及措施

突发环境事件发生后，污染物质通过水、大气和土壤等介质，迁移、转化和累积进入环境，对生态环境带来短期和长期的影响，并对人身健康和财产安全造成损失。突发环境事件的现场处置是一项综合性、系统性、专业性比较强的工作，其核心要素就是要根据突发环境事件的特点，科学地组织各类应急救援队伍，充分发挥各自的专业优势，统一、有序地开展现场救援和处置，最终实现有效控制和消除事件影响的目的。

根据发生的原因，突发环境事件可分为安全生产事故引发的环境污染事件、交通事故引发的环境污染事件、自然灾害引发的环境污染事件和企事业单位违法排污引发的环境污染事件等；根据污染对象，突发环境事件一般分为突发水污染事件、突发大气污染事件、突发土壤污染事件、突发噪声与震动污染事件等。针对不同的突发环境事件，采取不同的现场处置方法及时有效地进行处置，以最大限度地降低危害、减少损失。本节针对发生频率高、社会影响大的饮用水源突发环境事件、跨界突发水环境事件、毒气泄漏突发环境事件、交通事故引发的突发环境事件、危险废物突发环境事件和重金属突发环境事件，对预防、处置原则和处置方法进行介绍。

一、现场处置基本程序

现场调查处置工作比较复杂，现场处置人员应根据事件的类别、性质作具体处理。总体步骤如下所述。

（1）到达现场后首先组织人员救治病人。

（2）进一步了解事件的情况，包括污染发生的时间、地点、经过和可能原因、污染来源及可能污染物、污染途径及波及范围、污染暴露人群数量及分布、当地饮用水源类型及人口分布、疾病的分布以及发生后当地处理情况。

（3）形成初步印象，根据以下几种污染特点，确定污染种类。

① 化学性污染

工业为主的污染如造纸、电镀厂等集中排污，冶炼废渣浸泡后突发排放。农业污染为主的如突发农药、沉船造成的河水污染农田施农药后暴雨入河污染，化学性污染健康危害多为急性化学性中毒。

② 生物性污染

生活污染为主的污染和医院污水排污污染，其健康危害多为急性肠道传染病。

③ 化学性与生物性混合污染

健康危害，同时包括急性中毒和急性传染病等。

（4）开展现场调查工作

① 个案调查

全面掌握健康危害特点及相关因素，如有病例要进行详细调查，尤其对首发病例要进行横断面和回顾性流行病学调查，寻求因果关系。

② 污染源调查

根据源水水系寻找、排查污染源；根据原料、生产工艺和排污成分寻找可疑污染物，并估算排污量；对事故发生地周围环境(居民住宅区、农田保护区、水流域、地形)做初步调查。

③ 环境监测

环境监测人员要测量水流速度，估算污染物转移、扩散速率。采集水(包括污染水体和出厂水、末梢水和有关的分散式供水)底质、土，必要时采集蔬菜样品等进行可疑污染物成分的检测，并根据毒物量、水流速度、江河湖库断面/水深(截面积)计算可能污染的范围，在污染源下游和饮用水水源地附近设点，同时在上游设对照点进行监测。

④ 生物材料检测

对病人和正常人的血、尿、发等进行有关可疑污染物监测；有关微生物和可疑致病菌的检测；必要的毒性试验。同时调查饮水、饮食情况，采集直接饮用的缸水、开水、食物等相关样品进行检测。

(5) 提出调查分析结论和处置方案

根据现场调查和查阅有关资料并参考专家意见，提出调查分析结论。调查分析结论应包括该事故的污染源、污染物、污染途径、波及范围、污染暴露人群、健康危害特点、发病人数、该事故的原因、经过、性质及教训等。向现场事故处理领导小组提出科学的污染处置方案，对事故影响范围内的污染物进行处理处置，以减少污染。

二、涉饮用水源、跨界流域突发环境污染事件应急处置措施

(一) 预防和处置原则

(1) 充分考虑现实环境风险，合理划分饮用水水源保护区，采取预防性保护措施。

(2) 加强对饮用水保护区日常监控，及时排除隐患。

(3) 加强环保、水利、交通等部门的信息交流和监测，做好早期预警。

(4) 事件发生后及早报告，及早采取初期处置措施。

(5) 及早通报下游可能受污染的对象，特别是可能受到影响的取水口、用水单位和群众，以便及时采取防范措施。

(6) 及早采取一切措施控制污染影响，避免波及事发地及下游饮用水水源，及时消除污染影响。

(7) 及时、准确发布信息，消除群众的疑虑和恐慌，积极防范污染衍生的群体性事件，维护社会稳定。

(二) 现场应急处置措施要点

(1) 加强对流域断面水质异常情况的预警。当污染因子浓度超过水环境功能区划要求或规定，污染因子浓度明显超过日常监测水平，流量突然变大和鱼、虾、水生植物等动植物大量死亡，人因饮水而中毒，水的感官(视觉、嗅觉)出现明显异常等情况时，上下游环境保护部门要及时组织对水域、重点支流、饮用水源地以及沿岸重点污染源水质水量实施加密监测，并及时预警。

(2) 调查流域基本情况，明确保护目标和基本风险状况。包括流域构成，环境功能区划情况，支干流水文资料，主要引水工程或调水段及其输水、调水情况，重要饮用水水源地和重点控制城市(向水体直接排污的城市)等情况。

(3) 上下游环境保护部门对流域污染源进行排查，确定污染原因、污染范围和程度，建议政府采取措施减轻或消除污染。

(4) 开展监测与扩散规律分析。上下游环境保护部门确定联合监测方案，组织有关专家，对污染扩散进行预测和预报，密切跟踪事态变化趋势，为政府决策提供技术支持。

（5）加强对流域内出现重大涉水污染事故等突发环境事件的信息监测（企业污水处理系统、城市污水处理厂等污染源不正常排放，因企业爆炸或泄漏、运输过程等而导致向河流排入污染物），采取措施及时控制污染源。

（6）在发生或可能发生跨界突发水环境事件时，上下游政府加强协调、合作，及时整合资源，开展处置工作：

① 督促水利部门限制引水量，控制水库下泄流量，实施水利调控措施，制定环境用水调度方案。

② 实施采取拦污、导污、截污措施，减少污水排放量和控制污染影响范围。

③ 采取各种措施，减轻或消除污染。

④ 引水期间，对所有排污口进行封堵，对河道沉积的污染物进行清理，确保输水河道形成清水廊道，避免因引水而导致受纳水体污染。

⑤ 根据水污染预警信息，提前做好水源备用和防止重大供水污染事故的应急工作，保证水厂水质。

⑥ 对废水排放企业实施停产、停排或限产、限排。

三、毒气泄漏环境污染事件应急处置措施

（一）预防和处置原则

（1）加强企业日常安全防范。有毒有害化学品生产、储存、使用、运输等环境风险源单位按照有关规定，制定切实可行的事故应急救援预案，并采取预防性保护措施。

（2）加强日常监控。安监、环保、公安、交通等部门加强对有毒有害化学品生产、储存、使用、运输等环境风险源单位的监督管理工作，督促存在问题单位及时排除隐患。

（3）加强安监、环保、公安、交通等部门的信息交流和监测，做好早期预警。

（4）事件发生后及早报告，及早采取初期处置措施。

（5）遵循"以人为本、救人第一"的原则，积极抢救已中毒人员，立即疏散受毒气威胁的群众。

（6）做好现场应急人员的个人防护，制定现场安全规则，禁止抢险现场的不安全操作。

（7）采取一切措施，迅速阻止有毒物质泄漏。

（8）提早采取一切措施控制和消除污染影响。在保证人员安全的前提下，积极实施扩散、稀释、降解、吸附等人工干预，迅速降低毒气浓度。

（9）及时、准确发布信息，消除群众的疑虑和恐慌，积极防范污染衍生的群体性事件，维护社会稳定。

（二）现场应急处置措施要点

（1）相关部门接到毒气事故报警后，必须携带足够的氧气、空气呼吸器及其他特种防毒器具，在救援的同时迅速查明毒源，划定警戒区和隔离区，采取防范二次伤害和次生、衍生伤害的措施。

（2）调查事故区和毗邻区基本情况，明确保护目标和基本风险状况。包括居民区、医院、学校等环境敏感区情况，上下风向等气象条件，其他相似隐患等。

（3）开展监测与扩散规律分析。根据污染物泄漏量、各点位污染物监测浓度值、扩散范围，当地气温、风向、风力和影响扩散的地形条件，建立动态预报模型，预测预报污染态势，以便采取各种应急措施。

（4）积极采取污染控制和消除措施。应急救援人员可与事故单位的专业技术人员密切配合，采用关闭阀门、修补容器和管道等方法，阻止毒气从管道、容器、设备的裂缝处继续外泄。同时对已泄漏出来的毒气必须及时进行洗消，常用的消除方法有以下几种：

① 控制污染源。抢修设备与消除污染相结合。抢修设备旨在控制污染源，抢修越早受污染面积越小。在抢修区域，直接对泄漏点或部位洗消，构成空间除污网，为抢修设备起到掩护作用。

② 确定污染范围。做好事故现场的应急监测，及时查明泄漏源的种类、数量和扩散区域。污染边界明确，洗消量即可确定。

③ 控制影响范围。利用就便器材与消防专业装备器材相结合。对毒气事故的污染清除，使用机械设备、专业器材消除泄漏物具有效率高、处理快的明显优势。但目前装备数量有限，难以满足实践需要，所以必须充分发挥企业救援体系，采取有效措施控制污染影响范围。通常采用的方法有三种：

a. 堵。用针对性的材料封堵下水道，截断有毒物质外流以防造成污染。

b. 撒。用具有中和作用的酸性和碱性粉末抛撒在泄漏地点的周围，使之发生中和反应，降低危害程度。

c. 喷。用酸碱中和原理，将稀碱（酸）喷洒在泄漏部位，形成隔离区域。常见的毒气与可使用的中和剂见表5-3。

表5-3　常见的毒气与可使用的中和剂

毒气名称	中和剂	毒气名称	中和剂
氨气	水	液化石油气	大量的水
一氧化碳	苏打等碱性溶液、氯化铜溶液	氰化氢	苏打等碱性溶液
氯气	硝石灰及其溶液、苏打等碱性溶液	硫化氢	苏打等碱性溶液、水
氯化氢	水、苏打等碱性溶液	光气	苏打、碳酸钙等碱性溶液
氯甲烷	氨水	氟	水

④ 污染洗消处理

利用喷洒洗消液、抛洒粉状消毒剂等方式消除毒气污染。一般在毒气事故救援现场可采用三种洗消方式。

a. 源头洗消。在事故发生初期，对事故发生点、设备或厂房洗消，将污染源严密控制在最小范围内。

b. 隔离洗消。当污染蔓延时，对下风向暴露的设备、厂房，特别是高大建筑物喷洒洗消液，抛撒粉状消毒剂，形成保护层，污染降落物流经时即可产生反应，降低甚至消除危害。

c. 延伸洗消。在控制住污染源后，从事故发生地开始向下风方向对污染区逐次推进全面而彻底的洗消。

四、交通事故类突发环境事件应急处置措施

据统计，近几年由交通事故引发的突发环境事件已约占危险化学品泄漏事故总次数的30%。危险化学品运输车辆的流动性和运输危险化学品的不确定性，给应急处置工作带来很大难度。

（一）预防和处置原则

（1）加强危险化学品运输监管。根据《危险化学品管理条例》的规定，公安部门负责对危险化学品道路运输安全进行监督管理。主要内容有规定运输计划和车辆行驶路线、行驶状态，杜绝超速行驶、超时驾驶等行为，防止和减少运输事故，对有关运输工具进行跟踪，并在发生紧急情况时及时展开救援，降低环境敏感区域环境风险。

（2）开展流动风险源信息监控工作。加强多部门信息交流、监测，重点掌握运输物品名称、数量、包装方式、运输车辆类型、行驶路线和时间等基础信息及交通事故信息。

（3）加强早期预警。事件发生后及早报告，及时采取处置措施。

（4）遵循"以人为本、救人第一"的原则。积极抢救已中毒人员，必要时疏散受污染威胁的群众。

（5）采取必要措施。积极预防和控制污染物泄漏、起火、爆炸等次生事故和污染事件。

（6）根据交通事故泄漏污染物的危险性质，做好现场应急人员的个人防护，制定现场安全规则，禁止抢险现场的不安全操作。

（7）制定考虑环境保护要求的交通事故应急救援预案，加强环保、公安、交通等部门的联动。

（8）按照环境安全标准，收集、清理和无害化处理受污染介质。

（9）及时、准确发布信息，消除群众的疑虑和恐慌，积极防范污染衍生的群体性事件，维护社会稳定。

（二）现场应急处置措施要点

1. 划定紧急隔离带，实施交通管制

一旦发生危险化学品运输车辆泄漏事故首先应由交警部门对道路进行戒严，在未判明危险化学品种类、性状、危害程度时，严禁通车。

2. 判明危险化学品种类

立即进行现场勘察，通过向当事人询问、查看运载记录、利用应急监测设备等方法迅速判明危险化学品种类、危害程度、扩散方式。根据事故点地形地貌、气象条件，依据污染扩散模型，确定合理警戒区域，采取防范二次伤害和次生、衍生伤害的措施。

3. 调查事故区和毗邻区基本情况，明确保护目标和基本风险状况

迅速查明事故点的周围敏感目标，包括1km范围内的居民区(村庄)、公共场所、河流、水库、水源、交通要道等。为防止污染物进入水体造成次生污染和群众转移做好前期准备工作。

4. 开展监测与扩散规律分析

根据污染物泄漏量，各点位污染物监测浓度值，扩散范围和当地水文、气象、地理等信息，建立动态预报模型，预测预报污染态势，以便采取各种应急措施。

5. 根据交通事故泄漏化学品性质，开展现场处置

在交通事故应急处置工作中，环境保护部门要加强协调、沟通，根据受影响环境敏感目标的保护要求，提供专业指导，采取科学措施，避免因处置措施不当，造成二次污染或污染范围扩大。

（1）气态污染物。修筑围堰后，由消防部门在消防水中加入适当比例的洗消药剂，在下风向喷水雾洗消，消防水收集后进行无害化处理。

（2）液态污染物。修筑围堰，防止污染物进入水体和下水管道，利用消防泡沫覆盖或就

近取用黄土覆盖，收集污染物进行无害化处理。在有条件的情况下，利用防爆泵进行倒罐处理。

（3）固态污染物。易爆品：水浸湿后，用不产生火花的木质工具小心扫起，做无害化处理。剧毒品：穿全密闭防化服佩戴正压式空气呼吸器（氧气呼吸器），避免扬尘、小心扫起收集后做无害化处理。

五、尾矿库泄漏突发环境事件应急处置措施

（一）源头工程

1. 切断污染源

主要以应急封堵－临时加固－永久加固为工作思路。应急封堵是切断污染源的重要措施，主要方法是在破损处安装拱板，以堵住泄漏口；临时加固是在实施永久性治理前，为防止破损处再次泄漏而实施的过渡措施，主要方法是在破损处的内部设置钢架作为支撑点，焊连槽钢和角钢支撑破损处的拱板；永久加固是对破损处存在隐患进行彻底治理、保障其不再出现事故的措施，采取的主要方法是在破损处内部利用水泥钢筋进行整体加固。

2. 事发地小河改道

为防止事发地汇入的小河上游清水流经事发点被河床残留和围堰中渗漏的污染物污染，可先在小河上游建造清水拦截坝，采用钢制波纹管道引流河水，如果波纹管未达到预期效果，可以在河道外侧开挖一条防渗渠，将小河上游清水引入下游未污染河流中。此外，若污染严重，可以启动河道永久性改道工作，通过在原河道和新河道之间砌筑河堤的方式，将河道向远离事发地方向改道（见图5-4）。

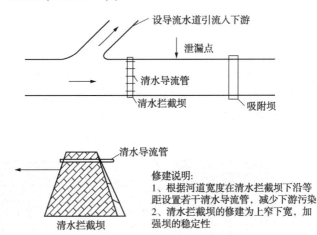

图5-4　河流改道工程示意图

源头污水处理：源头污水的处理包括截流可能经过尾矿库的上游山泉水和拦截破损处外泄的污染水体两种（见图5-5）。

截流可能经过尾矿库的上游山泉水。尾矿库上游可能有山泉水经尾矿库排至小河，为减少事发后山泉水对破损处残留尾矿的持续冲刷，可以铺设PVC管线引流山泉水，但是可能需要水泵提供动力，并且不能实现完全引流。为了能实现山泉水自流排入小河，可考虑在尾矿库上游建设自流蓄水池，架设自流管道，截流山泉水不再进入尾矿内。

拦截破损处外泄的污染水体。使用挖掘机等大型机械，在尾矿库破损处下方建设简易的

围堰和沉淀池，这些池子也可做为投药降污的反应池。

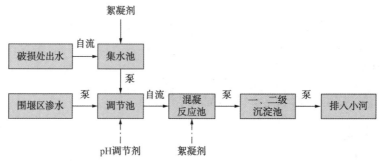

图 5-5 源头污水处理流程图

(二) 小河工程

1. 拦截污水

按水流方向利用填充活性炭等的麻袋等迅速建立若干道拦截坝，减缓污染物扩散速度（见图 5-6）。

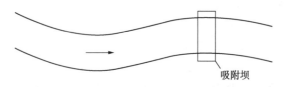

小水量——直接截流筑坝

图 5-6 直接截流筑坝示意图

2. 投药降污

根据污染量沿小河流方向设置多级工程投药点。在投药点前 50m 处投加调节 pH 的药品，调节 pH 值（具体数值由具体污染物决定）；根据流量和污染物浓度数据，在水流湍急区投加适量絮凝剂；在投药点下游 500m 内构筑两级拦水坝作为沉淀区（见图 5-7）。投药点的主要构筑物包括溶药池、投药扩散装置及沉淀区，溶药池内加自吸泵进水力搅拌；根据来水水质及实际处置效果，通过运行优化，主要工艺参数根据现场情况确定。

图 5-7 投药现场

3. 水电站落闸

小河下游水电站应落闸蓄水，减少污染水的下泄量以减缓污染物下流速度，促进污染物沉降并为下游启动应急方案争取时间。

4. 河道清淤

为减少沉积污染物的溶解释放，调用工程机械，清理小河的沉积污染物。一是通过加入三合土、生石灰的方法，沉降围堰内的污染物，并清运到选厂弃渣场集中堆放；二是利用小河河段断流时机，集中清理处置污染底泥及岸滩沉积物。三是持续清理各投药点的沉积污染物(见图5-8)。

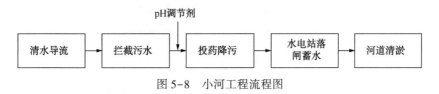

图 5-8　小河工程流程图

(三) 中河工程

在此阶段，以原位混凝去除污染物为主，通过物理及化学手段在构建的拦截工程中使污染物沉淀并去除。

1. 围坝堵截工程

按水流方向利用填充活性炭等的麻袋等迅速建立若干道拦截坝，减缓污染物扩散速度。

2. 絮凝沉淀

在坝体前投加药剂改变水体的 pH 值，并投加絮凝剂降低污染物在水中的浓度；由于单一水利调度减低污染负荷能力有限，同时为控制下游水库与截流区域正常水位，在污染水团没有进入更大水体前应该采取削污措施：如修建应急处置系统，并预备 1 套应急处置系统，降低上游来水污染物浓度，从而减轻下游水库蓄水压力，为下游水库合理的开关闸门提供基础保障。具体可在坝前通过盐酸、硫酸或石灰等调节 pH 值后投加铁盐或铝盐，利用围堰形成的良好水利条件实施沉降，将水体中溶解态污染物通过沉降转移到底泥中。

(四) 大河工程

在此阶段，以科学调水为主，实行水量水质联动实时预测，动态优化调水冲污降污。

1. 减缓下泄

下游水电站应关闭阀门或减少下泄量以减缓污染物下流速度，促进污染物沉降并为下游布设投药点、筑设拦截坝与物资运送争取时间(见图5-9)。

2. 筑坝混匀

在下游两江汇流处后临时搭建软体坝(如橡胶坝)，使两江水混合更加均匀。其目的是蓄水稀释、降低污染峰值从而减小下游投药削污与水厂应急处置压力(见图5-10)。

水利工程调度运用作为处置突发性水污染时间的重要手段，具有独特优势。在原位削沉污染物前提下，针对下游河流流量变化情况，制定合理的水库水位调节计划，通过合理开关水库闸门，减少单位时间内进入下游的污染物总量，为下游组织实施应急处置措施赢得了时间。同时将原有集聚的污染团稀释、分段，形成连续、低浓度波峰，通过投药与河流自然沉降作用，保障下游水体在应急工作进行期间可以达到地表水环境质量标准。

图 5-9　压力管道投药

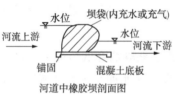

原河道

河道中橡胶坝俯视图

河道中橡胶坝剖面图

修建说明：
橡胶坝是使用胶布按照设计规定的尺寸,锚固定于地板上成封闭状坝袋,用水或气充胀形成的袋式挡水坝,如左图所示。坝袋充水(或气)后,作用在坝体上的水压力,通过锚固螺栓传递到混凝土基础底板上,使坝袋得以稳定。不需要挡水时,放空坝袋内的水(或气),便可恢复原有河渠的过流断面

图 5-10　橡胶坝示意图

六、石油类突发水环境污染事件应急处置措施

石油的主要成分是各种烷烃、环烷烃、芳香烃的混合物；其密度为 $0.8 \sim 1.0 \mathrm{g/cm^3}$，黏度范围很宽，凝固点差别很大（$-60 \sim 30 ℃$），沸点范围为常温条件下到 $500 ℃$ 以上，可溶于多种有机溶剂，不溶于水，但可与水形成乳状液。石油污染水体的处理主要有以下三种方法：

（1）物理处理法。使用清污船及附属回收装置、围油栏、吸油材料及磁性分离等。

（2）化学处理法。燃烧、使用化学处理剂（如乳化分散剂、凝油剂、集油剂、沉降剂）分离等。

（3）生物处理法。人工选择、培育，甚至改良这些噬油微生物，然后将其投放到受污海域，进行人工石油烃类生物降解。

化学法需要投加药剂，可能会产生二次污染，生物处理法效果虽好但是处理时间缓慢不适合应急处理，因此物理吸附法应该是石油污染水体的应急处理的主要方法。当石油泄漏在水中时大多是浮在水面上的，可通过围油栏将油收集起来，少量乳化油、半乳化油等可投加活性炭吸附去除。常见的吸附材料见表 5-4。

表 5-4　吸附剂类别及吸油性能比较

种类	吸油剂名称	吸附对象	吸附能力/(g·g^{-1})
无机吸油剂	粉末活性炭	石油	12
	蛭石	植物油和机油	3.5 和 3.8
	膨润土	机油	0.15~0.176
合成吸油剂	废旧轮胎	石油	2.2
	聚丙烯	石油	7~9
天然吸油剂	大麦秸秆	原油	11.23~12.2
	稻壳	重油	6
	羊毛纤维	轻质原油	32~33

（一）所需材料及设备

车辆类：抢修车辆、油品车、消防车、救护车、铲车、挖掘机等。

设备类：电焊机、钻井机、车载油水分离器、发电机、潜水泵、排污泵等。

材料类：麻袋、果壳活性炭、铁锹及塑料桶、防渗薄膜、土工布、承压塑料管、承压塑料软管、排污管道、围油栏、吸油毡、吸油剂(依油的种类及取用方便来选取)、凝油剂(温度低时使用)、高效菌(随水流走未能拦截的石油处理)等。

检测设备类：油气检测仪、红外光度测油仪、水质检测仪等。

人员防护类：防火服、空气呼吸器等。

（二）处置步骤

1. 现场控制

（1）接警。各级人员接事故报告后，立即到相应的岗位待命。

（2）停输。迅速关闭断裂段最近两端阀门。当有油品大量外泄时，现场总指挥根据泄漏情况，通知井站人员迅速停泵，停止输送油品，关闭输油阀门。

（3）堵漏。接事故报告后，组织抢修组按泄漏部位特点到事故现场进行现场带压堵漏。

（4）截流。由于输油管道的河流溢出后进入土堤，又从岸边流入河流，为了截住流入河流的溢油，应该在溢油地区沿河边挖一条集油沟。

（5）水厂取水口的保护。立即通知附近的水厂在其取水口处布置一些吸油毡，降低水厂进水的油污含量。

（6）人员抢救。事故现场若有人员伤亡，立即组织现场抢救并拨打"120"送入最近医院抢救。

（7）隔离警示。将抢修现场用警戒绳围起来，并悬挂有关警示用语的标志牌。

（8）现场消防。在抢修施工现场的上风口处，根据施工的危险程序，请求当地消防队，配备一定数量、性能可靠的、符合油品灭火功能要求的消防器材或消防车。

（9）安排专人进行现场监护和救护。

（10）人身安全防护。作业人员要穿戴好防火服等防护用品。

（11）对抢修现场进行全面彻底的检查，确认没有火种及其他隐患后进行环境治理。

2. 三级污染防控

（1）第一级防控

所需材料及设备：油品车、挖掘机、推土机、铁锹及塑料桶等。

防控措施：

① 泄漏点周围挖去被污染土壤后，若在堵漏同时，还有石油泄漏溢出，将泄漏的石油用铁锹、桶等工具及时回收。

② 泄漏点周围几百米（视具体情况而定）以内的所有井盖密封严实，不得有石油下渗井内产生次带生污染的其他情况。

③ 在泄漏点周围挖坑对周围流动扩散的石油进行截流，阻止其继续扩散。

（2）第二级防控

所需材料及设备：铁锹、塑料桶、土工布、挖掘机等。

防控措施：

① 在泄漏点挖导流渠。

② 把土工布铺设在截流坑、导流渠内，防止石油下渗污染地下水。

③ 将流动扩散的泄漏石油通过导流渠集聚在截流坑内。

（3）第三级防控

所需材料及设备：围油栏、引流坝、凝油剂、吸油毡以及其他的吸附材料。

防控措施：

① 若两级防控未能达到防控要求，污染附近的河流水体采用"围""堵""收"的方法控制河流水体的污染范围。

② 利用固定的水泥桩或岸边大树、建筑物等先固定围油栏两端，再将围油栏放入水中，将河面的石油集聚于围油栏内。

③ 在围油栏内的河面区域铺满吸油毡，吸收河面漂浮的石油。

④ 将流入坝中的油水混合物引到装有颗粒活性炭的麻袋堵住的一侧使其被吸附。

3. 实施步骤（见图 5-11）

（1）堵漏。根据输油管道的漏油方式选择不同堵漏方案。

（2）岸边截流。组织应急人员沿河边挖一条集油沟。

（3）控制扩散。在漏油河流下游逐段设置若干道围油栏，并在靠近围油栏的地方修引流坝，以控制石油的扩散。

（4）引流。将流入坝中的油水混合物引到装有颗粒活性炭的麻袋堵住的一侧使其被吸附；若油多时可以同时用泵抽取水面油污，以达到更好的吸附效果。

（5）吸附。然后用吸油毡吸附水中的溢油，若没有吸油毡也可使用前面提到的一些其他常见吸附材料；若天气恶劣，围油栏等设施收油效果不佳的情况下可利用抛洒凝油剂、人工打捞等方式来控制污染物下移。

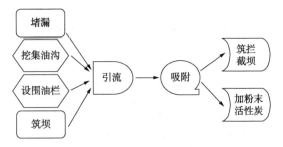

图 5-1　处理流程图

（6）最终处理。最后还有未被围油栏围住的油可视以下情况处理：

① 若被污染的水流入小溪小河，则可以利用桥洞在桥的背水面修筑拦截坝去除，没有桥等水上建筑时，则可以在两岸边打桩用来固定拦截坝以达到目的。

② 若被污染的水流入大江大河，则需要投加粉末活性炭去除，必要时可投加高效菌。

4. 主要措施与设备的使用

（1）围栏法

购买围油栏后将围油栏放入水中，并将围油栏两头固定在岸边，选用水泥桩，粗钢丝绳与围油栏和水泥桩之间相连，围油栏可以很好地对抗较大风波。

（2）引流坝的做法

在岸边挖个大坑，进水的一侧坑边比围油栏浸入水中的深度略深一点，出水的一侧挖掉坑边与下侧的水接通，在该坑边的位置处用装有颗粒活性炭的麻袋封堵住（见图 5-12）。

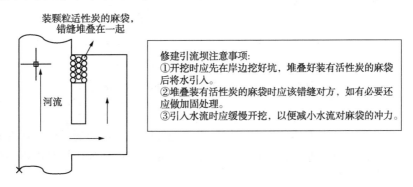

图 5-12　引流坝的示意图

（3）集油沟的做法

沿着河边用挖掘机和人工开挖的方式挖一条两边高、中间低的沟（见图 5-13）。

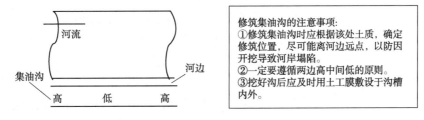

图 5-13　集油沟的示意图

（4）拦截坝的做法

用钢管和扣件搭建一个框架，将钢管固定于岸边或将钢管固定于桥的背水面，搭建的框架分几层，然后将装有颗粒活性炭的麻袋固定于该框架中，即为拦截坝（见图 5-14）。

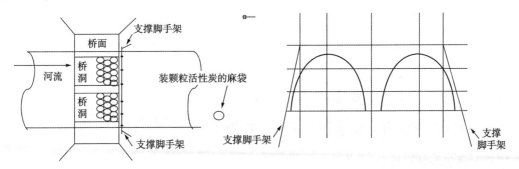

图 5-14　利用桥洞的拦截坝示意图

157

方格脚手架搭建拦截坝注意事项(见图5-15):

① 搭设过程中要及时设置斜撑杆、剪刀撑以及必要的加固结构。

② 严格按规定的构造尺寸进行搭设,一定要遵循横平竖直的原则。

③ 采用脚手架制作吸附坝的形式,最高高度只能达到5m。

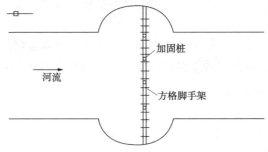

图5-15　方格脚手架搭建的拦截坝示意图

(5) 吸附法

在吸附时可以同时使用吸油毡和吸油剂以提高处理效果,吸油剂一般选活性炭,若购买不方便则可就地取材选择大麦秸秆、稻壳、小麦秸秆或玉米秸秆等代替活性炭来吸附石油。

吸油毡的使用方法:

① 使用吸油毡时,操作人员可以在船上或岸上向水面抛洒。最好能将吸油毡直接投放在溢油上,尽量向溢油多的地方投放,并且最好加以搅动以便吸收更多的溢油。投放吸油毡应适量,使吸油毡处于吸油饱和状态。吸油毡的吸油量达到饱和后,应尽快捞出水面,避免长时间停留在水中。

② 使用吸油毡时,不能同时使用溢油分散剂,以免降低吸油毡的吸油能力。

③ 依据溢出油量、海况与气象、流速与流向及时使用和及时回收吸油毡,少量吸油毡可乘小船人工捕捞。投放吸油毡数量大时,可用作业船拖带网袋进行回收。

吸油毡吸油后的处理:

吸油毡吸油后,可将油挤出后重复使用,用完后的吸油毡最终采用燃烧法处理。回收后的吸油毡应及时集中用焚烧炉进行焚烧处理,防止二次污染。

活性炭的使用方法:

① 粉末活性炭可直接用铁锹和盆等工具抛洒于水中。

② 颗粒活性炭应该用麻袋装起来固定于水中。

注:市场上活性炭一袋25kg,而且厂家包装的是编织袋,里面有一层塑料膜,在投加前,需要将活性炭翻袋,然后换袋,现场应准备快速缝带口的工具或者把里面的塑料膜给拿开。

其他吸附材料的使用方法:

① 大麦秸秆、小麦秸秆和玉米秸秆等应该捆扎成一捆一捆的放入水中,便于吸附完油污后打捞。

② 稻壳类似于活性炭,可装入麻袋中使用。

七、危险废物突发环境事件应急处置措施

(一) 预防和处置原则

(1) 加强危险废物日常监管。各级环境保护部门要严格执行危险废物申报、危险废物转

158

移联动、危险废物处置经营许可、危险废物集中无害化处置等制度，防止危险废物违法违规处置、丢弃、监管失控等情况发生。

（2）开展对产生危险废物单位、临时储存场所、处置场所等风险源的信息监控工作。

（3）加强早期预警，事件发生后及早报告，及时采取处置措施。

（4）遵循"以人为本、救人第一"的原则，积极抢救已中毒人员，必要时疏散受污染威胁的群众。

（5）采取必要措施，积极预防和控制废弃污染物泄漏、起火、爆炸等事故次生安全和污染事件。

（6）根据危险废物危险性质，做好现场应急人员的个人防护，制定现场安全规则，禁止抢险现场的不安全操作。

（7）按照环境安全标准，收集、清理和无害化处理受污染介质。

（8）及时、准确发布信息，消除群众的疑虑和恐慌，积极防范污染衍生的群体性事件，维护社会稳定。

（二）现场应急处置措施要点

1. 警戒与治安

事故应急状态下，应在事故现场周围建立警戒区域，维护现场治安秩序，防止无关人员进入应急现场，保障救援队伍、物资运输和人群疏散等交通畅通，避免发生不必要的伤亡。

2. 人员安全及救护

明确紧急状态下，对伤员现场急救、安全转送、人员撤离以及危害区域内人员防护等方案。

以下情况必须部分或全部撤离：①爆炸产生了飞片，如容器的碎片和危险废物。②溢出或化学反应产生了有毒烟气。③火灾不能控制并蔓延到厂区的其他位置，或火灾可能产生有毒烟气。④应急响应人员无法获得必要的防护装备情况下发生的所有事故。

撤离方案应明确保障单位/厂区人员出口安全的措施、撤离的信号方式（如报警系统的持续警铃声）、撤离前的注意事项（如操作工人应当关闭设备等）、发出撤离信号的权限（如事故明显威胁人身安全时，任何员工都可以启动撤离信号报警装置）、撤离路线及备选撤离路线、撤离后进行人员清点等。

3. 现场处置措施

明确各事故类型的现场应急处置的工作方案。包括现场危险区、隔离区、安全区的设定方法和每个区域的人员管理规定；切断污染源和处置污染物所采用的技术措施及操作程序；控制污染扩散和消除污染的紧急措施；预防和控制污染事故扩大或恶化（如确保不发生爆炸和泄漏，不重新发生或传播到单位/厂区内其他危险废物）的措施（如停止设施运行）；污染事故可能扩大后的应对措施；有关现场应急过程记录的规定等。

现场应急处置工作的重点包括：①迅速控制污染源，防止污染事故继续扩大，必要时停止生产操作等。②采取覆盖、收容、隔离、洗消、稀释、中和、消毒（如医疗废物泄漏时）等措施，及时处置污染物，消除事故危害。

4. 紧急状态控制后阶段

事故得到控制后，应急人员必须组织进行后期污染监测和治理，包括处理、分类或处置所收集的废物、被污染的土壤或地表水或其他材料；清理事故现场；进行事故总结和责任认定；报告事故；在清理程序完成之前，确保不在被影响区域进行任何与泄漏材料性质不相容的废物处理储存或处置活动等安全措施。危险固废无害化处置技术及回收利用的方法主要有：焚烧法、固化法、化学法和生物法。

八、重金属突发环境事件应急处置措施

重金属突发环境事件按发生的形式一般分为两种：一是污染源突然集中排放，引起重金属在土壤、空气、水体的含量急剧升高，从而超过安全水平，对生态系统和人身健康构成威胁和影响。二是重金属通过长时间在土壤、空气、水体的传递、扩散、积累，并在植物、动物组织中富集，突然显现人群发病、动植物畸变等对生态系统造成的破坏和影响。此类事件对人体健康危害大，处置复杂，持续时间较长，极易引发群体性事件。

（一）预防和处置原则

（1）综合防控，积极预防和控制重金属污染。将重金属污染作为影响可持续发展和危害群众健康的突出环境问题优先解决。调整和优化产业结构，编制重金属污染防治规划，强化执法监督和责任追究，在整治历史遗留问题的同时，积极预防新的污染产生。

（2）加强早期预警，事件发生后及早报告，及时采取处置措施。建立和完善重金属健康危害及监测制度，特别是对多次反映人员健康问题的上访案件保持密切关注，及早开展调查处理。

（3）遵循"以人为本、救人第一"的原则，积极抢救已中毒人员，必要时疏散受污染威胁的群众。

（4）提早采取一切措施控制污染影响，避免事态扩大。

（5）及时、准确发布信息，消除群众的疑虑和恐慌，积极防范污染衍生的群体性事件，维护社会稳定。

（二）现场应急处置措施要点

1. 初步判断和控制污染源

根据重金属污染的特点、污染方式和途径、污染影响表征等情况，按照排查程序初步判断重金属污染源。采取防止事态扩大的措施，对其进行限产限排或停产禁排，控制和切断污染源。

2. 调查污染事故区和毗邻区基本情况，明确保护目标和基本风险状况

包括居民区、医院、学校、饮用水水源保护区等环境敏感区情况，当地气象条件、水文条件，调查是否还存在其他相似隐患等。

3. 确认重金属污染物的种类和危害范围

通过监测分析，确认污染物及其危害与毒性。在重金属污染企业周边区域广泛布点监测，全面监测水、气、土壤环境质量，准确判断重金属污染物的浓度变化趋势和变化规律、污染范围与程度。开展生物样品检测，对长期受重金属污染的区域内人群、农作物重金属含量进行检测，对环境污染地质病开展流行病学调查。

4. 积极采取降低和消除重金属污染影响的措施

（1）迅速开展人员救治。对受重金属污染侵害的人群，特别是未成年人和涉重金属行业产业工人迅速开展疾病诊断，并根据病情制定救治方案积极组织实施。根据2006年原卫生部发布的《儿童铅中毒分级标准》(试行)：

高铅血症：连续两次静脉血铅水平为 $100\sim199\mu g/L$。

铅中毒：连续两次静脉血铅水平等于或高于 $200\mu g/L$，并依据血铅水平分为轻、中、重

度铅中毒。

轻度铅中毒：血铅水平为 $200 \sim 249 \mu g/L$。中度铅中毒：血铅水平为 $250 \sim 449 \mu g/L$。重度铅中毒：血铅水平等于或高于 $450 \mu g/L$。一般对血检轻度铅中毒以下儿童，在专业医务人员指导下开展饮食干预治疗，多食用牛奶、蔬菜和干果进行排铅。中度铅中毒以上的须住院，接受驱铅治疗。

（2）采取保护和改善环境质量的相应措施。消除和控制重金属污染难度大，持续时间长。一般而言，应对受重金属污染的土壤、场地、地表水、地下水和底泥等采用工程、物理化学、化学、农艺调控措施以及生物修复等修复措施。在事件处置期间，主要是收集、拦截和采用吸附、物化混凝等技术处理含重金属废水，收集、清理、清除和采用氧化、还原、资源综合利用等无害化处理技术处理水体重金属沉积物和含重金属废渣。

（3）广泛开展宣传教育，指导群众科学认识重金属污染，宣传安全防范知识，消除恐慌心理。

（4）信息公开。向社会公布采取的处置措施和取得的阶段性成果，保障人民群众的知情权。在事件前期、中期和后期主动、及时地发布权威信息，引导媒体，避免过度炒作。

九、危险化学品突发环境污染事件应急处置措施

危险化学品由于其不稳定性、易燃易爆性、腐蚀性、毒害性和使用量大，成为导致突发环境污染事件的主体。在第二部分中我们列出了 200 种危险化学品的理化性状、防护和处置方法，本节主要概括性介绍在发生危险化学品泄漏时的基本处置原则和方法。

（一）处置要点

在所有可能产生液态污染物和洗消废水的应急处置过程中，都必须修筑围堰、封闭雨水排口，收集污染物送污水处理系统进行无害化处理。大量生产和使用危险化学品的企业应该有应急池和应急处理装置，一旦发生事故，尽量将污染范围控制在厂区内，减少影响。

（二）切断污染源

1. 危险化学品储罐因泄漏引起燃烧的处置方法

积极冷却、稳定燃烧、防止爆炸，组织足够的力量将火势控制在一定范围内，用射流水冷却着火及邻近罐壁，并保护相邻建筑物火势威胁，控制火势不再扩大蔓延。若各流程管线完好，可通过出液管线和排流管线将物料导入紧急事故罐，减少火罐储量。在未切断泄漏源的情况下，严禁熄灭已稳定燃烧的火焰。在切断物料且温度下降之后，向稳定燃烧的火焰喷干粉，覆盖火焰，终止燃烧，达到灭火目的。

2. 易燃易爆危险化学品储罐泄漏处置方法

立即在警戒区内停电、停火，灭绝一切可能引发火灾和爆炸的火种。在保证安全的情况下，最好的办法是通过关闭有关阀门。若各流程各管线完好，可通过出液管线、排流管线将物料导入某个空罐。如管道破裂，可用木楔子、堵漏器或卡箍法堵漏，随后用高标号速冻水泥覆盖法暂时封堵。

（三）泄漏物处置

控制泄漏源后，及时对现场泄漏物进行覆盖、收容、稀释、处理，使泄漏物得到安全可靠的处置，防止二次污染的发生。地面泄漏物处置方法主要有以下几方面。

1. 围堤堵截或挖掘沟槽收容泄漏物

如果化学品为液体，泄漏到地面上时会四处蔓延扩散，难以收集处理。因此须筑堤堵截

或者挖掘沟槽引流、收容泄漏物到安全地点。储罐区发生液体泄漏时，要及时封闭雨水排口，防止物料沿雨水系统外流。

通常根据泄漏物流动情况修筑围堤拦或挖掘沟槽堵截、收容泄漏物。

常用的围堤有环形、直线型、V形等。如果泄漏发生在平地上，则在泄漏点的周围修筑环形堤；泄漏发生在斜坡上，则在泄漏物流动的下方修筑V形堤；泄漏物沿一个方向流动，则在其流动的下方挖掘沟槽；如果泄漏物是四散而流，则在泄漏点周围挖掘环形沟槽。

修筑围堤、挖掘沟槽的地点既要离泄漏点足够远，保证有足够的时间在泄漏物到达前修好围堤、挖好沟槽，又要避免离泄漏点太远，使污染区域扩大。如果泄漏物是易燃物，操作时应注意避免发生火灾。

对于大型储罐液体泄漏，收容后可选择用防爆泵将泄漏出的物料抽入容器内或槽车内待进一步处置。

如果泄漏物排入雨水、污水或清净水排放系统，应及时采取封堵措施导入应急池，防止泄漏物排出厂外，对地表水造成污染。泄漏物经封堵导入应急池后应做安全处置。

2. 覆盖减少泄漏物蒸发

对于液体泄漏，为降低物料向大气中的蒸发速度，可用泡沫或其他覆盖物品覆盖外泄的物料，在其表面形成覆盖层抑制其蒸发，或者采用低温冷却来降低泄漏物的蒸发。

（1）泡沫覆盖

泡沫覆盖阻止泄漏物的挥发，降低泄漏物对大气的危害和泄漏物的燃烧性。泡沫覆盖必须和其他的收容措施如围堤、沟槽等配合使用。通常泡沫覆盖只适用于陆地泄漏物。

根据泄漏物的特性选择合适的泡沫。常用的普通泡沫只适用于无极性和基本上呈中性的物质；对于低沸点、与水发生反应、具有强腐蚀性、放射性或爆炸性的物质，只能使用专用泡沫；对于极性物质，只能使用属于硅酸盐类的抗醇泡沫；用纯柠檬果胶配制的果胶泡沫对许多有极性和无极性的化合物均有效。

对于所有类型的泡沫，使用时建议每隔30~60min再覆盖一次，以便有效地抑制泄漏物的挥发。如需要，将该过程一直持续到泄漏物处理完。

（2）泥土覆盖

泥土覆盖适用于大多数液体泄漏物，一是可以有效吸附液体污染物，防止污染面积扩大；二是取材方便，并能减少向大气中挥发。

（3）稀释

毒气泄漏事故或一些遇水反应化学品会产生大量的有毒有害气体且溶于水，事故地周围人员一时难以疏散。为减少大气污染，应在下风、侧下风以及人员较多方向采用水枪或消防水带向有害物蒸气云喷射雾状水或设置水幕水带，也可在上风方向设置直流水枪垂直喷射，形成大范围水雾覆盖区域，稀释、吸收有毒有害气体，加速气体向高空扩散。在使用这一技术时，将产生大量的被污染水，因此应同时采取措施防止污水排放排入外环境。对于可燃物，也可以在现场施放大量水蒸气或氮气，破坏燃烧条件。

（4）吸附、中和、固化泄漏物

泄漏量小时，可用沙子、吸附材料、中和材料等吸收中和，或者用固化法处理泄漏物。

① 吸附处理泄漏物

所有的陆地泄漏和某些有机物的水中泄漏都可用吸附法处理。吸附法处理泄漏物的关键是选择合适的吸附剂。常用的吸附剂有：活性炭、天然有机吸附剂、天然无机吸附剂、合成吸附剂。

a. 活性炭是从水中除去不溶性漂浮物(有机物、某些无机物)最有效的吸附剂,有颗粒状和粉状两种状态。清除水中泄漏物用的是颗粒状活性炭。被吸附的泄漏物可以通过解吸再生回收使用,解吸后的活性炭可以重复使用。影响吸附效率的关键因素是被吸附物分子的大小和极性。吸附速率随着温度的上升和污染物浓度的下降而降低。所以必须通过试验来确定吸附某一物质所需的炭量。试验应模拟泄漏发生时的条件进行。

活性炭是无毒物质,除非大量使用,一般不会对人或水中生物产生危害。由于活性炭易得而且实用,所以它是目前处理水中低浓度泄漏物最常用的吸附剂。

b. 天然有机吸附剂由天然产品如木纤维、玉米秆、稻草、木屑、树皮、花生皮等纤维素和橡胶组成,可以从水中除去油类和与油相似的有机物。天然有机吸附剂具有价廉、无毒、易得等优点,但再生困难。

c. 天然无机吸附剂是由天然无机材料制成的,常用的天然无机材料有黏土、珍珠岩、蛭石、膨胀页岩和天然沸石。根据制作材料分为矿物吸附剂(如珍珠岩)和黏土类吸附剂(如沸石)。

矿物吸附剂可用来吸附各种类型的烃、酸及其衍生物、醇、醛、酮、酯和硝基化合物;黏土类吸附剂能吸附分子或离子,并且能有选择地吸附不同大小的分子或不同极性的离子。黏土类吸附剂只适用于陆地泄漏物,对于水体泄漏物只能清除酚。由天然无机材料制成的吸附剂主要是粒状的,其使用受刮风、降雨、降雪等自然条件的影响。

d. 合成吸附剂是专门为纯的有机液体研制的,能有效地清除陆地泄漏物和水体的不溶性漂浮物。对于有极性且在水中能溶解或能与水互溶的物质,不能使用合成吸附剂清除。能再生是合成吸附剂的一大优点,常用的合成吸附剂有聚氨酯、聚丙烯和有大量网眼的树脂。

聚氨酯有外表面敞开式多孔状、外表面封闭式多孔状及非多孔状几种形式。所有形式的聚氨酯都能从水溶液中吸附泄漏物,但外表面敞开式多孔状聚氨酯能像海绵体一样吸附液体。吸附状况取决于吸附剂气孔结构的敞开度、连通性和被吸附物的黏度、湿润力,但聚氨酯不能用来吸附处理大泄漏或高毒性泄漏物。

聚丙烯是线性烃类聚合物,能吸附无机液体或溶液。分子量及结晶度较高的聚丙烯具有更好的溶解性和化学阻抗,但其生产难度和成本费用更高。不能用来吸附处理大泄漏或高毒性泄漏物。

最常用的两种树脂是聚苯乙烯和聚甲基丙烯酸甲酯。这些树脂能与离子类化合物发生反应,不仅具有吸附特性,还表现出离子交换特性。

② 中和泄漏物

中和法要求最终 pH 控制在 6~9,反应期间必须监测 pH 变化。

遇水反应危险化学品生成的有毒有害气体大多数呈酸性,可在消防车中加入碱液,使用雾状水予以中和。当碱液一时难以找到,可在水箱内加入干粉、洗衣粉等,同样可起中和效果。

对于泄入水体的酸、碱或泄入水体后能生成酸、碱的物质,也可考虑用中和法处理;对于陆地泄漏物,如果反应能控制,常常用强酸、强碱中和,这样比较经济;对于水体泄漏物,建议使用弱酸、弱碱中和。

常用的弱酸有醋酸、磷酸二氢钠,有时可用气态二氧化碳。磷酸二氢钠几乎能用于所有的碱泄漏,当氨泄入水中时,可以用气态二氧化碳处理。

常用的强碱有氢氧化钠水溶液，也可用来中和泄漏的氯。有时也用石灰、固体碳酸钠、苏打灰中和酸性泄漏物。常用的弱碱有碳酸氢钠、碳酸钠和碳酸钙。碳酸氢钠是缓冲盐，即使过量，反应后的 pH 也只是 8.3。碳酸钠溶于水后，碱性和氢氧化钠一样强，若过量，pH 可达 11.4。碳酸钙与酸的反应速度虽然比钠盐慢，但因其不向环境加入任何毒性元素，反应后的最终 pH 总是低于 9.4 而被广泛采用。

对于水体泄漏物，如果中和过程中可能产生金属离子，必须用沉淀剂清除。中和反应常常是剧烈的，由于放热和生成气体产生沸腾和飞溅，所以应急人员必须穿防酸碱工作服、戴防烟雾呼吸器，可以通过降低反应温度和稀释反应物来控制飞溅。

如果非常弱的酸和非常弱的碱泄入水体，pH 能维持在 6~9，建议不使用中和法处理。

现场使用中和法处现泄漏物受下列因素限制：泄漏物的量、中和反应的剧烈程度、反应生成潜有毒气体的可能性、溶液的最终 pH 能否控制在要求范围内。

③ 用固化法处理泄漏物

通过加入能与泄漏物发生化学反应的固化剂或稳定剂使泄漏物转化成稳定形式，以便于处理、运输和处置。有的泄漏物变成稳定形式后，由原来的有害变成了无害，可原地堆放不须进一步处理；有的泄漏物变成稳定形式后仍然有害，必须运至废物处理场所进一步处理或在专用废弃场所掩埋。常用的固化剂有水泥、凝胶、石灰。

a. 水泥固化。通常使用普通硅酸盐水泥固化泄漏物。对于含高浓度重金属的场合，使用水泥固化非常有效。许多化合物会干扰固化过程，如锰、锡、铜和铅等的可溶性盐类会延长凝固时间，并大大降低其物理强度，特别是高浓度硫酸盐对水泥有不利的影响，有高浓度硫酸盐存在的场合一般使用低铝水泥。酸性泄漏物固化前应先中和，避免浪费多的水泥。相对不溶的金属氢氧化物，固化前必须防止溶性金属从固体产物中析出。

水泥固化的优点：有的泄漏物变成稳定形式后，由原来的有害变成了无害，可原地堆放不须进一步处理。

水泥固化的缺点：大多数固化过程需要大量水泥，必须有进入现场的通道，有的泄漏物变成稳定形式后仍然有害，必须运至废物处理场所进一步处理或在专用废弃场所掩埋。

b. 凝胶固化。凝胶可以使泄漏物形成固体凝胶体。凝胶必须与泄漏物相容。凝胶材料是有害物，使用时应加倍小心，防止接触皮肤和吸入。形成的凝胶体仍是有害物，必须进一步处置。

c. 石灰固化。使用石灰做固化剂时，加入石灰的同时需加入适量的细粒硬凝性材料，如加入煤灰、研碎了的高炉炉渣或水泥窑灰等。用石灰作固化剂的缺点是形成的大块产物必须转移，石灰本身对皮肤和肺有腐蚀性。

3. 污染物收集

处置中根据泄漏物质性质和形态对不同性质、形态的污染物，采用不同大小和不同材质的盛装装置进行包装收集。

◆带塞钢圆桶或钢圆罐，盛装废油和废溶剂。

◆带卡箍盖钢圆桶，盛装固态或半固态有机物。

◆塑料桶或聚乙烯罐，盛装无机盐液。

◆带卡箍盖钢圆桶或塑料桶，盛装固态或半固态危险物质。

◆储罐适宜于储存可通过管线、皮带等输送方式送进或输出的散装液态危险物质。

污染物收集后，应该安全送至专业处理系统进行处理，杜绝二次污染。

第六章 事后恢复

第一节 环境污染损害评估

一、基本概念

(一) 环境污染损害

1. 环境污染损害的定义

鉴于各环境保护行政法律中的通常用法也适应我国 2010 年 7 月 1 日起实施的《侵权责任法》的最新内容，采用"环境污染损害"术语来统称污染环境造成的所有损害，并将其定义为：因物质或能量的直接或间接介入造成环境改变从而引起的人体健康损害、财物损毁或价值的减少以及环境(生态)的损害或不利于人类活动的变化。同时，按照法律上通常的理解，"损害"既有实体受到损害或危害事实的意义，又暗含损失的含义，既可以用对污染受害对象的赔偿数额(即价值的大小)作为参照，也可以用受害实体因污染而带来的各种可测量具体变化来指代。

2. 环境污染损害的概念框架和分类原则

根据污染排放造成损害的基本过程和作用对象将环境污染损害理解为：污染直接影响水体、空气、土壤、生物等不同环境要素，并通过环境影响人和财产。总体上，这一影响作用的施加对象包括两个基本部分——人与物。

对于人，受到的损害即为健康损害，通常指人的身体、精神受到的伤害。

对于物，包括属于财产的物和属于环境的物两个方面，其损害分别对应于财产损害和环境(生态)损害。

3. 环境污染损害的分类及其具体构成

(1) 环境污染导致的人体健康损害。将环境污染所致的各种健康状态、精神状态的不利改变统称"健康损害"。具体构成是：使被害人丧失生命，导致人的身体组织器官的完整性受损，使人的组织器官缺失或丧其功能，如造成残疾等；致人的生理机能的完整性受到损害，包括疾病潜在健康状态改变；致死、致残导致的精神损害，及其他情形下导致持续、稳定、良好的心理状态的改变等。

(2) 环境污染导致的财产损害。"财产损害"是指对财产权益物的损害，即环境污染直接或间接造成具有财产权益的物(有体物、无体物)的毁损、灭失或价值减少，专指与健康、环境(生态)相对称的财产权益的物(有体物、无体物)受到环境污染影响而产生的损害及其带来的损失，而不是通常概念的财产上的损害(pecuniary loss，指得以金钱加以计算的损害)。

(3) 环境污染导致的环境(生态)损害。在国内外法规、文献中比较常用的相关用语包括"环境损害""环境损伤""环境本身的损害""纯环境损害""自然资源损害""生态损害""纯生态损害"等。在此基础上,将环境(生态)损害界定为:人为的污染已经造成或者可能造成人类生存和发展所必须依赖的生态环境的任何组成部分或者其任何多个部分相互作用而构成的整体的物理、化学、生物性能的任何重大退化。

(二) 环境污染损害鉴定评估

1. 环境污染损害鉴定评估的概念和基本含义

鉴定作为极为通俗的概念,从不同的角度可以对鉴定进行不同的划分。有学者认为,根据不同领域的应用以及鉴定决定权、委托权等划分科学鉴定大致包括自行鉴定、行政鉴定、司法鉴定等类型;按学科分类可以将鉴定分为精神病鉴定、知识产权鉴定、建筑工程鉴定、计算机鉴定、痕迹鉴定、文书鉴定、会计鉴定、法医毒物鉴定等等;按鉴定结论所确定的事实与案件中的关系,可分为认定同一的、认定种类的、认定事实真伪的、确定事实有无的、确定事实程度或因果关系的等等。凡此种种,不一而足,但多数都是采用启动主体、实施主体、活动领域与活动目的的"四要素"方法来定义。通常,鉴定是指具有相应能力和资质的专业人员或机构,接受具有相应权力或管理职能部门或机构的委托,根据确凿的数据或证据、相应的经验和分析论证对某一事物提出客观、公正和具有权威性的技术仲裁意见,这种意见作为委托方处理相关矛盾或纠纷的证据或依据。

"鉴定评估"也是鉴定的一种,主要根据活动目的、活动领域,将通过开展各种调查取证工作对环境污染损害涉及的专门性问题进行鉴别和判断、对环境污染所造成的经济损失进行评估,并提供技术鉴定的活动,统称为"环境污染损害鉴定评估"。

2. 环境污染损害鉴定评估的目的

(1) 为司法诉讼服务。环境污染损害鉴定评估是解决环境污染纠纷的必要技术环节,通过污染源、污染途径的调查,污染范围、程度的检测分析,以及损害事实的调查,判断环境污染与损害之间的因果关系,将损失进行货币化评估,并出具鉴定评估结论。在保证鉴定评估结果的客观、公正和透明的基础上,鉴定评估报告经法庭质证后具有证据效力,可作为司法机关辨明事实真相、做出裁决的科学依据。

(2) 为环境行政管理服务。环境污染损害鉴定评估是环境行政执法的重要技术支撑,通过环境污染事件中的污染现状、程度、范围和损失大小的调查,污染危害、损害修复及修复效果评估等,为加强环境管理、追究污染者责任提供执法依据,也可以就环境污染纠纷的行政调解等提供技术支持。

(3) 为其他社会性咨询服务。相关专业人员和技术单位接受各种社会性委托开展环境污染损害鉴定评估工作,可以为有关单位、企业、社会团体或个人了解环境污染及损害事实提供技术支持,可为作为环境保险业务的技术支持,开展环境污染及损害的调查和评估,为环境保险的受理、理赔等服务。

3. 环境污染损害鉴定评估的主要任务

环境污染损害鉴定评估的主要任务是调查取证,在已有有效证据和信息的基础上分析、鉴别和评估,并作出技术性结论。

(1) 环境污染及损害事实的调查取证和评价

① 收集、核实已知证据和信息。收集各种已有的证据并对已有证据进行核实,客观认知环境污染损害情况并为深入调查找到适当的切入点。已有证据包括:书证、物证、视听材料、证人证言、当事人的陈述、环境监测报告及其他鉴定结论、现场笔录等。

② 查获未知的事实和证据。围绕环境污染损害的核心问题,展开对未知案情和证据的

收集和查明工作，相关证据并需充分和合法，为相关案件事实的认定提供全面的基础。

③ 综合分析证据和评判。在全面获取相关证据后，用科学、标准的方法进行综合分析和评判，对污染来源、污染迁移转化过程、污染现状、损害发生经过等作出评价，对损害事实作出诊断。

（2）环境污染与损害的因果关系判断

① 在污染源、污染状况、损害等资料搜集和证据调查的基础上，根据因果关系判断目标，识别关键环境污染因素、损害对象及损害特征。

② 在确定污染源和可能的受体以后，提出因果关系假设，采用图解法和程序树法进行分析，选择和确定最关心且最重要的暴露途径；进行污染源解析、危害鉴定、暴露-效应关系评估等工作，为因果关系的判定应努力获取从污染物产生、污染物排放、污染物迁移转化、造成污染导致损害事实等各个环节的相关数据，形成证据链条、互相印证；除了现场笔录、摄像、摄影外，还应进行样品采集；当调查证据前后矛盾相互否定时，应重新调查、分析，确保证据的一致性。

③ 把握证据的相关性和准确性。证据必须与评估对象有直接或间接联系，在调查取证时应预先制定计划和方案、目的明确、方法可靠，保证获取的证据准确、有效。

④ 把握证据的专业性、技术性。所取得的数据，应充分体现环境污染损害所固有的专业性和技术性特点，符合相关标准或规范的要求。

⑤ 密切与相关部门和机构协调配合。在调查取证时，要充分运用其他部门和机构的技术、资源优势以获得最准确、科学的证据。

⑥ 把握已获得证据的安全性。防止证据灭失和替换，防止证据变质、损坏或属性改变，保护证据的符合法律性。

（三）突发环境事件应急处置阶段污染损害评估

针对突发环境事件所讲的环境污染损害评估主要是指突发环境事件应急处置阶段环境损害。从《环境损害鉴定评估推荐方法（第 II 版）》内容来看，突发环境事件应急处置阶段污染损害评估为环境污染损害评估中的部分内容，具体是指可量化的应急处置费用、人身损害、财产损害、生态环境损害等各类经济损失。

二、我国环境损害评估立法及技术现状

我国当前环境损害相关立法和实践正处于由主要关注环境私益的评估与赔偿逐渐向环境公益损害的主张和求偿过渡的初期阶段。在近 20 年颁布的各项法规中，如《民法通则》（1987 年）、《水污染防治法》（2008 年）、《侵权责任法》（2010 年）以及《环境保护法》（2014年）都仅对环境污染损害的责任进行了较为原则性的规定，主要关注环境污染造成的私益损害，只有《海洋环境保护法》（2004 年）对排污造成的海洋生态损害进行了明确规定。

2013 年 6 月 19 日起施行的《最高人民法院、最高人民检察院关于办理环境污染刑事案件适用法律若干问题的解释》，对原环境保护部门开展环境损害鉴定评估、规范环境污染损害评估工作提出了客观需求。2014 年 12 月 8 日，最高人民法院审判委员会第 1631 次会议通过《最高人民法院关于审理环境民事公益诉讼案件适用法律若干问题的解释》，自 2015 年 1月 7 日起施行。该司法解释确立了生态环境损害赔偿的法律基础，为开展环境损害鉴定评估提供了依据并界定了环境损害鉴定评估的目的、内容和要求。2015 年 2 月 9 日，最高人民法院审判委员会第 1644 次会议通过《关于审理环境侵权责任纠纷案件适用法律若干问题的解

释》，明确了环境损害事实调查的内容、因果关系分析的程序和原则，以及环境损害鉴定评估的主要内容。

2015年12月3日，中共中央办公厅、国务院办公厅出台了《生态环境损害赔偿制度改革试点方案》(以下简称《方案》)，对生态环境损害赔偿范围、责任主体、索赔主体、协商与诉讼的赔偿途径、损害评估、赔偿资金等进行了规定，开启了生态环境损害赔偿的试点工作。2015年12月21日，司法部和原环境保护部联合下发《司法部环境保护部关于规范环境损害司法鉴定管理工作的通知》，明确环境诉讼中需要解决的专门性问题，并规定了环境损害司法鉴定的主要领域。该通知明确环境损害鉴定评估将纳入司法鉴定行列，对环境损害鉴定评估技术规范提出了明确需求。

尽管原环保部已经先后发布了《环境污染损害数额计算推荐方法(第Ⅰ版)》和《环境损害鉴定评估推荐方法(第Ⅱ版)》，并在环境损害鉴定评估实践中得到了应用和认可，但仍需进一步总结提高，真正为环境司法实践提供技术依据。因此建立健全环境损害鉴定评估技术导则体系是建立环境损害赔偿制度、推动环境损害赔偿司法实践的客观需要。

建立生态环境损害鉴定评估技术体系也是建设生态文明的重要内容。党的十八大报告提出"加强环境监管，健全环境保护责任追究制度和环境损害赔偿制度"，党的十八届三中全会决定进一步提出"建设生态文明，必须建立系统完整的生态文明制度体系，实行最严格的源头保护制度、损害赔偿制度、责任追究制度，完善环境治理和生态修复制度，用制度保护生态环境"，"建立生态环境损害责任终身追究制，对造成生态环境损害的责任者严格实行赔偿制度，依法追究刑事责任"。2015年5月，《中共中央国务院关于加快推进生态文明建设的意见》中提出"建立独立公正的生态环境损害赔偿制度"。

2016年6月颁布的《生态环境损害鉴定评估技术指南总纲》(以下简称《总纲》)作为我国环境损害鉴定评估技术体系的纲领性文件，是建立环境损害赔偿制度和环境损害责任追究制度的核心技术支撑文件。通过制定《总纲》，界定生态环境损害鉴定评估的术语定义、明确评估的工作程序、评估内容与范围以及评估工作应遵循的原则，规范生态环境损害评估中损害调查确认、因果关系分析、损害实物量化和损害价值量化的基本要求，对于建立我国生态环境损害鉴定评估技术体系，推动我国生态环境损害鉴定评估体系化、专业化和精细化方向转变具有重要的意义。

第二节　突发环境事件应急处置阶段污染损害评估

一、基本概念

1. 突发环境事件应急处置阶段污染损害评估定义

本推荐方法指按照规定的程序和方法，综合运用科学技术和专业知识，对突发环境事件所致的人身损害、财产损害以及生态环境损害的范围和程度进行初步评估，对应急处置阶段可量化的应急处置费用、人身损害、财产损害、生态环境损害等各类直接经济损失进行计算，对生态功能丧失程度进行划分。

2. 直接经济损失

与突发环境事件有直接因果关系的损害为人身损害、财产损害、应急处置费用以及应急处置阶段可以确定的其他直接经济损失的总和。

3. 应急处置费用

是指突发环境事件应急处置期间，为减轻或消除对公众健康、公私财产和生态环境造成的危害，各级政府与相关单位针对可能或已经发生的突发环境事件而采取的行动和措施所产生的费用。

4. 人身损害

是指因突发环境事件导致人的生命、健康、身体遭受侵害，造成人体疾病、伤残、死亡或精神状态的可观察的或可测量的不利改变。

人身损害的确认主要以流行病学调查资料及个体暴露的潜伏期和特有临床表现为依据，应满足以下条件：

（1）环境暴露与人身损害存在严格的时间先后顺序。环境暴露发生在前，个体症状或体征发生在后。

（2）个体或群体存在明确的环境健康。人体将呼吸道、消化道或皮肤接触等途径暴露于环境污染物，且环境介质中污染物与污染源排放或倾倒的污染物具有一致性或直接相关性。

（3）个体或群体因环境暴露而表现出特异性症状、体征或严重的非特异性症状，排除其他非环境因素如职业病、地方病等所致的相似健康损害。

由专业医疗或鉴定机构出具的鉴定意见，财产损害的确认应满足下列条件：

（1）被污染财产暴露于污染发生区域。

（2）污染与损害发生的时间次序合理，污染排放发生在先，损害发生在后。

（3）财产所有者为防止财产和健康损害的继续扩大，对被污染财产进行清理并产生的费用。

（4）财产所有者非故意将财产暴露于被污染的环境中，且在采取了合理的、必要的应急处置措施以后，被污染财产仍无法正常使用或使用功能下降。

5. 财产损害

是指因突发环境事件直接造成的财产损毁或价值减少，以及为保护财产免受损失而支出的必要的、合理的费用。

6. 生态环境损害

是指由于突发环境事件直接或间接地导致生态环境的物理、化学、或生物特性的可观察或可测量的不利改变，以及提供生态系统服务能力的破坏或损伤。

二、评估立法及技术现状

《突发环境事件应急处置阶段环境损害评估推荐方法》规定了损害评估的工作程序、评估内容、评估方法和报告编写等内容，是现阶段开展突发环境事件应急处置阶段污染损害评估的具体技术指导文件。

评估过程涉及具体评估方法可参照第一节第二部分"我国环境损害评估立法及技术现状"中一些具体行业评估技术方法。

三、评估内容

应急处置阶段损害评估工作内容包括：计算应急处置阶段可量化的应急处置费用、人身损害、财产损害、生态环境损害等各类直接经济损失；划分生态功能丧失程度；判断是否需要启动中长期损害评估。

四、评估程序

应急处置阶段损害评估工作程序包括：开展评估前期准备启动评估工作(初步判断较大以上的突发环境事件制定工作方案)、信息获取、损害确认、损害量化，判断是否启动中长期损害评估以及编写评估报告。应急处置阶段损害评估工作程序见图6-1。

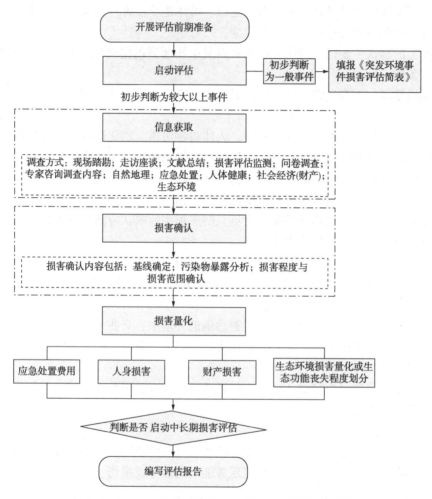

图6-1　突发环境事件应急处置阶段的损害评估工作程序

（一）开展评估前期准备

在突发环境事件发生后，开展初步的环境损害现场调查与监测工作，初步确定污染因子、污染类型与污染对象，根据污染物的扩散途径初步确定损害范围。

（二）启动评估

启动应急处置阶段环境损害评估工作，对于按照《突发环境事件信息报告办法》中分级标准初步判断为一般突发环境事件的损害评估工作，填报附录A《突发环境事件损害评估简表》；对于初步判断为较大及以上突发环境事件的，制定《突发环境事件应急处置阶段环境损害评估工作方案》，包括描述事件背景以及应急处置阶段已经采取的行动，初步认定污染类型以及影响区域，提出评估内容、评估方法与技术路线，明确数据来源与技术需求，确定工作任务、工作进度安排与经费预算。若需要开展损害评估监测，应当制定详细的损害评估监测方案。

（三）信息获取

1. 信息获取内容

自然地理信息：污染发生前以及发生后影响区域的自然灾害、地形地貌、降雨量、气象、水文水利条件以及遥感影像数据等信息。

应急处置信息：应急处置工作的参与机构、职责分工、应急处置方案内容以及应急监测数据等信息。

人体健康信息：影响区域人口数量、分布、正常状况下的人口健康状况、历史患病情况等基线信息以及突发环境事件发生后出现的诊疗与住院等人体健康损害信息。

社会经济活动信息：包括影响区域旅游业、渔业、种植业等基线状况以及突发环境事件造成的财产损害等信息。

生态环境信息：影响区域内生物种类与空间分布、种群密度、环境功能区划等背景资料和数据；污染者的生产、生活和排污情况；排放或倾倒的污染物的种类、性质、排放量、可能的迁移转化方式以及事件发生前后影响区域内的污染物浓度等资料和信息。

2. 信息获取方式

（1）现场踏勘

在影响区域勘查并记录现场状况，了解人群健康、财产、生态环境损害程度，判断应急处置措施的合理性。

（2）走访座谈

走访座谈影响区域的相关部门、企业、有关群众，收集环境监测、水文水力、土壤、渔业资源等历史环境质量数据和应急监测信息，调查污染损害的污染发生时间、发生地点、发生原因、影响程度以及污染源等信息，了解应急处置方案、方案实施效果、应急处置费用、人身损害、财产损害与其他损害的相关信息。

（3）文献总结

回顾并总结关于污染物理化性质及其健康与生态毒性影响区域、影响区基线信息等相关文献。

（4）损害评估监测

损害评估监测对象主要包括环境空气、水环境（包括地下水环境）、土壤、农作物、水产品、野生动植物以及受影响人群等。根据初步确定的影响区域与污染受体的特征，确定监测方案，开展优化布点、现场采样、样品运送、检测分析、数据收集、结合卫星拍摄和无人机航拍等手段开展综合分析等。

基于现场踏勘初步结果，合理设置影响区域污染受体及基线水平的监测点位。样品的布点、采样、运输、质量保证、实验分析应该依照相关标准和技术规范进行。财产损害监测可以参考 NY/T 398、GB/T 8855 等技术规范；环境介质监测可以参考 HJ/T 91、HJ/T 164、HJ/T 166、HJ/T 193、HJ/T 194、HJ 589 等技术规范；生物资源监测可以参考 NY/T 1669、DB53/T 391、HJ 710.1~HJ 710.11《关于发布全国生物物种资源调查相关技术规定（试行）的公告》等技术规范。

（5）问卷调查

向政府相关部门、企事业单位、组织和个人发放调查问卷（表），调查内容与指标根据具体事件的特点确定，问卷（表）内容参见《突发环境事件应急处置阶段环境损害评估推荐方法》附 B、附 C 与附 D。

调查结束后，对数据进行分析与审核，确保数据真实可靠，审核要求与方法参见附件 E，对审核不合格的问卷要求重新填报。

（6）专家咨询

对于损害的程度和范围确定、损害的计算等问题可采用专家咨询法。

（四）损害确认

1. 基线确定

通过历史数据或对照区域数据对比分析，判断突发环境事件发生前受影响区域的人群健康、农作物等财产以及生态环境基线状况。

对照区域应该在距离污染发生地较近，没有受到污染事件的影响，且在污染发生前农作物等生物资源类型、物种丰度、生态系统服务等与污染区域相同或相似的区域选取，例如对于流域水污染事件，对照区域可以选取污染发生河流断面的上游。

2. 污染物暴露分析

根据突发环境事件的污染物排放特征、污染物特性以及事件发生地的水动力学、空气动力学条件选择合适的模型进行污染物的暴露分析。

3. 损害确认原则

（1）应急处置费用

费用在应急处置阶段产生；应急处置费用是以控制污染源或生态破坏行为、减少经济社会影响为目的，依据有关部门制定的应急预案或基于现场调查的处置、监测方案采取行动而发生的费用。

（2）人身损害

人身损害的确认主要以流行病学调查资料及个体暴露的潜伏期和特有临床表现为依据，应满足以下条件：

① 环境暴露与人身损害间存在严格的时间先后顺序。环境暴露发生在前，个体症状或体征发生在后。

② 个体或群体存在明确的环境暴露。人体经呼吸道、消化道或皮肤接触等途径暴露于环境污染物，且环境介质中污染物与污染源排放或倾倒的污染物具有一致性或直接相关性。

③ 个体或群体因环境暴露而表现出特异性症状、体征或严重的非特异性症状，排除其他非环境因素如职业病、地方病等所致的相似健康损害。

④ 由专业医疗或鉴定机构出具的鉴定意见。

（3）财产损害

财产损害的确认应满足下列条件：

① 被污染财产暴露于污染发生区域。

② 污染与损害发生的时间次序合理，污染排放发生在先，损害发生在后。

③ 财产所有者为防止财产和健康损害的继续扩大，对被污染财产进行清理并产生的费用。

④ 财产所有者非故意将财产暴露于被污染的环境中，且在采取了合理的、必要的应急处置措施以后，被污染财产仍无法正常使用或使用功能下降。

（4）生态环境损害

生态环境损害的确认应满足下列条件：

① 环境暴露与环境损害间存在时间先后顺序。即环境暴露发生在前，环境损害发生在后。

② 环境暴露与环境损害间的关联具有合理性。环境暴露导致环境损害的机理可由生物学、毒理学等理论做出合理解释。

③ 环境暴露与环境损害间的关联具有一致性。环境暴露与环境损害间的关联在不同时间、地点和研究对象中得到重复性验证。

④ 环境暴露与环境损害间的关联具有特异性。环境损害发生在特定的环境暴露条件下，不因其他原因导致。由于环境暴露与环境损害间可能存在单因多果、多因多果等复杂因果关系，因此，环境暴露与环境损害间关联的特异性不做强制性要求。

⑤ 存在明确的污染来源和污染排放行为。直接或间接证据表明污染源存在明确的污染排放行为，包括物证、书证、证人证言、笔录、视听资料等。

⑥ 空气、地表水、地下水、土壤等环境介质中存在污染物，且与污染源产生或排放的污染物（或污染物的转化产物）具有一致性。

⑦ 污染物传输路径的合理性。当地气候气象、地形地貌、水文条件等自然环境条件存在污染物从污染源迁移至污染区域的可能，且其传输路径与污染源排放途径相一致。

⑧ 评估区域内环境介质（地表水、地下水、空气、土壤等）中污染物浓度超过基线水平或国家及地方环境质量标准；或评估区域环境介质中的生物种群出现死亡、数量下降等现象。

（五）损害程度与损害范围确认

根据前期的现场调查与信息获取情况确定损害程度以及损害范围。损害范围包括损害类型、损害发生的时间范围与空间范围。

1. 损害量化

对突发环境事件应急处置阶段可量化的应急处置费用、人身损害、财产损害等各类直接经济损失进行计算；对突发环境事件发生后短期内可量化的生态环境损害进行货币化；对生态功能丧失程度进行判断。

（1）应急处置费用

应急处置费用包括应急处置阶段各级政府与相关单位为预防或者减少突发环境事件造成的各类损害支出的污染控制、污染清理、应急监测、人员转移安置等费用。应急处置费用按照直接市场价值法评估。下面列举几项常见的费用计算方法。

① 污染控制费用

污染控制包括从源头控制或减少污染物的排放，以及为防止污染物继续扩散而采取的措施，如投加药剂、筑坝截污等。见公式（1）。

$$污染控制费用=材料和药剂费+设备或房屋租赁费+行政支出费用$$
$$+应急设备维修或重置费用+专家技术咨询费 \qquad (1)$$

其中，行政支出费用指在应急处置过程中发生的餐费、人员费、交通费、印刷费、通信费、水电费以及必要的防护费用等；应急设备维修或重置费用指在应急处置过程中应急设备损坏后发生的维修成本或重置成本。其中维修成本按实际发生的维修费用计算。重置成本的计算见公式（2）和公式（3）：

$$重置成本=重置价值（元）×（1-年均折旧率\%×已使用年限）×损坏率 \qquad (2)$$

其中：年均折旧率＝（1-预计净残值率）×100%／总使用年限　　　（3）

重置价值指重新购买设备的费用。

② 污染清理费用

污染清理费用指对污染物进行清除、处理和处置的应急处置措施，包括清除、处理和处置被污染的环境介质与污染物以及回收应急物资等产生的费用。计算项目与方法参见《突发环境事件应急处置阶段环境损害评估推荐方法》9.1.1 节。

③ 应急监测费用

应急监测费用指在突发环境事件应急处置期间，为发现和查明环境污染情况和污染损害范围而进行的采样、监测与检测分析活动所发生的费用。可以按照以下两种方法计算：

方法一：按照应急监测发生的费用项计算，具体费用项以及计算方法参见《突发环境事件应急处置阶段环境损害评估推荐方法》9.1.1 节。

方法二：按照事件发生所在地区物价部门核定的环境监测、卫生疾控、农林渔业等部门监测项目收费标准和相关规定计算费用，见公式（4）：

应急监测费用＝样品数量（单样／项）×样品检测单价+样品数量（点／个／项）
×样品采样单价+交通运输等其他费用　　　（4）

④ 人员转移安置费用

人员转移安置费用指应急处置阶段，对受影响和威胁的人员进行疏散、转移和安置所发生的费用。计算项目与方法参见《突发环境事件应急处置阶段环境损害评估推荐方法》9.1.1 节。

（2）人身损害

人身损害包括：个体死亡；按照《人体损伤残疾程度鉴定标准》明确诊断为伤残；临床检查可见特异性或严重的非特异性临床症状或体征、生化指标或物理检查结果异常按照《疾病和有关健康问题的国际统计分类》（ICD—10）明确诊断为某种或多种疾病；虽未确定为死亡、伤残或疾病，为预防人体出现不可逆转的器质性或功能性损伤而必须采取临床治疗或行为干预。

① 人身损害计算范围

a. 就医治疗支出的各项费用以及因误工减少的收入，包括医疗费、误工费、护理费、交通费、住宿费、住院伙食补助费、必要的营养费。

b. 致残的，还应当增加生活上需要支出的必要费用以及因丧失劳动能力导致的收入损失，包括残疾赔偿金、残疾辅助器具费、被扶养人生活费，以及因康复护理、继续治疗实际发生必要的康复费、护理费、后续治疗费。

c. 致死的，还应当包括丧葬费、被抚养人生活费、死亡补偿费以及受害人亲属办理丧葬事宜支出的交通费、住宿费和误工损失等其他合理费用。

② 人身损害计算方法

人身损害中医疗费、误工费、护理费、交通费、住宿费、住院伙食补助费、营养费、残疾赔偿金、残疾辅助器具费、被抚养人生活费、丧葬费、死亡补偿费等费用的计算可以参考《最高人民法院关于审理人身损害赔偿案件适用法律若干问题的解释》。

（3）财产损害

本推荐方法列举几项突发环境事件常见的财产损害评估方法，其他参照执行。常见的财产损害有固定资产损害、流动资产损害、农产品损害、林产品损害以及清除污染的额外支出等。

① 固定资产损害

指突发环境事件造成单位或个人的设备等固定资产损毁，如管道或设备受到腐蚀无法正常运行等情况。此类财产损害可按照修复费用法或重置成本法计算，具体计算方法参见《突发环境事件应急处置阶段环境损害评估推荐方法》9.1.1 节中应急设备维修或重置费用的计算方法。

② 流动资产损害

指生产经营过程中参加循环周转，不断改变其形态的资产，如原料、材料、燃料、在制品、半成品、成品等的经济损失。在计算中，按不同流动资产种类分别计算，并汇总，见公式(5)。

$$流动资产损失＝流动资产数量×购置时价格－残值 \tag{5}$$

上式中，残值指财产损坏后的残存价值，应由专业技术人员或专业资产评估机构进行定价评估。

③ 农产品损害

指突发环境事件导致的农产品产量损失和农产品质量经济损失，可以参考《农业环境污染事故司法鉴定经济损失估算实施规范》(SF/Z JD0601001)、《渔业污染事故经济损失计算方法》(GB/T 21678)和《农业环境污染事故损失评价技术准则》(NY/T 1263)等技术规范计算。

④ 林产品损害

指由于突发环境事件造成的林产品和树木的损毁或价值减少，林产品和树木损毁的损失利用直接市场价值法计算。评估方法参见 9.3.3 节中农产品财产损害计算方法。

⑤ 清除污染的额外支出

指个人或单位为防止财产继续暴露于污染环境中导致损失进一步扩大而支出的污染物清理或清除费用，如清理受污染财产的费用、生产企业额外支出的污染治理费用等。计算项目与方法参见《突发环境事件应急处置阶段环境损害评估推荐方法》9.1.1 节。

（4）生态环境损害

① 生态功能丧失程度的判断

生态环境损害按照生态功能丧失程度进行判断，具体划分标准见表 6-1。

表 6-1　影响区域生态功能丧失程度划分标准

具体指标	全部丧失	部分丧失
污染物在环境介质中浓度	环境介质中的污染物浓度水平较高，且预计较长时间内难以恢复至基线浓度水平	环境介质中的污染物浓度水平较高，且预计 1 年内难以恢复至基线浓度水平
优势物种死亡率	≥50%	<50%
生态群落结构	发生永久改变	发生改变，需要 1 年以上的恢复时间
休闲娱乐服务功能	旅游人数与往年同期或事件发生前相比下降 80% 以上，且预计较长时间内难以恢复原有水平	旅游人数与往年同期或事件发生前相比下降 50%~80%，且预计在 1 年内难以恢复原有水平

② 生态环境损害量化计算方法

突发环境事件发生后，如果环境介质(水、空气、土壤、沉积物等)中的污染物浓度在两周内恢复至基线水平，环境介质中的生物种类和丰度未观测到明显改变，可以参考 HJ 627—2011《生物遗传资源经济价值评价技术导则》中的评估方法或附 F 的虚拟治理成本法进

175

行计算，计算出的生态环境损害可作为生态环境损害赔偿的依据不急计入直接经济损失。

突发环境事件发生后，如果需要对生态环境进行修复或恢复，且修复或恢复方案在开展应急处置阶段的环境损害评估规定期限内可以完成，则根据生态环境的修复或恢复方案实施费用计算生态环境损害，根据修复或恢复费用计算得到的生态环境损害计入直接经济损失，具体的计算方法参见《环境损害鉴定评估推荐方法(第Ⅱ版)》。

(六) 判断是否启动中长期损害评估

1. 人身损害中长期评估判定原则

发生下列情形之一的，需开展人身损害的中长期评估：

(1) 已发生的污染物暴露对人体健康可能存在长期的、潜伏性的影响。

(2) 突发环境事件与人身损害间的因果关系在短期内难以判定。

(3) 应急处置行动结束后，环境介质中的污染物浓度水平对公众健康的潜在威胁无法在短期内完全消除，需要对周围的敏感人群采取搬迁等防护措施的。

(4) 人身损害的受影响人群较多，在突发环境事件应急处置阶段的环境损害评估规定期限内难以完成评估的。

2. 财产损害中长期评估判定原则

发生下列情形之一的，需开展财产损害的中长期评估：

(1) 已发生的污染物暴露对财产有可能存在长期的和潜伏性的影响。

(2) 突发环境事件与财产损害间的因果关系在短期内难以判定。

(3) 应急处置行动结束后，环境介质中的污染物浓度水平对财产的潜在威胁没有完全消除，需要采取进一步的防护措施的。

(4) 财产损害的受影响范围较大，在突发环境事件应急处置阶段的环境损害评估规定的期限内难以完成评估的。

3. 生态环境损害中长期评估判定原则

发生下列情形之一的，需开展生态环境损害的中长期评估：

(1) 应急处置行动结束后，环境介质中的污染物的浓度水平超过了基线水平且 1 年内难以恢复至基线水平，具体原则参见附《突发环境事件应急处置阶段环境损害评估推荐方法》G.1；

(2) 应急处置行动结束后，环境介质中的污染物的浓度水平或应急处置行动产生二次污染对公众健康或生态环境构成的潜在威胁没有完全消除，具体原则参见附《突发环境事件应急处置阶段环境损害评估推荐方法》G.2 与 G.3。

(七) 编写评估报告

评估报告应包括评估目标、评估依据、评估方法、损害确认和量化以及评估结论。评估报告提纲参见《突发环境事件应急处置阶段环境损害评估推荐方法》附 H。

五、案例

2013 年 7 月 8 日，某货车在 C93 渝遂高速 A 县 B 镇段发生侧翻并坠入高速路旁的小河沟，致车上人员 1 死 1 伤，车上混装有 617 桶油漆(每桶约 18kg)、变速箱、木地板、电蚊香和蚊香等，部分油漆桶破损造成约 300kg 油漆进入小河沟，事发点下游 1.5km 处为 B 镇饮用水源地(C 水库)。事故发生后，A 县环保局会同 B 镇政府及市环保局增援人员立即成立现场应急指挥部并开展应急处置工作，切断了上游来水，在下游设置了围油栏，并用稻草和吸油毡对含油废水进行吸附；同时，对事发地小河沟、下游 C 水库(B 镇饮用水源地)及琼江水质进行跟踪监测。经过近51h的抢险救援，截至2013年7月10日11：00，事故点附近、C水库入口、B镇饮用水源取水点及琼江水质均达到相应的水质标准，7月11～12日，水质持续2d稳定达标。2013年7月12日15：00解除应急状态。

（一）材料与方法

1. 环境污染损害调查

环境污染损害调查是环境损害评估的基础步骤，其目的是为开展污染来源的确定、关注区域是否受到污染、污染范围和程度、因果关系判断、损害评估等具体工作提供有效的证据支持。环境污染损害调查的对象主要包括书证、物证、视听材料和现场笔录等，其中书证是指文件、报告、计划、记录等书面文字材料或电子文档；物证是指现场采集的污染物样品、受害对象标本等；视听材料是指现场的录音、录像和照片；现场笔录是指执法人员对现场进行实地检查，察看、探访以及对当事人或有关证人进行询问而当场制作的文书。

2. 损害监测

根据评估需求，在环境污染损害调查的工作基础上拟定详细的监测方案，启动现场调查和监测，依据标准方法或委托方签字认可的方法开展现场监测、实验室分析，并对调查资料和监测结果进行分析，为损害评估工作奠定基础。在监测项目的选取上，由于该货车侧翻事件的泄漏物油漆成分复杂，选取了pH、苯、甲苯、二甲苯、镉、铅、六价铬、石油类、高锰酸盐指数、化学需氧量这10个油漆的特征污染指标作为损害监测的监测项目。

在监测点位的布设上，在事故点上游（1号）、琼江上游500m（6号）分别设置小河沟和琼江水质的对照断面，在事故点下游150m的小河沟（2号）设置控制断面；为关注事故发生点污染物变化情况，在事故点核心区设置关注断面（0号）；为关注小河沟下游环境敏感点（C水库、琼江）水质情况在C水库的入口断面（3号）、B镇饮用水源取水点（4号）、小河沟与琼江交汇处上游300m（5号）、小河沟入琼江交汇口下游500m（7号）设置关注断面（见图6-2）。

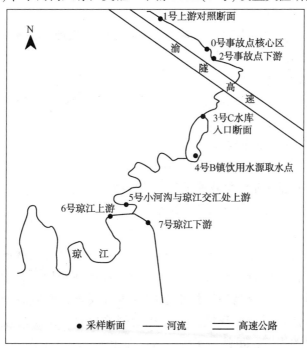

图6-2　监测点位示意

3. 环境污染损害识别

环境污染事件导致污染物排放或泄漏于生态环境中，原生态环境资源本身或其他生物受体直接或间接暴露于该污染物或污染介质源，导致其质量及生态分析的基础上，初步确定环境损害过程的因果关系包括污染源和污染物识别、环境损害对象确认和环境污染暴露途径的建立。

（1）污染源和污染物识别

污染源和污染物识别有两个途径，可以从引发原因出发锁定污染源，从而推断出可能的污染物；也可以从受损结果出发，根据损害区域超标的污染物反推出污染源对于交通事故引发的环境污染事件，污染源往往与事故车辆有关。

（2）环境损害对象确认

在突发环境事件中污染源产生了特定的污染物，产生的污染物以一定的方式和途径从污染源进入到环境，使得环境质量发生变化，进而导致环境损害。在突发性水污染事件中，环境损害对象通常包括地表水资源及沉积物、地下水资源、土壤资源和生物资源（含天然及农、林、牧、渔等人工种植、养殖业的生物资源），评估工作人员可以用以下确认标准对环境损害对象进行确认。

① 损害区域地质水资源及沉积物。受污染损害区域地表水及沉积物中污染物浓度超过国家或地方相关环境标准，或明显超过上游对照区域污染物浓度。

② 损害区域地下水资源。受污染损害区域污染物浓度超过国家或地方相关环境标准，或明显超过背景对照区域污染物浓度。

③ 损害区域生物资源受损短期影响：直接导致农作物、鱼类等生物产生不良反应或死亡；损害区域生物资源受损长期影响：污染物在农作物、鱼类等生物体内蓄积造成长期危害。

④ 损害区域周边土壤。受污染损害污染物浓度超过国家或地方相关环境标准，或明显超过上游对照区域污染物浓度。

（3）环境污染暴露途径的建立

环境污染暴露途径是指污染物从污染源通过环境介质到达环境损害对象的路径，可以从以下四个方面验证暴露途径的合理性：

①存在明确的污染源和污染排放行为。

② 环境介质中存在污染物，且该污染物与环境污染源产生或排放的污染物一致。

③ 环境损害对象存在暴露于污染物或受污染的环境介质中的可能性。

④ 污染物在污染源和受害对象之间的传输路。

（4）环境损害评估范围识别

环境污染损害评估的范围主要包据环境污染导致的人身损害、财产损害、生态环境资源损害、应急处置过程中的行政事务投入费用和调查评估费用。其中人身损害、财产损害和生态环境资源损害三部分是环境污染造成的直接损害，而应急处置过程中的行政事务投入费用和调查评估费用则是环境污染造成的间接损害。由于环境损害评估的范围只包括由环境污染导致的损害，虽然该事件造成了车上人员1死1伤，产生医疗费、住宿费、住院伙食补助费、人身伤亡特别损失以及相应的精神损害等，且造成了肇事公司油漆等财产损失,但这部分损害结果是由交通事故造成的,而不是环境污染导致,故不纳入环境损害评估的范围。

综上所述,在调查分析的基础上,确定该事件的环境损害评估范围为财产损害、生态环境资源损害、应急处置过程中的行政事务投入费用和调查评估费用。

(5)财产损害

财产损害是指因环境污染直接造成的财产损毁或价值减少,以及为保护财产免受损失而支出的必要的、合理的费用。该事件造成的财产损害主要为农业财产损失,即周边受损的农作物和树木。

(6)生态环境资源损害

生态环境资源损害是指由于环境污染直接或间接地导致环境的物理、化学或生物特性的可观察的或可测量的不利改变,以及提供生态系统服务能力的破坏或损伤,包括环境质量恢复成本和资源功能损失补偿费用两部分。该事件导致小河沟的地表水受到污染,需要评估由此造成的生态环境资源损害,包括水质恢复成本(污染控制与清理费用)和水资源损失费用(水资源功能丧失补偿),两部分水质恢复成本可以用应急处置过程的直接处置费用(即污染控制与清理费用)来量化。而水资源损失费用是采用水资源影响价格作为水资源价值进行水资源损失估算。原环境保护部规划院编制的《环境污染损害数额计算推荐方法(第1版)游刮说明》中提出,当不同用途的用水量可得时,采用世界银行推出的水资源价,不同的值内选择使用;当不同用途的用水量不可得时,采用不同流域的水资源影子价格,具体见表6-2。

表6-2 水资源的影子价格

不同用途的用水量可得时(2001年)		不同用途用水量不可得时(2005年)	
用途	影响价格/元·m^{-3}	用途	影响价格/元·m^{-3}
城市工业	5.0~7.0	东南储河流域	2.36
农业生产	3.0~5.0	长江流域	3.21
城市生活	2.0~4.0	珠江流域	2.93
农村生活	2.0~4.0	西南储河流域	2.35
畜禽养殖	1.5~2.5	淮河流域	2.83
林牧渔业	1.0~2.0	松辽流域	3.40
农业灌溉	0.8~1.6	内陆河流域	3.55
		黄河流域	5.07
		海河流域	5.81

(7)应急处置过程中的行政事务投入费用

应急处置过程中的行政事务投入费用是指各级行政主管部门在应急指挥调度过程中投入人力、车辆等所产生的费用和应急监测部门在应急监测过程中所产生的费用。

(8)调查评估费用

调查评估费用是指评估机构开展环境损害评估工作所产生的费用,包括现场踏勘、走访调查、勘察监测、分析评估和报告编制等工作所产生的费用。

（二）结果与讨论

1. 环境污染损害调查及监测结果分析

（1）各监控水域执行标准

事发地位于渝遂高速公路（G93）A 县 B 镇段事故车辆发生侧翻并坠入高速路旁的小河沟，造成约 300kg 油漆进入高速路旁的小河沟，影响范围主要为小河沟及其下游 C 水库（B 镇饮用水源地）和琼江。琼江 A 县段为Ⅲ类水域，执行《地表水环境质量标准》（GB 3838—2002）Ⅲ类标准；事发区域小河沟由于无水域适用功能类别，参照Ⅲ类水域，执行《地表水环境质量标准》（GB 3838—2002）Ⅲ类标准 3.1.2 对照断面水质情况。

为了反映小河沟和琼江各监控水质指标的背量值，分别在事故点上游（1 号）、琼江上游 50m（6 号）设置对照断面，监测结果显示对照断面各监控指标在整个应急处置时间段内（7 月 8~12 日）均稳达标。

（2）事故点核心区水质分析事故发生后，事故点核心区（0 号）石油类浓度为 0.242mg/L，超标 3.84 倍；高酸盐指数浓度为 12.1mg/L，超标 1.02 倍，明显高于对照断面，说明事故点核心区水质明显受到污染。经过 2d 的应急处置，7 月 11~12 日，核心区水质各项监控指标连续 2d 稳定达标，并与对照断面监测结果相近，表明核心区水质已恢复原状。

（3）控制断面水质分析

事故点下游 150m 的小河沟（2 号）在事故初期石油类、高锰酸盐指数出现连续超标现象，其余各指标均达到相应水质标准。在应急处置时间段内该控制断面石油类和高锰酸盐指数浓度随时间呈现先上升后下降的趋势（见图 6-3），其中石油类最高浓度 0.214mg/L，超标 3.28 倍，高锰酸盐指数最高浓度达到 12.2mg/L，超标 1.03 倍。随着处置工作的深入，二者分别于 7 月 9 日、7 月 11 日恢复至评价标准以下。7 月 12 日，控制断面各监控指标均稳定达标，并与对照断面监测结果相近。可见，小河沟下游 150m 控制断面水质明显受到污染，但在较快时间内恢复原状。

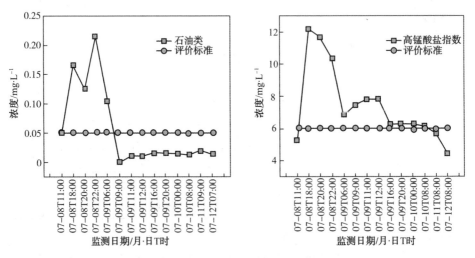

图 6-3　小河沟下游 150m 石油类及高锰酸盐指数浓度变化趋势

（4）C 水库水质分析

C 水库入口处（3 号）高锰酸盐指数出现两次短时间超标，其余各指标均达到相应水质标准（见图 6-4）。7 月 8 日 15：00~16：00，高锰酸盐指数超标 0.17~0.24 倍；7 月 9 日 06：00~

09:00，高锰酸盐指数超标 0.05~0.31 倍，苯、甲苯及二甲苯虽未超标，但其浓度变化呈现明显的先上升后下降趋势。7 月 9 日 06:00~7 月 9 日 12:00 三者浓度先急剧上升后急剧下降，其中苯浓度为 0.001~0.002mg/L，甲苯浓度为 0.003~0.04mg/L，正甲苯浓度为 0.057~0.080mg/L；7 月 9 日 16:00~7 月 12 日 08:00，该断面各监控指标均稳定达标，并与对照断面监测结果相近。可见，C 水库入口处水质受到污染，但随着应急处置工作的深入开展，于短时间内恢复原状。

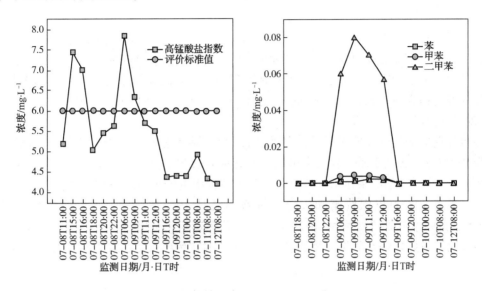

图 6-4　C 水库入口处石油类及高锰酸盐指数浓度变化趋势

B 镇饮用水源取水点(4 号)各监测指标在整个应急处置时间段内(7 月 8~12 日)均稳定达标，并与对照断面监测结果相近，表明 B 镇饮用水源地水质未受该突发环境事件的影响。

（5）琼江水质分析

监测结果显示，琼江下游 500m 处(7 号)各监测指标在整个应急处置时间段内(7 月 8~12 日)均稳定达标，并与对照断面监测结果相近，表明琼江水质未受该突发环境事件的影响

2. 环境污染损害识别

（1）污染源和污染物识别

在该事件中，某货车发生侧翻并坠入高速路旁的小河沟，车上部分油漆桶破损造成约 300kg 油漆进入小河沟，故污染源为破损的油漆桶，泄漏的污染物质为油漆，泄漏量约为 300kg。由于油漆中含有苯、甲苯、二甲苯、镉、铅、铬等有害物质，可能会对外环境(小河沟)及其下游环境敏感点的水质造成影响。

（2）环境损害对象确认

环境污染损害调查及监测结果显示，泄漏油漆进入水体后造成事故点核心区、事故点下游 150m 小河沟控制断面石油类、高锰酸盐指数超标，并明显超过上游对照区域污染物浓度；C 水库入口处高锰酸盐指数出现两次短时间超标，苯、甲苯、二甲苯浓度升高，并超过上游对照区域污染物浓度，表明该小河沟事发地至 C 水库入口段水体受到污染。C 水库(B 镇饮用水源取水点)及琼江水质稳定达标，且与对照断面监测结果相近，表明 C 水库及琼江水体未受污染。

因此，确认该事件的环境损害对象为小河沟事发地至 C 水库入口段水体。根据现场踏勘结果，该段水体长约 1500m，平均宽度约 3m，平均水深约 1.1m，水量估算约 4950m³。

（3）环境污染暴露途径的建立

现场勘查及跟踪监测结果显示，该事件污染物的暴露途径主要是泄漏油漆从破损的油漆桶进入小河沟并顺流向下游水体扩散，造成小河沟事发地至 C 水库入口段水体受到污染。

3. 环境损害评估

（1）财产损害

该事件导致事发地周边部分农作物和树木受到油漆污染，并在应急处置的过程中作为废物转运处置。由于受害者与肇事公司已达成赔偿协议，因而该部分损失按照实际赔付金额核算，即农作物损失为 11800 元，树木损失为 3340 元，共计 15140 元。

（2）生态环境资源损害

该事件造成的生态环境资源损害主要由水质恢复成本和水资源损失费用（水资源功能损失补偿）两部分组成。水质恢复成本可以用应急处置过程的直接处置费用（即污染控制与清理费用）来量化。评估结果显示，该阶段所产生的费用主要包括应急物质费用、危险废物处置费用、设备及车辆租用费用和人力劳资费用总计 197276 元。其中，应急物资费用为 87890 元，危险废物处置费用为 56120 元，设备及车辆租用费用为 16266 元，人力劳资费用为 37000 元。应急物资及危险废物处置费用为主要的花费项目，占水质恢复成本总额达 73%以上（见表 6-3）。

表 6-3　污染控制与清理费用统计

费用	部门	项目	核算方式	费用/元
应急物资费用	市环境应急与事故调查中心	吸油毡	10 箱×960 元·箱⁻¹	9600
		围油栏	18 箱×1470 元·箱⁻¹	26460
	B 镇政府	电动机（抢险中损坏）	2 台×650 元·台⁻¹	1300
	A 县环境保护局	处置用谷草	500kg×1 元·kg⁻¹	500
		沙石	86m³×90 元·m⁻³	7740
		水泥	4.5t×420 元·t⁻¹	1890
		吸油棉	6 件×1200 元·箱⁻¹	7200
		拦油索	6 箱×4200 元·箱⁻¹	25200
		活性炭	1t×8000 元·t⁻¹	8000
	小计			87890
危险废物处置费用	某危废处置公司	废渣处置费	8.90t×2000 元·t⁻¹	17800
		废水处置费	19.16t×2000 元·t⁻¹	38320
	小计			56120
设备及车辆租用费用	某危废处置公司	废渣转运专用车辆	3 次×1000 元·次⁻¹	3000
		危废转运专用车辆	5 次×1000 元·次⁻¹	5000
	B 镇政府	普通车辆	1 次×980 元·次⁻¹	980
		挖机	1 次×7286 元·次⁻¹（26h）	7286
	小计			16266

费用	部门	项目	核算方式	费用/元
人力劳资费用	某危废处置公司	劳务用工	7 人×2d×200 元·(人·d)$^{-1}$	2800
	B 镇政府	劳务用工	20 人×1d×150 元·(人·d)$^{-1}$	3000
		劳务用工	27 人×2d×150 元·(人·d)$^{-1}$	8100
		劳务用工	9 人×3d×150 元·(人·d)$^{-1}$	4050
		劳务用工	3 人×4d×150 元·(人·d)$^{-1}$	1800
		劳务用工	3 人×5d×150 元·(人·d)$^{-1}$	2250
		劳务用工	2 人×7d×150 元·(人·d)$^{-1}$	2100
		劳务用工	4 人×8d×150 元·(人·d)$^{-1}$	4800
		劳务用工	6 人×9d×150 元·(人·d)$^{-1}$	8100
	小计			37000
	合计			197276

水资源的损失是指污染事故影响范围内的水资源不能服务于其正在使用的用途，或者需要采取污染修复或恢复措施后才能正常使用，水资源功能丧失造成的损失。该小河沟受污染范围为事发地至 C 水库入口段，该小河沟虽未划定水域功能，但汇入的 C 水库为 B 镇饮用水源地，故将小河沟受污染段的水资源用途归类为城市生活用水，其影子价格为 2.0~4.0 元/m^3，评估取中间值 3.0 元/m^3。根据受污染的水量估算结果 4950m^3 和该用途水资源影子价格 3.0 元/m^3，可以估算出该污染事件的水资源损失费用为 14850 元。综上所述，该事件造成的生态环境资源损害为 212126 元，其中水质恢复成本为 197276 元，水资源损失费用(水资源功能损失补偿)为 14850 元。

（3）应急处置过程中的行政事务投入费用

应急处置过程中的行政事务投入费用是指各级行政主管部门在应急指挥调度过程中投入人力、车辆等所产生的费用和应急监测部门在应急监测过程中所产生的费用。评估结果显示，行政事务投入费用总额为 75715 元。其中人工费用 8980 元，应急车辆费用 12680 元，应急监测费用 54055 元(表6-4)。应急监测费用为主要的花费项目，占行政事务投入费用总额的 71.4%。

表6-4　行政事务投入费用统计

费用	部门	人员、车辆、项目类型	核算方式	费用/元
人力劳资费用	市环境应急与事故调查中心	应急指挥调度人员	9 人×2d×200 元·(人·d)$^{-1}$	3600
	A 县环境保护局	应急指挥调度人员	80 人次×20 元·人次$^{-1}$	1600
	市环境监测中心	监测人员	8 人×2d×80 元·(人·d)$^{-1}$	1280
	A 县环境监测站	监测人员	125 人次×20 元·人次$^{-1}$	2500
	小计			8980

费用	部门	人员、车辆、项目类型	核算方式	费用/元
应急车辆及其油耗费用	市环境应急与事故调查中心	普通车辆	1 辆×2d×1375 元·(辆·d)$^{-1}$	2750
		普通车辆耗油	60L×7.5 元·L^{-1}	450
		专用车辆	1 轴×2d×1375 元·(辆·d)$^{-1}$	2750
		专用车辆耗油	80L×7.5 元·L^{-1}	600
	A 县环境保护局	普通车辆	18 车次×60 元·车次$^{-1}$	1080
	市环境监测中心	专用监测车辆	2 辆×2d×400 元·(辆·d)$^{-1}$	1600
		车辆耗油	100L×7.5 元·L^{-1}	750
	A 县环境监测站	专用监测车辆	45 车次×60 元·车次$^{-1}$	2700
	小计			12680
应急监测费用	样品采集	—	407 个×(6×2.5)元·个$^{-1}$	6105
	样品分析	pH	68 个×(10×2.5)元·个$^{-1}$	1700
		化学需氧量	7 个×(60×2.5)元·个$^{-1}$	1050
		高锰酸盐指数	68 个×(20×2.5)元·个$^{-1}$	3400
		六价铬	33 个×(40×2.5)元·个$^{-1}$	3300
		石油类	67 个×(70×2.5)元·个$^{-1}$	11725
		镉	40 个×(60×2.5)元·个$^{-1}$	6000
		铅	37 个×(60×2.5)元·个$^{-1}$	5550
		苯系物	(29×3)个×(70×2.5)元·个$^{-1}$	15225
	小计			54055
	合计			75715

（4）调查评估费用

调查评估费用是指环境损害鉴定评估机构开展环境损害评估所产生的费用。评估结果显示，调查评估费用总额为 50000 元，包括现场踏勘费用 5000 元，走访调查费用 5000 元，勘察监测费用 10000 元，分析评估费用 20000 元和报告编制费用 10000 元。

（5）环境损害评估汇总

该事件中由环境污染造成的直接损害数额为 227266 元，其中财产损害为 15140 元，生态环境资源损害 212126 元(包括水质恢复成本 197276 元，水资源功能损失补偿 14850 元)；由环境污染造成的间接损害数额为 125715 元，其中应急处置行政事务投入费用为 75715 元，调查评估费用为 50000 元。综上所述评，估该事件造成的环境污染损害数额总计为 352981 元。

第三节　突发环境事件调查处置

一、突发环境事件责任追究的意义

当前，我国各类环境污染事件频发，环境风险加大，突发环境事件正处于高发期，一些重、特大突发环境事件，特别是最近发生的多起重金属污染事件危害极大，处置困难，严重威胁着群众生命和财产安全，直接影响了社会稳定。

加大环保问责力度，是落实环保责任、保障环境安全的有力措施。2006年，原监察部、原国家环保总局印发了《环境保护违法违纪行为处分暂行规定》。2009年6月，中共中央办公厅、国务院办公厅印发了《关于实行党政领导干部问责的暂行规定的通知》，要求对因工作失职、管理监督不力、滥用职权或不作为等造成特别重大事故、事件、案件发生，产生重大损失或对群体性事件、突发性事件处置失当，导致事态恶化造成恶劣影响的，实施党政领导干部问责。为了进一步增强责任意识、全面落实各项环保法律法规和确保环境安全，必须不断强化责任追究力度，以加强警示教育、弥补管理漏洞、杜绝类似事件的发生。为了加快推进生态文明建设，健全生态文明制度体系，强化党政领导干部生态环境和资源保护职责而制定法规。2015年中共中央办公厅、国务院办公厅印发的《党政领导干部生态环境损害责任追究办法(试行)》，推行环境保护"党政同责、一岗双责、失职追责"，并规定本地区发生主要领导成员职责范围内的严重环境污染和生态破坏事件，或者对严重环境污染和生态破坏(灾害)事件处置不力的，应当追究相关地方党委和政府主要领导成员的责任；对严重环境污染和生态破坏事件组织查处不力的，应当追究相关地方党委和政府有关领导成员的责任。2014年12月原环境保护部出台了《突发环境事件调查处理办法》，该《办法》是一部规范各级环境保护主管部门调查处理突发环境事件的程序性规章，对突发环境事件调查程序的适用范围、事件调查组的组织、调查取证、调查报告以及后续处理等做出了明确规定。

《突发环境事件调查处理办法》主要内容为：

（1）对事件调查的原则、管辖等一般性问题进行了规定。第四条对管辖问题进行了规定，原环境保护部负责组织重大和特别重大突发环境事件的调查处理，省级环境保护主管部门负责组织较大突发环境事件的调查处理，一般突发环境事件的调查处理可视情况由事发地设区的市级环境保护主管部门组织。此外，《办法》还对委托管辖、直接管辖等问题进行了规定。如上级环境保护主管部门可以委托下级环境保护主管部门开展突发环境事件的调查处理，下级环境保护主管部门也可以对部分重大、敏感事件，请求上级环境保护主管部门调查处理。

（2）对突发环境事件的调查组的组织形式、纪律做出规定。调查组由环境保护主管部门主要负责人或者主管环境应急管理工作的负责人担任组长，应急管理、环境监测、环境影响评价管理、环境监察等相关机构的有关人员参加，可以聘请环境应急专家库内专家和其他专业技术人员协助调查。此外，还可以根据突发环境事件的实际情况邀请公安、交通运输、水利、农业、卫生、安全监管、林业、地震等有关部门或者机构参加调查工作。

（3）对调查方案、调查程序、污染损害评估等内容进行了规定。要制定调查方案，通过对现场勘查、检查、询问等方式收集证据，并制作案卷，同时明确规定，环境保护主管部门应按照当地人民政府要求，开展应急处置阶段污染损害评估，并将其报告或者结论作为编写突发环境事件调查报告的重要依据。

（4）对调查对象、调查报告、调查期限等问题进行了规定。规定了对事发单位、环境保护主管部门和其他部门的调查内容，尤其详细规定了环保部门在突发环境事件的风险控制、应急准备、应急处置和事后恢复工作中的职责，要求各级环保部门，要认真履行职责。同时，对调查报告和调查期限进行了明确规定。

（5）对事件后续处理和其他问题的规定。根据《环境保护法》的有关条文和立法精神，《办法》第十七条至第二十一条明确规定了事件调查应当依法公开信息，对调查中发现的违法行为要及时移送相关部门或司法机关，对连续发生突发环境事件，或者突发环境事件造成严重后果的地区，可以对事发地人民政府主要领导约谈。

二、涉突发环境事件被追责主要原因及举例

（一）地方政府重发展、轻环保，盲目决策，疏于监管，导致突发环境事件，政府主要领导被追究责任

主要有以下四种情况：

1. 明知故犯

一些地方政府以牺牲环境为代价发展经济，为发展经济降低环保要求。如2005年4月，发生在某市的环境群体性事件，其环评报告已对该市化工区做出无环境容量、不适合建化工集中区的结论，但当地政府置环评结论于不顾，强行招商，引入13家化工等各类污染企业，并陆续建成投产，结果对当地的农作物和大气造成严重污染，引起周边群众的强烈反对，最终酿成"4·10"群体性事件。该省有关部门决定免去市委、市政府主要领导职务，并给予党纪政纪处分。

2. 决策失误

一些地方因决策失误造成污染物长期超标，并引发突发环境事件。如某市为拉动周边经济增长，盲目兴建污染企业，导致2008年该地区重大砷污染事件，沿湖2万多群众饮水困难。尽管相关责任企业数年间实现工业总产值6亿多元，纳税1000多万元，但此次污染致使该地区恢复到Ⅲ类水质至少需要3年时间，而整个污染治理费用将达数十亿元。省政府对26名涉及砷污染事件的政府相关人员进行行政问责，其中某副市长被责令引咎辞职，市长助理被免职。

3. 疏于监管

一些地方政府为污染企业大开绿灯，甚至为违法排污企业充当"保护伞"。如某有色金属冶炼有限责任公司违反环保法律法规和国家产业政策，长期使用明令禁止的淘汰工艺从事生产，并违法排污，严重污染环境，导致300多名村民血铅超标，其中200多人铅中毒。在企业长期违法生产过程中，县政府及有关部门熟视无睹，甚至包庇纵容。在此事件问责中，一些已调离原来岗位的政府和部门的负责同志也被依法追究责任。

4. 应急响应不当

一些地方政府对环境应急工作重视不够，应对不及时，处置不科学，信息迟报现象严重，致使错失最佳处置时机，造成巨大损失和恶劣影响。如2004年2月，某江发生特大水污染事件后，沿江近百万群众饮用水暂停供应，社会生产秩序受到很大影响。当地政府和区环境保护部门有关领导由于环保责任不强、环境应急意识淡薄，在发现某公司超标排放高浓度氨氮废水后，既没有及时上报，也没有跟踪调查水质异常情况，更未对企业采取措施，错过了应急处置最佳时机，在很大程度上扩大了事态。在事后问责中，有关副区长等4人受到党纪、政纪处分，该区环保局副局长、环保监测站站长被以监管失职罪追究刑事责任。

（二）相关职能部门把关不严，监管失职、渎职，引发突发环境事件，有关责任人员被追究责任

主要有以下两种情况：

1. 审批把关不严

一些地方在上项目时，有关部门不依法履行职责，审批把关不严，人为降低污染企业准

入"门槛"。如 2008 年，某省发生的大沙河砷污染事件，主要原因是某化工有限公司生产线不符合产业政策，但当地政府及工商、技术监督、经济、安监等部门违规审批，擅自开"绿灯"，导致环境污染事件的发生，有 18 名责任人因此受到党纪、政纪处分。

2. 监管失职、渎职

一些地方有关部门疏于监管，导致发生安全生产等事故，并引发次生灾害，其中尾矿库溃坝引发的突发环境事件尤为突出。如 2006 年，某地区发生了污水蓄存池溃坝事故，因有关部门巡坝不力，没有及时发现安全隐患，导致地方政府及经济局、河灌局等多家单位的有关人员被追究责任。又如 2006 年，某市发生了米粮金矿尾矿库溃坝事故，主要原因是该尾矿库库容已经用完，企业擅自加高尾矿库坝并继续使用，而当地政府及安监等部门没有及时制止，最终酿成溃坝事故，共有 33 人被追究责任。

（三）企业违法建设、违法生产、违法排污，导致环境污染事件，企业主要责任被判投毒、重大环境污染事故、破坏环境等罪行

主要有以下三种情况：

1. 未履行环保审批手续违法建设和生产

有的新建企业未履行环评审批手续就上马，有的企业未经环境保护部门审批擅自改变生产工艺。如 2003 年，某公司在环保手续尚未批复尾矿库等设施尚未建设到位的情况下，擅自投入生产，造成附近多名群众血铅超标。最终于 2006 年酿成了群体性事件，矿长、副矿长都因此受到撤职和解聘。

2. 未按环评审批的要求进行建设和生产

有些企业未建治污设施即投入生产，有的治污设施未建成或未达到环保审批要求即投入生产。如 2008 年，某公司在环保"三同时"未完全到位的情况下，擅自开工试生产，导致高浓度超标废水进入灌渠，影响了当地群众的生产生活，企业负责人因此被追究刑事责任。再如 2008 年，某厂违规使用高含砷硫铁矿，废水渗入地下，导致饮用水水源遭受严重污染，90 人砷中毒。该企业 4 名负责人被移交司法机关追究刑事责任。

3. 恶意违法排污

造成污染事故的企业漠视环保法律法规，明知会造成严重的污染后果，仍然擅自投入落后、污染严重的生产设备和工艺，肆意偷排偷放。如 2005 年年底，某冶炼厂将 1000 多方含镉废水排入江中，导致水厂停水 15d，肇事企业的 3 名直接责任人被移送司法机关。又如 2006 年 8 月，某公司工人在将生产废液异地处理的运输途中，将约 10m³ 废液倾倒于距厂 38km 处的河内，致使该河受到污染，影响了社会稳定，并造成了国际影响。最终，肇事司机等 2 名直接责任人均以重大环境污染事故罪被处以 3 年有期徒刑。

（四）环境保护部门问责情况

1. 未把好环评审批和"三同时"验收关

在已问责的事件中，约有 45% 的项目未履行环评审批和"三同时"验收手续。如 2004 年，某市 18 家涉铅企业违法排污，其中 4 家企业未经环境保护部门审批擅自改变生产工艺，3 家企业未办理环保审批手续就擅自建设、开工，尤其是某县环保局越权审批了 11 家蓄电池及铅熔炼企业，出具虚假监测数据，擅自为涉铅企业延长排污许可证有效期限，导致 7 名环境保护部门领导受到处分，其中局长和两位副局长被免职。

2. 未把好执法监督关

具体表现为：①一些地方作风浮躁，工作走过场，对长期环境违法行为视而不见。如在某事件中，省、市、县三级环境监察部门曾派人现场监察 80 多次，罚款 70 多万元，但未采取有效措施制止企业违法排污，为此县环保局两名环境监察人员被免职。在某公司违法排污引发水源地污染事件中，某县环境监察大队两名负责人因环境监管失职被移送司法机关处理。②一些地方缺乏解决实际问题的能力和水平，现场执法和隐患排查发现不了问题。如某冶炼厂用废料炼锰致使千余人血铅超标，此项目未经环评审批就投入生产，且地方环境保护部门在群众举报污染后多次检查此厂，均认为企业排放没问题，引发了血铅事件，已有 3 名环保官员被立案调查。③一些地方纪律严重涣散，甚至充当非法业主"保护伞"。在某河砷污染事件中，民权县环保局仅指派一名副局长对违规公司收费和监督检查，而该副局长在多次检查中，对企业擅自拆除部分治污设施的行为未予以纠正，对本应循环使用的含砷超标废水直接外排的行为置之不管，后以环境监管失职罪被追究刑事责任，判处有期徒刑三年缓期两年执行。

3. 未把好突发环境事件预警应对关

一些地区没有将环境应急管理摆在应有的位置，内部缺乏有效工作机制，环境风险隐患排查不力，迟报现象比较突出；个别地方应急值守形同虚设，甚至故意关闭手机、拒绝上级部门信息调度。如 2009 年，某地区在不到 200d 的时间内发生了两起砷浓度超标重大突发环境事件，该省有关地方政府和环境保护部门由于未建立高风险污染因子的有效监控和应对机制，在已经判断可能会造成跨界污染的情况下，未及时通报下游政府并上报原环境保护部，影响了社会稳定和对局势的掌控。为此，原环境保护部专门约谈了该市政府和该省环保厅主要负责人并提出警告。

4. 未把好有毒有害物质转移监督关

在发生的突发环境事件中，有相当一部分是在转移废液、废渣过程中，恶意倾倒所致。其中主要原因，有的是环境保护部门疏于监管，有的则是充当了帮凶，指使、纵容企业违法转运。如 2009 年 2 月，某市环保局违规同意某公司将含铬危险废渣非法转移出界，造成有关地下水受污染，个别村民中毒。8 名涉嫌非法转移铬渣人员已被刑事拘留，相关部门也被追究责任。

5. 未把好部门联动关

环境保护部门在工作中未依法履行职责，对该移送移交的问题未及时规范处理而被问责。如在某县尾矿库垮坝事件中，该市和该县环境保护部门在检查该企业时，未将发现的尾矿库中存在的问题及时移送移交当地安全生产监督管理部门，该县环境监察大队八中队负责人以玩忽职守罪被判处一年有期徒刑，该市环保局局长、副局长、环境监察副支队长及该县环保局局长、副局长等多人均受到党政纪处分。

三、突发环境事件调查处理工作程序及内容

（一）调查处理工作前期准备

突发环境事件调查前期准备工作主要包括明确参与事件调查人员并成立调查组，制定涵盖职责分工、方法步骤、时间安排等内容的调查工作方案。

1. 成立调查组

（1）人员组成。事件调查组应当由环境保护主管部门主要负责人或者主管环境应急管理工作的负责人担任组长，应急管理、环境监测、环境影响评价管理、环境监察等相关机构的有关人员参加。

（2）技术支撑。调查组可以聘请环境应急专家库内专家和其他专业技术人员协助调查；根据突发环境事件的实际情况，可邀请公安、交通运输、水利、农业、卫生、安全监管、林业、地震等有关部门或者机构参加调查工作。

（3）内部机构。调查组可以根据实际情况分为若干工作小组开展调查工作。工作小组负责人由调查组组长确定。

（4）调查纪律。调查组成员和受聘请协助调查的人员不得与被调查的突发环境事件有利害关系，严格遵守工作纪律，客观公正地调查处理突发环境事件，并在调查处理过程中恪尽职守，保守秘密。未经调查组组长同意，不得擅自发布突发环境事件调查的相关信息。

2. 确定调查方案

（1）调查目的

通过开展事件调查，切实查明事件原因、发生和应对过程，确认事件性质，认定事件责任，评估事件损失，总结经验教训，对负有责任的单位和人员提请当地政府予以问责，督促指导当地采取有效措施，防止类似事件再次发生，维护环境安全和社会稳定。

（2）调查内容

根据突发环境事件造成环境影响特点，重点调查事件发生单位基本情况，核实事件发生原因、发生经过及造成的人身伤亡、直接经济损失、环境污染和生态破坏情况，核查突发环境事件发生单位、地方人民政府和有关部门在日常监管、事件应对（信息报送、协调机制、应急监测、应急处置、减缓影响及责任追究）履职情况。

（3）调查方式

收集地方人民政府和有关部门在突发环境事件发生单位建设项目立项、审批、验收、执法等日常监管及事件应对、组织开展污染损害评估等环节履职情况的证据材料，核查企业相关文件（预案、数据、环保档案及事件有关视频信息资料）。

对事件涉及的地方人民政府、相关部门及企业人员进行询问，有必要的制作询问笔录。

对突发环境事件发生单位开展现场调查，核实询问笔录、证明资料等相关内容；最终对突发环境事件发生原因、应急处置及责任认定等环节进行客观评价，形成调查报告。

（4）调查组组成及职责

以甘肃省突发环境事件调查组人员组建方案为例。

调查组组长：省厅分管环境应急工作负责人或省环境应急与事故调查中心负责人。

调查组副组长：事发地环保部门主要负责人。

内部机构设置：

【管理组】组长及成员名单由调查组组长、副组长商议决定，可从省厅以下内设机构与下属单位中选择：

厅办公室、厅政策法规处、厅监察室、省环境应急与事故调查中心、省环境监察局。

职责：根据技术组查明的事件发生单位基本情况，事件发生时间、地点、事件经过，从管理角度查清有关部门在行政审批、日常监管和应对处置中履职尽责情况，对存在问题的单位和人员，按照《党政领导干部生态环境损害责任追究办法（试行）》提出拟进行责任追究的有关建议；负责起草事件调查报告。

【技术组】组长及成员名单由调查组组长、副组长商议决定，可从省厅以下内设机构与下属单位中选择：

厅环境影响评价处、厅科技标准处、省环境科学设计研究院、省固体废物管理中心、省环境工程评估中心。

职责：从技术角度调查事件发生单位的生产工艺、环保管理、应急预案、处置措施等基本情况，查清事件发生的原因、发生过程、核算污染物泄漏总量，查清地方政府应急决策是否及时、准确，评估处置措施是否有效，总结企业及相关部门在日常管理、应对处置过程中的经验教训，提出企业需加强整改的措施，提出加强事件科学处置的建议；负责起草事件调查技术报告。

【评估组】组长及成员名单由调查组组长、副组长商议决定，可从省厅以下内设机构与下属单位中选择：

厅环境监测处、省环境监测中心站、省环境科学设计研究院。

职责：负责协调相关环境影响及损害评估技术单位做好应急处置阶段污染损害评估工作，确定调查事件造成的直接经济损失、环境污染和生态破坏情况，形成评估报告；负责协调评估调查涉及的相关部门、组织和单位提供数据和材料；根据评估报告，为管理和技术组提供核定的事件损失等结论，为确定事件性质提出建议。

【后勤保障组】组长及成员名单由调查组组长、副组长商议决定，可从省厅以下内设机构与下属单位中选择：

厅办公室、厅规划财务处、厅宣传教育处、省环境宣传教育中心。

职责：负责协调事件涉及地方政府、部门、有关企业的相关资料调取、人员联系及车辆保障工作；为管理组、技术组、评估组做好其他有关单位的协调事宜。

（5）有关要求

现场勘查、检查或者询问，不得少于两人。

现场勘查笔录、检查笔录、询问笔录等，要由调查人员、勘查现场有关人员、被询问人员签名。

调查组成员需遵守工作纪律，未经调查组组长同意，不得发布调查的相关信息。

根据工作进展情况，每日定期召开调查工作进展碰头会。

（二）突发环境事件调查的组织

1. 关于调查组的组成要求

调查组组长一般由环境保护主管部门主要负责人或者主管环境应急管理工作的负责人担任，组成人员主要由三部分构成。一是环境保护主管部门所属的应急管理、环境监察、环境监测、环境影响评价管理等相关机构人员；二是环境保护主管部门所聘请的环境应急专家库内专家和其他专业技术人员；三是根据突发环境事件的实际情况可以邀请公安、交通运输、水利、农业、卫生、安全监管、林业、地震等有关部门或者机构人员参加调查组。调查组可以根据实际情况分为综合组、技术组、监测组、评估组、管理组、专家组等小组等若干工作小组开展调查工作。

2. 关于调查的方式

调查组开展突发环境事件调查，应当对突发环境事件现场进行勘查，可以采取取样监测、拍照、录像，询问突发环境事件受害方，制作现场勘查笔录等方法记录现场情况，提取相关证据材料；进入突发环境事件发生单位、突发环境事件涉及的相关单位或者工作场所，调取和查阅相关文件、资料、数据、记录等；对突发环境事件发生单位有关工作人员、参与应急处置工作的知情人员进行询问，并制作询问笔录。

3. 关于开展责任认定需要查明的内容

《突发环境事件调查处理办法》分别规定了对事发单位、环保部门、地方政府以及有关部门突发环境事件预防和应对情况的调查内容，尤其是环保部门在突发环境事件应对处置中必须做到的五个"第一时间"（即第一时间报告，第一时间赶赴现场，第一时间开展监测，第一时间发布信息，第一时间组织开展调查）工作要求。第一时间报告，可以争取应对处置的资源；第一时间赶赴现场，可以及时了解事件情况，防止误判；第一时间开展监测，可以为应对处置及时提供决策依据；第一时间发布信息，可以避免谣言传播，维护社会稳定。通过这样的规定，使相关企业和地方各级环保部门明确各自的职责，为履职提供依据。《突发环境事件调查处理办法》分别对事发单位、地方环境保护主管部门履职分别提出了9条、7条重点调查内容，可作为企业及环保部门履职到位与否的判定依据。在调查过程中，调查组还需要收集地方人民政府和有关部门在事发单位建设项目立项、审批、验收、执法等日常监管过程中和事件应对等环节履职情况的证据材料。除此之外，还应查明国家行政机关及其工作人员、企业中由国家行政机关任命的人员是否有违反《环境保护违法违纪行为处分暂行规定》的违法违纪行为。

（三）突发环境事件调查实施

根据突发环境事件定义，结合其他省份及我省发生的各类突发环境事件引发特点，本研究将突发环境事件诱因划分为以下类别：

① 生产安全事故及非正常工况，主要包括由于生产装置或设施发生火灾、爆炸、泄漏、停电、断水、停气、开(停)车及通信、运输系统故障等因素可能引起的次生、衍生厂外环境污染及人员伤亡事故。

② 污染治理设施、环境风险防控设施失灵或非正常运行。

③ 交通运输事故导致危化品(危险废物)发生泄漏。

④ 各种自然灾害、极端天气或不利气象条件。

⑤ 违法排污(包括违法倾倒危险废物)。

根据以上分类，本研究将突发环境事件调查处理类别划分为4类，即生产安全事故(①与②合并)类、交通运输事故类、自然灾害类及违法排污类。

突发环境事件调查应通过现场勘查、人员问询等方式，查清事件发生单位基本情况、发生时间、地点、原因和事件经过、造成的人身伤亡、直接经济损失及环境污染和生态破坏情况、事件发生单位、地方人民政府和有关部门日常监管和事件应对情况，根据相关法律法规及技术标准规定，认定事件性质，指明相关单位及人员(涉事企业、环保部门及其他监管部门)的违法、违纪责任，提出处理意见。

1. 现场勘查

突发环境事件现场勘查主要采取提取事故现场相关证据材料、调取事件发生单位(或事件涉及的相关单位、工作场所)相关材料等方式，制作现场勘查笔录，查清事件发生单位、事故发生装置基本情况，核定事件造成的环境影响及损害程度。

(1) 针对涉事企业，应当查明以下基本情况：

① 事故发生装置主要用途、事发前基本工作状态以及该套装置基本技术参数(物料承载基本信息、基本工作原理、主要构件等)；

② 事故装置日常运行操作要求及维护情况;

③ 事故装置及企业风险防控设施建设情况;

④ 企业应急物资储备情况;

⑤ 企业排污及日常监测情况;

⑥ 企业环境应急机构设置及日常管理情况;

⑦ 企业生产经营及人员、机构组成情况。

需要调取企业以下技术文件及相关材料:

① 企业项目可行性研究报告、工程设计资料、项目环评、环保部门关于项目环评批复、验收文件、水文地质勘查报告;

② 企业突发环境事件风险评估报告、应急资源调查报告、应急预案及以上材料环保部门备案文件;

③ 企业例行监测报告;

④ 企业环境风险单元隐患自查台账及环境安全管理制度;

⑤ 企业危险化学品管理台账;

⑥ 企业排污申报相关文件;

⑦ 企业安全生产许可、危险化学品安全评价、危险化学品重大危险源备案及消防验收相关文件。

(2) 针对事件造成的环境影响及污染损害程度,重点查明以下情况:

① 事件造成生态环境损害的对象(地表水、地下水、饮用水、土壤、自然保护区)、泄漏污染物的种类、性质、污染物泄漏方式与泄漏量(包括污染泄漏持续时间)、污染物回收量、污染物泄漏的程度及影响范围、可能的迁移转化方式以及事件发生前后影响区域内的污染物浓度等资料和信息;

② 损害发生的主要类型,即是否导致人身损害、财产损害、生态环境损害以及初步核定的应急处置费用;

③ 有无采取疏散人群行动;

④ 事件发生前以及发生后污染影响区域的自然灾害、地形地貌、降雨量、气象、水文水利条件以及遥感影像数据等信息;

⑤ 影响区域人口数量、分布、正常状况下的人口健康状况、历史患病情况等基线信息以及突发环境事件发生后出现的诊疗与住院等人体健康损害信息;

⑥ 影响区域旅游业、渔业、种植业等基线状况以及突发环境事件造成的财产损害等信息;

⑦ 影响区域内生物种类与空间分布、种群密度、环境功能区划等背景资料和数据;

通过走访座谈影响区域的相关部门、企业、有关群众,重点收集以下材料:

① 环境监测、水文水力、土壤、渔业资源等历史环境质量数据和应急监测、应急工程设施等信息(包括相关图件);

② 关于污染物理化性质及其健康与生态毒性影响、影响区域基线信息等相关文献。

(3) 人员问询

对突发环境事件发生单位有关人员、负有安全监管职责的政府、环保、安监等部门工作人员、参与应急处置工作的知情人员进行询问，并制作询问笔录。

（4）针对企业相关人员，主要询问以下情况：

① 企业突发环境事件应急预案编制情况：

企业突发环境事件风险评估、应急资源调查报告编制。

需要调阅的资料：企业突发环境事件风险评估、应急资源调查报告。

② 企业应急预案的管理及实施情况：

应急预案备案情况；预案演练情况。

需要调阅的资料：企业突发环境事件应急预案备案材料、演练资料。

③ 企业环境风险隐患排查治理工作基本情况：

事故工艺（装置）日常环境风险隐患自查工作制度及落实情况。

需要调阅的资料：企业环境风险隐患排查治理档案。

④ 企业环境风险防范设施建设及运行的情况：

突发环境事件风险防控措施，应当包括有效防止泄漏物质、消防水、污染雨水等扩散至外环境的收集、导流、拦截、降污等措施以及预防有毒有害气体扩散所设置的预警、喷淋、收集设施。

需要调阅的资料：企业各类环境风险防范设施设计、施工图纸及环评（批复）相关要求。

⑤ 企业环境应急管理工作制度，明确责任人和职责的情况：

a. 环境风险隐患自查制度；

b. 环境应急物资管理制度；

c. 信息报告制度；

d. 培训制度；

e. 应急演练制度；

f. 信息公开制度。

需要调阅的资料：以上制度性文件。

（5）针对当地环保部门工作人员，主要询问以下情况：

① 环境风险隐患排查检查工作情况：

a. 对企业环境风险防范和环境安全隐患排查治理工作进行抽查或者突击检查的工作情况；

b. 制定、下发突发环境事件风险防控措施制度性规范、文件；

c. 辖区环境风险源数据库建设情况；

d. 环境污染隐患排查治理监督检查制度落实情况。

需要调阅的资料：当地环保部门关于开展环境风险隐患排查工作的文件、相关调查笔录、挂牌督办通知文件及督促企业落实整改的文件。

② 突发环境事件应急预案管理情况：

a. 企业突发环境事件应急预案备案管理情况；

b. 政府突发环境事件应急预案编制、发布及实施情况；

c. 环保部门内部突发环境事件应急预案实施方案（细则）；

d. 建议当地政府完善水源地应急预案体系工作开展情况；

e. 指导、督促企业完善突发环境事件应急预案的情况；

f. 定期开展突发环境事件应急演练情况。

需要调阅的资料：事发地政府突发环境事件应急预案、环保部门突发环境事件应急工作方案。

（6）针对当地政府其他部门及相关第三方专业技术服务机构，主要询问以下情况：

发展和改革、工业和信息化、住房和城乡建设部门：

① 企业项目办理审批、核准、备案工作情况；

② 环境保护设施竣工验收备案手续办理情况。

公安部门：

① 危险化学品公共安全管理情况；

② 配合环保部门妥善处置因火灾、爆炸和泄漏等各类事故引发的突发环境事件情况。

国土资源部门：

依据开采矿产资源环境影响评价审批文件核准采矿权项目的情况。

安全生产监督管理部门：

① 危险化学物品生产、经营单位的安全生产综合监督管理情况；

② 依法查处危险化学品生产企业违反安全生产法律法规的行为，防范生产安全事故造成环境污染情况；

③ 矿山尾矿库安全监督管理，及时排除环境安全隐患工作情况。

需要调阅的资料：

① 以上部门在突发环境事件发生单位建设项目立项、审批、验收、执法等日常监管过程中和突发环境事件应对、组织开展突发环境事件污染损害评估等环节履职情况的证据材料。

② 事发地政府及其有关部门履行安全生产、环境隐患排查整治工作安排部署及总结性文件。

③ 第三方专业技术服务机构资质、项目环评、安评报告。

2. 事中应对

（1）针对企业相关人员，主要询问以下情况：

① 企业组织人员开展先期处置情况：

a. 事故发生经过、参与应急处置人员；

b. 企业内部应急预案启动情况；

c. 事件处置涉及关闭、停产、封堵、围挡、喷淋、转移等等切断和控制污染源的措施实施情况；

d. 避免事态扩大采取的主要措施。

需要调阅的资料：

企业突发环境事件应急预案、事故发生岗位应急救援操作方案；企业监控设施存储信息及必要的照片、视频资料。

② 企业信息报告情况：

a. 事件发生详细时间；

b. 向当地环保部门以及相关行业主管部门报告信息时间；

c. 信息报告的具体内容。

需要调阅的资料：事件信息报告（纸件传真）相关证明材料；企业内部突发环境事件信息报告工作相关要求。

③ 企业信息通报情况：

a. 信息通报具体事件及实施人员；

b. 信息通报内容及人群范围。

需要调阅的资料：事件信息通报相关证明材料；企业内部突发环境事件信息通报工作相关要求。

④ 企业服从当地政府指挥情况：

企业服从应急指挥机构统一指挥，并按要求采取预防、处置措施的情况。

需要调阅的资料：企业在事件应对过程中内部人员分工安排。

⑤ 配合事件调查组接受调查处理情况：

是否存在伪造、故意破坏事发现场，或者销毁证据阻碍调查的情况；

企业提供相关技术资料、协助维护应急现场秩序、保护与突发环境事件相关的各项证据情况。

（2）针对当地环保部门工作人员，主要询问以下情况：

① 信息报告：

a. 接到企业报告信息时间及内容；

b. 向上级环保部门报告信息时间及内容；

c. 接到相邻行政区域突发环境事件信息后，按规定报告的情况。

需要调阅的资料：信息接报原始记录单及有关证据材料、信息上报原始记录（传真文件及必要的文字记录信息）。

② 信息通报：

a. 事发地环境保护主管部门向已经或者可能涉及相邻行政区域环境保护主管部门的通报信息情况；

b. 事发地环境保护主管部门向同级政府建议通报信息的情况。

需要调阅的资料：信息通报文件（电话记录单）。

③ 环保部门"第一时间赶赴现场"：

a. 环保部门赶赴现场时间及到达时间；

b. 环保部门到达现场提出建议、配合政府开展应急处置情况；

c. 环保部门现场开展工作情况。

④ 第一时间提出发布信息的建议：

按职责向履行统一领导职责的人民政府提出突发环境事件信息发布建议的情况：

需要调阅的资料：信息发布证明材料。

⑤ 第一时间开展应急监测情况：

a. 应急监测工作启动、组织实施情况；

b. 及时向本级人民政府和上级环境保护主管部门报告监测结果的情况。

需要调阅的资料：应急监测方案及监测报告。

⑥ 及时组织开展应急处置阶段污染损害评估：

污染损害评估前期工作安排部署情况。

需要调阅的资料：污染损害评估前期工作方案、评估初步结论。

（四）突发环境事件责任认定与追究

通过对突发环境事件发生单位、环保部门及相关行业监管部门开展前期调查，评估事件造成的环境损失，结合突发环境事件应急预案事件分级标准核定事件等级，根据相关法律法规认定事件性质、企业及相关部门违法违规行为，提出处理意见。

1. 突发环境事件级别认定

事件级别认定依据国家突发环境事件应急预案中事件定级标准。

2. 突发环境事件责任认定与追究

依据造成事件发生的诱因，对事件责任初步认定为安全生产事故、企业违法排污、交通事故等三大类；结合现场调查情况，根据相关法律法规对事件性质作出具体认定。

3. 责任追究种类及相关依据

突发环境事件责任追究种类及相关依据具体见本章第四节内容。

（五）调查报告模板

××事件调查报告

××年×月×日，接到××关于××情况的报告后，我厅领导高度重视，立即于××月××日派出（工作组）赴现场指导开展应急处置工作。×月×日，在（已切断污染源、初步完成环境修复、保障供水等目前已达到的应对效果）并初步查明事故原因的基础上，按照××领导指示要求，为查清事件原因、严肃责任追究，根据《突发环境事件调查处理办法》（部令第32号）有关规定，我厅启动调查程序，成立了由××任组长，××有关方面及专家参加的联合调查组，就××事件开展调查。×月×日至×日，调查组经过听取汇报、现场勘察、资料核查以及专家论证，认定××事件是一起因××导致的环境责任事件。现将有关情况报告如下：（事故发生的时间、地点、单位名称以及人员伤亡、直接经济损失等，事故调查组的组成情况。）

一、基本情况

主要介绍事故发生地域环境敏感目标、涉事企业（包括肇事企业）及有关监管部门的具体情况（工作职责、单位概况及环境管理有关手续落实情况）。

二、事件经过

按照事件发生、发展、影响消除及涉事单位针对事件苗头性问题所开展的应对措施进行详细阐述（涵盖主要违法事实、事故后果等）

三、应急处置（突发环境事件发生单位、地方政府和相关部门应急处置情况）

事件发生后，××、××高度重视，协同应对、强化引导，我厅派出工作组赶赴现场指导协调，经过共同努力，××得到有效消除，避免了事态进一步扩大。

（一）高度重视、统筹应对

省委、省政府高度重视事件处置工作，主要领导多次批示部署安排。省环保厅派出工作组赴现场开展××，并指导××市开展处置工作。×月×日，××市成立了由××任组长的"××应急处置工作领导小组"，统筹开展应对处置工作，（简要描述采取措施。）

×月×日，按照××领导指示要求，省厅协调相关专家组成工作组赶赴××，协助查找事件原因、协调开展应急处置工作。工作组在勘察了××、查看××、对××样本采集分析的基础上，通过××实验，初步判定了污染源。

（二）制定方案，积极应对

×月×日，××研究制定了应急监测方案，科学布点、加密监测，及时监控××变化情况（描述应急监测情况）。

简要介绍各有关部门应对措施。

（三）加强联动，协同排查

介绍有关部门开展污染隐患排查工作情况。

（四）公开信息，强化引导

介绍政府部门应急处置期间在各类媒体公开信息情况。

四、经济损失和社会影响（突发环境事件造成的人身伤亡、直接经济损失，环境污染和生态破坏的情况。）

××按照××《突发环境事件应急处置阶段损害评估推荐方法》组织开展了损害评估工作。经统计，事件应急处置阶段发生的费用包括××，××等共计××万元（附件1）。此次事件主要为××引起××。

该事件造成××，引起了社会舆论的高度关注。××造成了不良社会影响。

五、原因分析

经过调查取证和分析论证，造成此次事件发生主要有两方面原因：

（一）直接原因（介绍导致事故发生的物理性、人为性等现实客观原因，要有技术调查报告数据支撑。）

（二）间接原因（介绍导致事件发生的设计、选址、企业及相关管理部门环境安全监管职责落实不到位等情况。）

六、事件性质

此次事件是一起因××，造成××的环境污染责任事件。（描述事件造成的客观影响）根据《国家突发环境事件应急预案》规定，为××突发环境事件。

七、责任认定及处理

××年×月，××企业因××导致××，××为造成此次事件的责任主体。××政府及相关部门对××（主要违法事实）。

（一）（涉事企业责任）

1.××为该事件的责任主体。××未按××，导致此次××事件发生。目前，××已经对××依法给予××的行政处罚。

××法定代表人××，××（违法事实），导致事态扩大。××已依法对其××。

2.当地其他监管部门责任。××在××制度落实等方面不到位。××决定给予××处分。

3.当地环保部门责任。××环保局××。××决定给予××处分。

（二）××市政府及有关部门责任

1.××政府责任。××政府未××，没有督促相关部门采取××，××政府主管领导在本次事件中负有领导责任。××决定对××。

2. ××其他相关部门责任。

3. ××环保部门责任。

八、下一步工作建议(突发环境事件防范和整改措施建议)

四、案例

2015 年原环境保护部按照《突发环境事件调查处理办法》规定的重大突发环境事件由国家环境保护部门进行调查的原则,完成了某公司尾矿库泄漏次生重大突发环境事件调查,并进行公布其内容主要包括以下几个部分:

(1)事件原因。经调查组认定,此次事件是一起因企业尾矿库泄漏责任事故次生的重大突发环境事件,事件的直接原因是某尾矿库排水井拱板破损脱落,导致尾矿及尾矿水泄漏进入某河,造成有关水系约 346km 河段锑浓度超标。

(2)泄漏污染物种类和量的计算。

尾矿库废水中含有的重金属污染物种类与尾矿成分有关。事件发生以后,现场工作组结合企业矿石成分等相关情况,对尾矿库内存留的尾矿进行了检测,检测结果表明尾矿中含有锑、铜、铅、锌、镉、砷、汞等重金属。对相关流域重金属指标监测结果显示,部分断面铅、砷、锑出现超标,事发后 3 天,除锑以外的其他 6 项重金属浓度都连续达标。下游两省在事件发生后也对锑、铜、铅、锌、镉等重金属进行了监测,结果表明只有锑出现超标。结合三省数据监测情况,把锑作为了此次事件的特征污染物。

通过应急处置阶段专家的损害评估核算,此次事件有 2.5 万立方米的尾矿及尾矿水泄漏,直接经济损失为 6120.79 万元,造成了区域内 346 公里河道锑浓度超标。本次事件共造成了三省 10.8 万人供水受到影响,造成部分区域乡镇地下水井锑浓度超标。某河沿岸约 257 亩农田因被污染水直接淹没受到一定程度污染,0~40cm 农田土壤超标率为 20%。

(3)如何预防和避免类似的尾矿库泄漏次生突发环境事件?

要想避免这类事件的发生,关键在于督促企业严格落实安全、环保的主体责任。企业应该依法做好尾矿库风险评估、隐患排查治理、应急预案编制备案等相关工作,并定期组织应急培训和演练,掌握尾矿库特征污染物以及应急处置措施,提高风险防范和事件先期处置的能力。这个过程中,每一个环节的落实程度都关系到风险能不能被有效控制、隐患能不能被及时发现并消除、出了事情有没有能力应对好,必须要发挥实效。

对于政府及相关部门来说,应该严控尾矿库企业的准入,科学评估并从严控制尾矿库与人口密集区、饮用水源地等敏感目标的距离,从源头避免"头顶库"(是指下游很近距离内有居民或重要设施,且坝体高、势能大的尾矿库)和"三边库"(是指临近江边、河边、湖库边或位于居民饮用水源地上游的尾矿库),降低尾矿库事故造成环境污染的风险。同时要充分发挥政府各部门间的相互协作,形成尾矿库监管合力,全面提升政府各有关部门的日常监管水平和事故应对能力。地方环境保护部门应该全面掌握行政区域内尾矿库特征污染物、周边环境敏感点特别是饮用水水源等环境风险信息,督促企业按照相关要求做好尾矿库环境风险评估、环境安全隐患排查治理、环境应急预案备案等工作。

当发生尾矿库溃坝、泄漏等事故后,企业应该第一时间采取有效措施进行封堵,地方政府要统一部署协调各部门做好各项应急处置工作,安全生产监督管理部门应该积极组织实施应急救援工作,环境保护部门应该按照有关规定进行信息报告和通报,并做好环境应急监测工作。

第四节 突发环境事件责任追究种类及相关依据

责任追究种类	法律依据	具体条款选摘
一、对涉事企业进行经济处罚	1.《中华人民共和国大气污染防治法》	**第一百一十七条** 违反本法规定，有下列行为之一的，由县级以上人民政府环境保护等主管部门按照职责责令改正，处一万元以上十万元以下的罚款；拒不改正的，责令停工整治或者停业整治：（六）排放有毒有害大气污染物名录中所列有毒有害大气污染物的企业事业单位，未按照规定建设环境风险预警体系或者对排放口和周边环境进行定期监测、排查环境安全隐患并采取有效措施防范环境风险的。" **第一百二十二条** 违反本法规定，造成大气污染事故的，由县级以上人民政府环境保护主管部门依照本条第二款的规定处以罚款；对直接负责的主管人员和其他直接责任人员可以处上一年度从本企业事业单位取得收入百分之五十以下的罚款。 对造成一般或者较大大气污染事故的，按照污染事故造成直接损失的一倍以上三倍以下计算罚款；对造成重大或者特大大气污染事故的，按照污染事故造成的直接损失的三倍以上五倍以下计算罚款
	2.《中华人民共和国固体废物污染环境防治法》	**第七十五条** 违反本法有关危险废物污染环境防治的规定，有下列行为之一的，由县级以上人民政府环境保护行政主管部门责令停止违法行为，限期改正，处一万元以上十万元以下的罚款：未制定危险废物意外事故防范措施和应急预案的； **第八十二条** 违反本法规定，造成固体废物污染环境事故的，由县级以上人民政府环境保护行政主管部门处二万元以上二十万元以下的罚款；造成重大损失的，按照直接损失的百分之三十计算罚款，但是最高不超过一百万元，对负有责任的主管人员和其他直接责任人员，依法给予行政处分；造成固体废物污染环境重大事故的，并由县级以上人民政府按照国务院规定的权限决定停业或者关闭； **第八十三条** 违反本法规定，收集、贮存、利用、处置危险废物，造成重大环境污染事故，构成犯罪的，依法追究刑事责任
	3.《中华人民共和国突发事件应对法》	**第六十四条** 有关单位有下列情形之一的，由所在地履行统一领导职责的人民政府责令停产停业，暂扣或者吊销许可证或者营业执照，并处五万元以上二十万元以下的罚款；构成违反治安管理行为的，由公安机关依法给予处罚： 1. 未按规定采取预防措施，导致发生严重突发事件的； 2. 未及时消除已发现的可能引发突发事件的隐患，导致发生严重突发事件的； 3. 未做好应急设备、设施日常维护、检测工作，导致发生严重突发事件或者突发事件危害扩大的； 4. 突发事件发生后，不及时组织开展应急救援工作，造成严重后果的
	4.《中华人民共和国水污染防治法》	**第八十二条** 企业事业单位有下列行为之一的，由县级以上人民政府环境保护主管部门责令改正；情节严重的，处二万元以上十万元以下的罚款：（一）不按照规定制定水污染事故的应急方案的；（二）水污染事故发生后，未及时启动水污染事故的应急方案，采取有关应急措施的； **第八十三条** 企业事业单位违反本法规定，造成水污染事故的，由县级以上人民政府环境保护主管部门依照本条第二款的规定处以罚款，责令限期采取治理措施，消除污染；不按要求采取治理措施或者不具备治理能力的，由环境保护主管部门指定有治理能力的单位代为治理，所需费用由违法者承担；对造成重大或者特大水污染事故的，可以报经有批准权的人民政府批准，责令关闭；对直接负责的主管人员和其他直接责任人员可以处上一年度从本单位取得的收入百分之五十以下的罚款。 对造成一般或者较大水污染事故的，按照水污染事故造成的直接损失的百分之二十计算罚款；对造成重大或者特大水污染事故的，按照水污染事故造成的直接损失的百分之三十计算罚款

责任追究种类	法律依据	具体条款选摘
一、对涉事企业进行经济处罚	5.《中华人民共和国刑法》	**第三百三十八条【污染环境罪】** 违反国家规定，排放、倾倒有毒物质或者其他有害物质，严重污染环境的，处三年以下有期徒刑或者拘役，并处或者单处罚金；后果特别严重的，处三年以上七年以下有期徒刑，并处罚金
	6.《危险化学品安全管理条例》	**第九十四条** 危险化学品单位发生危险化学品事故，其主要负责人不立即组织救援或者不立即向有关部门报告的，依照《生产安全事故报告和调查处理条例》的规定处罚(第三十五条事故发生单位主要负责人有下列行为之一的，处上一年年收入40%至80%的罚款：迟报或者漏报事故的)
	7.《突发环境事件应急管理办法》	**第三十八条** 企业事业单位有下列情形之一的，由县级以上环境保护主管部门责令改正，可以处一万元以上三万元以下罚款： (一)未按规定开展突发环境事件风险评估工作，确定风险等级的； (二)未按规定开展环境安全隐患排查治理工作，建立隐患排查治理档案的； (三)未按规定将突发环境事件应急预案备案的； (四)未按规定开展突发环境事件应急培训，如实记录培训情况的； (五)未按规定储备必要的环境应急装备和物资； (六)未按规定公开突发环境事件相关信息的
二、对涉事企业相关管理人员进行行政处罚	《环境保护违法违纪行为处分暂行规定》	**第十一条** 企业有下列行为之一的，对其直接负责的主管人员和其他直接责任人员中由国家行政机关任命的人员给予降级处分；情节较重的，给予撤职或者留用察看处分；情节严重的，给予开除处分： (一)未依法履行环境影响评价文件审批程序，擅自开工建设，或者经责令停止建设、限期补办环境影响评价审批手续而逾期不办的； (二)与建设项目配套建设的环境保护设施未与主体工程同时设计、同时施工、同时投产使用的； (三)擅自拆除、闲置或者不正常使用环境污染治理设施，或者不正常排污的； (四)违反环境保护法律、法规，造成环境污染事故，情节较重的； (五)不按照国家有关规定制定突发事件应急预案，或者在突发事件发生时，不及时采取有效控制措施导致严重后果的； (六)被依法责令停业、关闭后仍继续生产的； (七)阻止、妨碍环境执法人员依法执行公务的； (八)有其他违反环境保护法律、法规进行建设、生产或者经营行为的
三、实施查封、扣押及限制生产、停产整治	1.《环境保护主管部门实施查封、扣押办法》	**第四条** 排污者有下列情形之一的，环境保护主管部门依法实施查封、扣押： (五)较大、重大和特别重大突发环境事件发生后，未按照要求执行停产、停排措施，继续违反法律法规规定排放污染物的； 已造成严重污染或者有前款第四项、第五项情形之一的，环境保护主管部门应当实施查封、扣押。 2015年6月5日，《突发环境事件应急管理办法》(环境保护部令第34号)："第六条 企业事业单位应当按照相关法律法规和标准规范的要求，履行下列义务：发生或者可能发生突发环境事件时，企业事业单位应当依法进行处理，并对所造成的损害承担责任
	2.《环境保护主管部门实施限制生产、停产整治办法》	**第六条** 排污者有下列情形之一的，环境保护主管部门可以责令其采取停产整治措施： (五)因突发事件造成污染物排放超过排放标准或者重点污染物排放总量控制指标的
	3.《突发环境事件应急管理办法》	**第三十七条** 较大、重大和特别重大突发环境事件发生后，企业事业单位未按要求执行停产、停排措施，继续违反法律法规规定排放污染物的，环境保护主管部门应当依法对造成污染物排放的设施、设备实施查封、扣押

责任追究种类	法律依据	具体条款选摘
四、政府工作部门相关人员责任追究	1.《中华人民共和国突发事件应对法》	**第六十三条** 地方各级人民政府和县级以上各级人民政府有关部门违反本法规定，不履行法定职责的，由其上级行政机关或者监察机关责令改正；有下列情形之一的，根据情节对直接负责的主管人员和其他直接责任人员依法给予处分： 1. 未按规定采取预防措施，导致发生突发事件，或者未采取必要的防范措施，导致发生次生、衍生事件的； 2. 迟报、谎报、瞒报、漏报有关突发事件的信息，或者通报、报送、公布虚假信息，造成后果的； 3. 未按规定及时发布突发事件警报、采取预警期的措施，导致损害发生的； 4. 未按规定及时采取措施处置突发事件或者处置不当，造成后果的； 5. 不服从上级人民政府对突发事件应急处置工作的统一领导、指挥和协调的； 6. 未及时组织开展生产自救、恢复重建等善后工作的； 7. 截留、挪用、私分或者变相私分应急救援资金、物资的； 8. 不及时归还征用的单位和个人的财产，或者对被征用财产的单位和个人不按规定给予补偿的
	2.《中华人民共和国刑法》	**第四百零八条【环境监管失职罪】** 负有环境保护监督管理职责的国家机关工作人员严重不负责任，导致发生重大环境污染事故，致使公私财产遭受重大损失或者造成人身伤亡的严重后果的，处三年以下有期徒刑或者拘役
	3.《环境保护违法违纪行为处分暂行规定》	**第四条** 国家行政机关及其工作人员有下列行为之一的，对直接责任人员，给予警告、记过或者记大过处分；情节较重的，给予降级处分；情节严重的，给予撤职处分： （一）拒不执行环境保护法律、法规以及人民政府关于环境保护的决定、命令的； （二）制定或者采取与环境保护法律、法规、规章以及国家环境保护政策相抵触的规定或者措施，经指出仍不改正的； （三）违反国家有关产业政策，造成环境污染或者生态破坏的； （四）不按照国家规定淘汰严重污染环境的落后生产技术、工艺、设备或者产品的； （五）对严重污染环境的企业事业单位不依法责令限期治理或者不按规定责令取缔、关闭、停产的； （六）不按照国家规定制定环境污染与生态破坏突发事件应急预案的。 **第五条** 国家行政机关及其工作人员有下列行为之一的，对直接责任人员，给予警告、记过或者记大过处分；情节较重的，给予降级处分；情节严重的，给予撤职处分： （一）在组织环境影响评价时弄虚作假或者有失职行为，造成环境影响评价严重失实，或者对未依法编写环境影响篇章、说明或者未依法附送环境影响报告书的规划草案予以批准的； （二）不按照法定条件或者违反法定程序审核、审批建设项目环境影响评价文件，或者在审批、审核建设项目环境影响评价文件时收取费用，情节严重的； （三）对依法应当进行环境影响评价而未评价，或者环境影响评价文件未经批准，擅自批准该项目建设或者擅自为其办理征地、施工、注册登记、营业执照、生产（使用）许可证的； （四）不按照规定核发排污许可证、危险废物经营许可证、医疗废物集中处置单位经营许可证、核与辐射安全许可证以及其他环境保护许可证，或者不按照规定办理环境保护审批文件的； （五）违法批准减缴、免缴、缓缴排污费的； （六）有其他违反环境保护的规定进行许可或者审批行为的

责任追究种类	法律依据	具体条款选摘
四、政府工作部门相关人员责任追究	3.《环境保护违法违纪行为处分暂行规定》	**第七条** 依法具有环境保护监督管理职责的国家行政机关及其工作人员有下列行为之一的，对直接责任人员，给予警告、记过或者记大过处分；情节较重的，给予降级处分；情节严重的，给予撤职处分： （一）不按照法定条件或者违反法定程序，对环境保护违法行为实施行政处罚的； （二）擅自委托环境保护违法行为行政处罚权的； （三）违法实施查封、扣押等环境保护强制措施，给公民人身或者财产造成损害或者给法人、其他组织造成损失的； （四）有其他违反环境保护的规定进行行政处罚或者实施行政强制措施行为的。 **第八条** 依法具有环境保护监督管理职责的国家行政机关及其工作人员有下列行为之一的，对直接责任人员，给予警告、记过或者记大过处分；情节较重的，给予降级或者撤职处分；情节严重的，给予开除处分： （一）发现环境保护违法行为或者接到对环境保护违法行为的举报后不及时予以查处的； （二）对依法取得排污许可证、危险废物经营许可证、核与辐射安全许可证等环境保护许可证件或者批准文件的单位不履行监督管理职责，造成严重后果的； （三）发生重大环境污染事故或者生态破坏事故，不按照规定报告或者在报告中弄虚作假，或者不依法采取必要措施或者拖延、推诿采取措施，致使事故扩大或者延误事故处理的； （四）对依法应当移送有关机关处理的环境保护违法违纪案件不移送，致使违法违纪人员逃脱处分、行政处罚或者刑事处罚的； （五）有其他不履行环境保护监督管理职责行为的
	4.《党政领导干部生态环境损害责任追究办法（试行）》	**第五条** 有下列情形之一的，应当追究相关地方党委和政府主要领导成员的责任： （六）本地区发生主要领导成员职责范围内的严重环境污染和生态破坏事件，或者对严重环境污染和生态破坏（灾害）事件处置不力的； 有上述情形的，在追究相关地方党委和政府主要领导成员责任的同时，对其他有关领导成员及相关部门领导成员依据职责分工和履职情况追究相应责任。 **第六条** 有下列情形之一的，应当追究相关地方党委和政府有关领导成员的责任： （四）对严重环境污染和生态破坏事件组织查处不力的； **第七条** 有下列情形之一的，应当追究政府有关工作部门领导成员的责任： （四）对发现或者群众举报的严重破坏生态环境和资源的问题，不按规定查处的； （五）不按规定报告、通报或者公开环境污染和生态破坏（灾害）事件信息的； （六）对应当移送有关机关处理的生态环境和资源方面的违纪违法案件线索不按规定移送的

第五节　生态环境污染损害赔偿

一、生态环境损害赔偿责任的性质

生态环境损害赔偿作为一种不利的法律后果，显然属于法律责任的范畴。但是否所有的法律责任都必然意味着"制裁"或"惩罚"，则是一个值得认真思考的问题，尤其是在环境法上，许多生态环境损害的造成并非行为人的过错，法律责任甚至不存在对当事人行为否定的意义，而是基于个别正义与整体正义平衡目的而对利益关系进行的调整。这种行为本身被称为"规避责任"，对它的赔偿或其他补救措施被称为"制裁"。但是，还有其他重要类别的法律，这种法律不强加责任和义务，而是通过创设权利和义务结构，来为个人提供实现他们愿望的便利。因此，它们执行的是完全不同的社会功能，同以威胁为后盾的命令全然无共同之处。可见，为实现法律的利益调整功能，在常规性的体现法律惩罚的责任体系之外，也可以设立其他责任形式。

二、生态损害赔偿责任的承担方式

《生态环境损害赔偿制度改革方案试点方案》关于赔偿责任承担方式，规定了包括"支付生态修复费用"在内的各种费用支付方式，与最高人民法院的相关司法解释的承担"生态修复责任"有一定程度的重合。最高人民法院《关于审理环境民事公益诉讼案件适用法律若干问题的解释》（法释〔2015〕1 号）第 20 条第 1 款规定："原告请求恢复原状的，人民法院可以依法判决被告将生态环境修复到损害发生之前的状态和功能。"该解释规定的生态修复方式包括责任人直接针对受损环境进行修复的方式和责任人不履行修复义务时支付生态环境修复费用的方式。两者可以并用，也可以直接适用支付生态环境修复费用的方式。后一种方式与《试点方案》所规定的"生态环境损害赔偿范围包括清除污染的费用、生态环境修复费用、生态环境修复期间服务功能的损失、生态环境功能永久性损害造成的损失以及生态环境损害赔偿调查、鉴定评估等合理费用。"有一定的相似性。

三、现阶段突发环境事件损害赔偿存在问题

（1）损害赔偿缺少法律和技术支持。推动应急处置费用要作为公私财产损失的一部分进行赔偿：①要有明确的法律规定，而我国环境损害赔偿还未形成一个完善的体系，司法裁定依据不够充分。②关于应急处置费用数额计算方法的问题，原环境保护部在 2011 年出台了《环境污染损害数额计算推荐方法（第Ⅰ版）》对应急处置费用的计算方法进行说明，但是在实际的评估案例中可操作性较差，企业对部分应急处置措施的合理性和必要性存在争议，认为环境监测和污染源排查等费用不属于污染清理和控制等范畴，不应纳入应急处置费用。

（2）应急救援依托单位处置收费问题。为提高应急处置的专业化，弥补自身的技术短板，政府及环保部门可能委托专业技术能力强的单位开展应急处置，而环境应急处置服务是一项特殊的经营性行为，目前从国家到地方都没有出台环境应急处置服务收费标准，环境应急处置收费机制尚未形成，导致污染责任方常常以收费依据不足、项目混乱、标准过高等原因提出质疑或拖延支付，双方的争端导致政府公信力的降低，打击了依托单位的积极性，损害各方的合法权益。

（3）污染责任方无能力支付应急处置费用。在突发环境事件污染责任企业已破产，没有能力对应急处置费用等环境损害进行赔偿，或者"污染属于历史遗留问题"，找不到污染责任方，出现这种情形一般就由"政府埋单"，但是如果一定时期内频繁发生突发环境事件，或者突发环境事件应急处置难度大，需要投入较多，就会大大增加当地政府的财政压力。

四、突发环境事件损害赔偿机制建设

（一）建立本辖区政府突发环境事件应急储备资金保障机制

1. 资金来源

各级财政部门应从本级财政预备费中设立预防和应对突发生态环境事件应急储备金，将

突发生态环境事件工作专项经费列入财政预算，并随着一般公共预算的递增而增加，确保生态环境应急管理日常工作和预防处置突发生态环境事件经费保障需要。县级财政在预备费中设立至少 50 万不低于 100 万、市级至少 300 万不低于 500 万、省级不低于 2000 万的应急储备金。

这里所称应急储备金，是指从政府财政预备费中列支，用于突发生态环境事件污染处置损害赔偿的专项资金。

2. 适用范围

各级财政突发生态环境应急储备金的开支范围包括：

（1）突发生态环境事件应对过程中实施清除或控制污染经费；

（2）后期生态环境损害鉴定评估、生态环境修复与效果评估等相关支出；

（3）其他不可预见的经费支出。

当年已安排预算的突发生态环境事件日常工作经费不得在突发生态环境应急储备金中开支。

3. 使用机制

突发生态环境事件应急响应启动后，各级生态环境部门应向财政部门提出申请，经本级政府同意后启用储备金用于第六条所列事项开支。

可能或者已经造成跨县界、市界、省界的突发生态环境事件，启动应急响应的事发地政府第一时间向受污染的下游政府拨付前期处置资金，并根据事件处置及进展情况分阶段、分批次拨付相应处置资金和损害赔偿资金。

事件处置结束后，启动应急响应的事发地政府根据后期损害鉴定评估结论启用储备金，并做好相应事后恢复及赔偿工作。

4. 日常管理

建立各级财政储备金动支情况定期报告和一事一报告制度。各级财政部门与生态环境部门应在突发生态环境事件处置结束后 15 日内、污染损害评估报告完成 10 日内，向本级政府报告事件处置储备金动支情况。各级财政部门应于每年 1 月 15 日前将上年度应急储备金的累计动支情况报告本级人民政府。

5. 赔偿义务人责任

违反法律法规，造成突发生态环境事件和生态环境污染的单位或个人，应当承担相应应急处置及本办法第六条所列事项资金。

事件赔偿和相关处置经费由各级政府相关职能部门根据污染损害评估报告，就损害事实与程度、修复启动时间与期限、赔偿责任承担方式与期限等具体问题与赔偿义务人进行主动磋商，统筹考虑修复方案技术可行性、赔偿义务人赔偿能力等情况，达成赔偿协议。赔偿协议由有管辖权的人民法院进行司法确认，若赔偿义务人违约，赔偿权力人及其相关职能部门可以向法院申请强制执行。磋商未达成一致的，应当及时提起法律诉讼。其他未尽事宜，按照《甘肃省生态环境损害赔偿制度改革实施方案》执行。

6. 赔偿资金补充

责任单位或个人赔偿的相应资金纳入财政预备费管理，作为当年度或下一年度突发生态环境应急储备金管理使用。

（二）建立企业环境污染责任保险和基金制度

我们可以借鉴国外的经验做法，建立企业环境污染责任保险制度，强制环境污染严重的重点企业购买环境污染责任保险，鼓励其他企业自愿购买环境污染保险，引入突发环境事件信托基金，对重污染、高风险企业征收特别环境税用来建立专项环境污染责任信托基金，实现突发环境事件社会化救济。当环境污染造成的损失超过环境保险赔付最大额度时，超出部分由环境责任信托基金负责赔付，可以避免不具备赔偿能力的企业在事件发生后停产关门，最终由政府买单的情况发生。

（三）推动应急救援社会化服务购买

突发环境事件类型和污染情况存在复杂性和多样性，新型环境问题不断涌现，应急处置专业性不断提高，目前，政府及环保部门还未建立专门突发环境事件类别的应急处置队伍，可以依托一些专业技术强、服务意识好的机构或者单位作为应急救援力量的补充，但是现阶段我国的应急救援社会化运营还处于发展阶段，政府及相关部门要在税收减免和财政补贴方面对社会化应急处置单位进行支持，加强与社会化应急救援力量之间的联动和协调，建立统一规范的指挥模式，同时要进一步理顺应急救援服务购买价格、管理等运行机制，规定在突发环境事件应对中可以直接以购买服务的方式进行应急处置，方便事后的污染损害的计算和赔偿。

五、案例

因交通事故导致有毒化学物质泄漏引起的环境污染责任纠纷。

（一）基本案情

2010 年 7 月 6 日，李某驾驶杨某所有的牵引车与 A 汽车运输公司所有的重型罐式货车尾随相撞发生交通事故，造成杨某死亡、财产毁损，罐式货车所载的一甲胺溶液发生泄漏，产生环境污染。李某承担此次事故的全部责任，A 公司的驾驶员不承担责任。上述牵引车系挂靠 B 运输有限公司经营。此次交通事故泄漏一甲胺溶液 5.34t，对当地鱼塘、农田造成污染。后政府职能部门对被污染的鱼塘和农田损失情况进行了实地测查，确认了相关损失。事故发生地所在村提起诉讼，请求判令 B 公司、杨某遗属、A 公司连带赔偿因环境污染造成的财产损失 7500 元。

（二）裁判结果

当地区人民法院一审认为，根据侵权责任法第六十八条之规定，环境污染者即使因第三人的过错造成他人损失，也不能免责，故 A 公司应当承担环境污染的损害赔偿责任，其在赔偿后有权向有过错的其他责任人进行追偿。杨某一方在交通事故中负有全部责任，对于该村遭受的环境污染损害具有过错，也应承担赔偿责任。现杨某已经死亡，该债务发生在杨某与其妻子婚姻关系存续期间，故其妻子应当对该债务承担连带责任，杨某的继承人应在继承杨某遗产的范围内承担赔偿责任。杨某所有的车辆，挂靠在 B 公司名下，故该公司应当承担补充赔偿责任。李某系杨某雇佣的驾驶员，其在从事雇佣活动中造成他人损害的，依法应由雇主对外承担侵权责任。事故发生后，政府职能部门作出的损失情况统计表应予采纳。被告对污染行为与损害之间不存在因果关系未予举证证明，故对其辩解不予采信。一审法院于2011 年 12 月作出判决，判令由 A 公司、李某妻子赔偿该村损失 7500 元；B 公司承担补充赔偿责任；李某继承人在继承杨某遗产的范围内对前款债务承担清偿责任；驳回该村对李某的诉讼请求。

（三）典型意义

本案系因交通事故导致有毒化学物质泄漏引起的环境污染责任纠纷，涉及不同法律关系的多方当事人。A公司因第三人杨某方的过错造成了环境污染，被侵权人依法可以向污染者请求赔偿，也可以向第三人请求赔偿。本案中，该村同时以A公司、杨某方为被告提起诉讼，一审法院予以受理并依法认定两被告应各自承担相应的责任，合法有据。污染者依法应对其污染行为造成的损害承担无过错责任，故A公司不得以第三人过错造成损害为由拒绝赔偿，且该公司未能举证证明其行为与损害结果之间不存在因果关系，A公司应当承担赔偿责任。A公司赔偿后，有权向第三人追偿。因杨某方的过错发生交通事故，其过错行为与该村遭受的环境污染损害具有直接的因果关系，杨某方也应承担赔偿责任。

第七章 突发环境事件典型案例
应急处置实例

第一节 安全生产次生突发环境事件

【案例1】某建材公司煤焦油酚水泄漏事故

事故背景：受夜间强降雨影响，某一工业园区内一建材有限公司厂区内积水将生产用锅炉台面残存煤焦油及部分酚水冲出厂外，约200kg煤焦油与酚水混合物由厂区东侧排水渠进入厂外农田，泄漏物流经明渠长度约120m，污染农田、林地1.38亩（920m²），无人员伤亡，见图7-1、图7-2。

图7-1 事发现场

图7-2 厂区外污染情况

应急处置：当地市委、市政府按照"截流、断源、清污"的主线开展应急处置工作。一是对泄漏至农田排洪渠内部分污染物进行分段封堵；二是连夜在排洪渠入泾河200m处修建应急池一座，在泾河边修筑拦截坝，见图7-3，避免泄漏物因再次降雨影响进入泾河；三是对外排煤焦油进行清理回收，委托危化品处置公司进行安全处置；四是在市环保局门户网站和微信平台及时信息公开。污染水渠处置前后对比见图7-4。

图7-3　拦截坝

图7-4　污染水渠处置前后对比

【案例2】某化工厂爆炸事故

事故背景：某生物科技有限公司生产车间发生爆炸事故，生产产品主要为间二氯苯，原料为硝基氯苯、氯气及部分有机溶剂，起火物质为间二氯苯、二氯亚砜等。爆炸同时引发临近车间局部坍塌。事发后企业将明火及时扑灭，并封闭了厂区雨水排放口。消防废水通过自流和人工转运的方式进入厂区事故应急池（1座容量为1400m³，1座容量为1100m³），共储存约800m³消防水。消防废水经厂区污水处理设施处理后排入园区污水处理厂。事故厂区周边2km范围内无居民区等敏感目标。

应急处置：事故发生后，市环境监测人员根据现场情况，分别在事故点处和下风向布设四个监测点，监测因子为氯苯、挥发性有机物，监测频次为每2h一次。事发后5h除事故点处挥发性有机物浓度超标2.2倍外，其余监测点均符合标准。所有点位的氯苯浓度均未检出。

原环境保护部部长派出工作组，赶赴现场指导支持地方妥善处置。消防废水全部收集在厂区事故应急池中，其中700m³已转移至园区污水处理厂，池内尚剩余约580m³消防废水。当地环保部门委托某环保产业技术研究院股份公司制定事故现场危险废物处置方案。市环保局继续在事故点及下风向开展环境监测，并将挥发性有机物的监测频次调整为1h一次。所有点位的氯苯均未检出。

事发地第二天，事故处置中产生的约2100m³消防废水全部转运至园区污水处理厂应急池暂存，待园区污水厂处理达标后排放。同时为降低后续清理中的环境风险，避免二次污染，当地政府已委托相关技术单位开展现场固废的清理处置工作。

第二节　交通运输次生突发环境事件

【案例1】一起交通事故致柴油罐车破损部分柴油泄漏突发环境事件

事件背景：某县境内一辆拉运柴油的罐车与一辆翻斗车相撞，事故造成3人轻伤，罐车罐体破损后约10t柴油泄漏进入路边河流后汇入主流河，主流河约180km河段水体受到不同程度污染，涉及两省。

应急处置：

① 清污断源。事发地县政府组织人员第一时间安全移置了柴油罐车，沿事故点河床修筑围堰和应急池，从源头堵截泄漏的柴油；断源的同时紧急调用吸污车收集河床上相对集中的油污，铺设吸油毡吸附河床上分散油污；并协调专业技术人员支援处置，调动沿线干部群众昼夜轮流开展清污和巡河检查。河床表面油污基本清除后，将受污染的河床土壤清运处置，并通过多次回填清洁土蘸和后再清运的方式彻底切断了污染源。

② 拦截吸附。先后设置吸油毡、拦油坝(索)及水泥管活性炭拦截坝共72道，利用天然河床构筑临时纳污坑塘2个，过滤、吸附、消除水体表面浮油。投入一定数量大型车辆、机械设备、吸油毡、活性炭、清洁剂收集含油废水。陕西省设置活性炭拦截坝5道，将污染控制消除在咸阳市境内，见图7-5。

图7-5　应急处置具体措施

③ 应急监测。在受污染河流上共布设 8 个监测点位，抽调全省环境监测技术骨干共同保障环境应急监测，为事件指挥决策提供有力数据支持。

④ 信息公开。事发第 2 天下午，市政府及事发地县政府连夜召开新闻发布会。同时，有关两省受影响县区分别通过市政府门户网站、广播电视台、手机客户端等官方媒体平台对事件处置相关情况进行报道。通过两省三市及时公开信息，处置过程中未出现媒体集中炒作、恶意宣传报道等情况，舆论态势平稳。事发 4 天后，有关水体石油类指标持续达标；事发 5 天后，有关省各级相关政府解除应急响应；事发第 6 天，另一省政府解除应急响应。至此，此次事件应急处置工作全部结束。

【案例2】运输船浓硫酸泄漏事件

一艘装载约 200t 浓硫酸(硫酸浓度 98%)的运输船在京杭大运河上因事故导致破损漏水，船体倾覆，硫酸部分泄漏。由于进水量较大，该船沉没。船上两名男性船员被海事工作人员救起，无人员伤亡。

事发地市环境保护局接报后立即派应急人员赶赴现场配合当地政府及公安、交通(海事)、安监、消防等部门开展联合处置，首先对上下游河道采取封航措施，并进行以下应急处置工作：一是立即通知附近居民及企业停止取水；二是环保、海事、消防、市容市政等部门根据环保监测结果，对大运河内污染带精准投放片碱和液碱；三是向船舱中投放液碱进行中和处置。此次事故得到科学、及时、妥善处置，未对周边环境造成较大影响。

事后，船舶驾驶员因犯危险物品肇事罪受到刑事处罚。苏州市地方海事局作为水上交通安全监督管理部门，怠于履行职责，未依据《中华人民共和国内河交通安全管理条例》及《中华人民共和国内河交通事故调查处理规定》的相关规定对船舶驾驶员及该船所在航运公司进行罚款、吊销运营证书等行政处罚。

第三节　企业违法排污次生突发环境事件

【案例1】某锌业铜矿有限责任公司违法排污事件

事件经过：某市环保局对该市一饮用水源地水质进行例行预警检测，结果显示水样中铊浓度出现超标，该市环保局立即向上游省沟通情况。事发后该市市政府要求水厂暂时停产，同时启动应急供水，加密监测频次，监测水质铊浓度达标后水厂恢复供水。

处置情况：上游省环境保护厅接到原环境保护部通报后，立即要求相关市环保局进行流域监测掌握水质变化情况并尽快查明污染源，同时上报省委、省政府。省委、省政府高度重视，主要领导、分管领导分别作出重要批示，要求对涉嫌污染问题依法认真调查，做好应急处置，确保水质安全。该省政府立即启动突发环境事件应急预案 II 级响应，环保部门会同当地政府全面排查、科学应对、严密监测，在较短时间内锁定污染源，消除了污染隐患，保障了某江水质安全。在本次事件处置过程中，该省各级各部门及时应对、主动担当、协同作战、科学处置，2 天内排查锁定污染源，4 天彻底封堵排污口，突发环境事件得到妥善处置，避免了污染向下游扩散。

强化预警，第一时间响应。接报后，该省环境保护厅立即启动应急预案，派员开展应急监测和污染排查工作。相关市政府迅速启动突发环境事件应急响应，成立应急处置领导小组，连夜组织安监、公安、环保等部门对辖区涉重金属采选、尾矿库、化工企业等排污情况进行拉网式排查，为科学处置事件争取了宝贵的时间。

区域联动，联合开展工作。事件发生后，该省立即成立事件调查组，两省建立起信息互通机制，指定专人负责信息沟通，共享隐患排查、污染治理、案件侦办等进展情况信息。两省按照"为民负责、公平公正、实事求是、一丝不苟"的原则，地毯式沿江自下而上和自上而下两方合围排查，经过环保部门连续排查，会同公安、检察机关联合办案，结合科学监测，最终锁定本次铊污染事件肇事方为某锌业铜矿公司。

科学分析，快速有序处置。污染源锁定后，肇事企业所在地市政府连夜组织公安、环保等部门对肇事企业和相关单位进行了联合突查。公安部门依法对该公司总经理等10名涉嫌违法人员采取强制措施，其中5人因涉嫌环境污染犯罪被正式批捕。环保部门指导调集大型机械设备对含铊尾矿渣进行封存、清理、转运，对含铊废水集中收集并安全处理，修建事故应急池收集尾矿库渗水，迅速清理污染物，快速阻断含铊废水污染源。经过连续奋战，在较短时间内查清污染源头，消除了污染隐患。

严密监测，及时回应群众关切。事件发生后，两省环境监测部门协作优化监测方案和监测点位，在某江沿线共设置20余个应急监测断面，监控水质变化情况，同步监测分析，为现场指挥部分析研判、科学决策提供了重要依据。为消除群众疑虑，适时公布事件处置进展。

【案例2】违法倾倒含油污水突发环境事件

事故背景：有群众电话向某县环境监察大队反映"在某河段处近期夜间有多次偷排污水现象"。接到举报当晚，该县环保局沿河进行现场蹲点排查。当夜，蹲守人员在举报人举报地点发现两辆形迹可疑车辆，其中一辆改装罐车正在向水体排放含油污水。蹲守人员到达现场时，两车驾驶人员丢弃改装罐车逃逸。初步估算约19m³含油污水排入水体。

应急处置：

① 及时响应。事故发生后，按照"及时控源、有效降污、力争将污染物控制在甘肃省境内"的处置原则，市人民政府启动了Ⅳ级突发环境事件应急响应，成立了事件处置工作领导小组和现场应急指挥部，同时，组织力量抓捕了逃逸嫌疑人。

② 吸附降污。在受污染河道设8道拦油网、1道拦油坝、6道活性炭拦截坝，及时调整、加固拦截坝，增投粉末状活性炭，增大河流下泄速度，有效降低了污染物浓度。针对事发点长期超标情况，采取在事发点拦截坝上游开挖导流渠引流上游来水，对事发点污水集中处置方式，短时间内实现受污染河段全线达标。

③ 应急监测。事发后，事发地县环保局第一时间委托第三方监测机构对罐内剩余油水混合物进行检测，对倾倒含油废水河段水质进行监测。布设监测断面 7 个对水体中石油类进行监测，事发第 3 天，在现场处置产生的固体废物全部清理，受污染河段全线持续达标 18h 后，应急响应终止。

第四节　自然灾害引发的突发环境事件

2017 年 8 月 8 日 21 时 19 分，某县发生 7.0 级地震，波及周边的两个省。地震发生后，该省环境保护厅立即全力指导事件应急应对。一是调度了地震灾区相关信息，并要求相关市（州）、县环境保护部门加强应急值守，及时报送有关信息；二是要求可能受地震影响的地区加强对环境风险源、饮用水水源地、尾矿库等环境敏感点的排查和监测；三是组织摸排可能受地震影响的人员、车辆、房屋等受灾情况；四是要求省环境应急部门严格落实 24h 应急值守和信息报告制度；五是组织环境应急监测人员第一时间赶赴灾区，会同该县组成环境应急监测分队，指导环境应急监测工作。

相邻市环保部门对全市尾矿库、垃圾填埋场、污水处理厂等环境敏感点进行排查。有关市环保部门开展境内尾矿库、饮用水源地取水口、重点环境风险源企业环境安全隐患排查工作，未发现地震导致环境隐患问题。

第五节　尾矿库事故次生突发环境事件典型案例

【案例 1】甘肃省某尾矿库尾砂泄漏突发环境事件
事件背景：
某尾矿库内溢流井水面封堵井圈出现破裂，导致溢流井周围大量尾矿砂流入隧洞，与库区内积水及库区外山体来水混合后先流入尾矿库下游一河中，而后汇入西汉水，最终进入某江。导致四县一市流域锑浓度超标，见图 7-6。

图 7-6　尾矿库库区溢流井

应急处置：

省环保厅启动突发环境事件内部响应，省环保厅立即由分管负责人带领环境应急、监测人员赶赴现场开展处置工作。在确认污染水体已进入境内情况下，省政府及时启动《甘肃省突发环境事件应急预案》二级响应，成立了以分管副省长为总指挥的"省突发环境事件应急指挥部"，下设源头堵截组、截流组、数据监测和污染物处置组、新闻报道组、综合信息组等工作机构。

【案例 2】某县尾矿浆泄漏事件

某省环境保护厅接邻省环境保护厅电话通报称：某县一尾矿库发生泄漏，泄漏污染物已进入邻省境内，经邻省监测，悬浮物和汞超标。接报后，该省环境保护厅立即向可能受影响市环保部门调度相关信息。

该市环保局接报后，立即启动应急预案，开展应急处置工作，并快速找到了尾矿库泄漏企业。初步调查该企业尾矿坝防洪渠堵塞用的沙袋因编织袋破损，造成约 800m³ 尾矿泥浆泄漏。经现场调查，尾矿泥浆泄漏流入尾矿库下游某小河 3km 处，其中该省境内 2km，邻省境内约 1km，因长期干旱，河道无水，尾矿浆流至下游 3km 处已断流，未再向前流进。

事件发生后，该市立即启动应急预案，副市长赶赴现场指挥应急处置工作，事发地县政府也组织环保、公安、安监、水利、土管等部门参与到应急处置工作中。事发地市政府一是对泄漏口加固封堵，确保尾矿泥浆不再泄漏；二是立即加密监测，确保水质安全；三是在已污染省境内加强拦截坝截流，严禁污染物进入邻省流域；四是做好河流断面污染物清理工作；五是加强与邻省监测数据信息共享，掌握污染趋势，消除环境污染。

第六节　其他突发环境事件典型案例

【案例】倾倒危险废物致人中毒死亡事件

基本情况：某市公安局接群众报警，称某村出了事。经警方调查，案发前一天，因某重油化工有限公司生产车间产生了一些废碱，工作人员联系其供应公司的内勤处理，双方约定处理费用为每吨300元。21日凌晨一危化品运输罐车运输化工废液至该村已废弃的煤井副井院内，向井内倾倒废液。排放过程中造成现场4人中毒死亡，其中2人为车辆驾驶员及押运人员，另外2人为废矿井院落承包人及看门人。涉案企业为降低每吨3000～6000元的危废物处理成本，雇用相关人员以每吨300～500元的价格非法偷排危废酸碱液体；除去运输成本，中介和实施偷排人员实际每吨获利仅有100余元，却严重损害了环境安全。

处置过程：

事件发生后，该省、市、县三级党委政府和环保、公安等部门迅速启动联勤联动机制，全力组织案件侦破和现场应急处置。查明有包含上述所称公司在内的共三家企业涉及此次危险废物违法转移、倾倒事件。另有某市一家企业和某市一家单位也为涉案企业，但未向该处矿井转移、倾倒废物。经查5家涉事企业共向该市境内排放废碱废酸约1000t。

第一时间赶赴现场。该省环境保护厅组织相关市公安局、环保局有关人员召开现场会议，传达领导指示，并对下一步做好应急处置和环境修复工作提出了指导性意见。

第一时间开展应急监测。经现场监测，事发当天事发现场周边空气中VOC浓度为2.24～3.6mg/m³；至12时，VOC未检出；之后事件现场周边的空气质量均未见异常。该市疾控部门也于当日对事件现场周边距离最近村的地下水进行取样送检，监测结果显示地下水常规监测项目无异常。该省疾控中心在事发现场地下水下游的4个点位定性检出壬醛，1个点位定性检出萘、1-甲基萘、2-甲基萘、邻苯二甲酸二甲酯，以上特征污染物均不在《生活饮用水卫生标准》（GB 5749—2006）内。

第一时间组织调查。经现场调查，确认事故车辆容积标示为42m³，现场车辆内查到的出货单显示运输液体为重苯，后经核实为石化行业碱洗脱硫后产生的废碱液。

成立应急专家组，指导开展应急处置工作。专家组提出了立即停用外围受影响水体，封闭受污染区域，以及对废弃矿井内的煤矸石和污染物进行彻底清理的建议。该市政府按照建议委托地矿工程勘察公司对事发废矿井周边巷道布设及周围环境进行物探勘察，并在此基础上采用帷幕注浆的方式，将受污染区域从外围封闭，防止进一步渗漏。并委托有资质的单位对现场危险废物开展清理。

参 考 文 献

[1] 王宏伟. 应急管理理论与实践[M]. 北京：社会科学文献出版社，2010.

[2] 环境保护部环境应急指挥领导小组办公室. 环境应急管理概论[M]. 北京：中国环境科学出版社，2011.

[3] 环境保护部环境应急指挥领导小组办公室. 环境应急管理工作手册(第二版)[M]. 北京：中国环境科学出社，2010.

[4] 环境保护部环境应急指挥领导小组办公室. 突发环境事件应急管理制度学习读本(第二版)[M]. 北京：中国环境科学出版社，2010.

[5] 翁燕波，付强，傅晓钦，等. 环境应急监测技术与管理[M]. 北京：化学工业出版社，2014.

[6] 奚旦立，孙裕生. 环境监测(第四版)[M]. 北京：高等教育出版社，2010.

[7] 王江. 突发环境事件应对管理的国际经验及其借鉴[J]. 环境保护，2013(10)：72-75.

[8] 周游，曹国志. 韩国环境应急制度及其启示[J]. 环境保护科学，2015(08)：10-14.

[9] 姜贵梅，楚春礼，徐盛国，等. 国际环境风险管理经验及启示[J]. 环境保护，2014(8)：61-64.

[10] 陆娟. 国外政府风险管理对我国环保风险防控的启示[J]. 环境保护，2014(13)：68-69.

[11] 于文轩. 风险社会视角下美国环境应急管理及其借鉴[J]. 治理研究，2018(04)67-75.

[12] 桂林. 主导与协同——日本环境应急管理及其启示[J]. 环境保护，2011(08)：67-70.

[13] 田为勇. 环境应急管理的几个重点问题[J]. 环境保护，2015(5)：3-6.

[14] 袁鹏，宋永会. 突发环境事件风险防控与应急管理的建议[J]. 环境保护，2015(5)：21-24.

[15] 许静，王永桂，陈岩，等. 中国突发水污染事件时空分布特征[J]. 中国环境科学，2018，38(12)：4566-4575.

[16] 韩从容. 环境应急的法律界定[J]. 科学社会主义，2012(3)：70-74.

[17] 钟开斌. "一案三制"中国应急管理体系建设的基本框架[J]. 南京社会科学，2009(11)：77-85.

[18] 陈丹青，赵淑莉，肖文，等. 完善突发环境事件应急管理体系的几点建议[J]. 中国环境监测，2012(3)：4-10.

[19] 魏科技，宋永会，彭剑峰，等. 环境风险源及其分类方法研究[J]. 安全与环境学报，2010(1)：85-90.

[20] 李金惠，欧志远. 环境危险源分析方法与应用研究[J]. 环境污染与防治，2015(2)：26-28.

[21] 邵超峰，鞠美庭. 环境风险全过程管理机制研究[J]. 环境保护，2011(10)：97-101.

[22] 蔡美芳，李开明，陆俊卿，等. 流域水污染源环境风险分类分级管理研究[J]. 环境污染与防治，2012(9)：78-82.

[23] 孟宪林，于长江，孙丽欣. 突发水环境污染事故的风险预测研究[J]. 哈尔滨工业大学学报，2008(2)：223-228.

[24] 王金南，曹国志，曹东，等. 国家环境风险防控与管理体系框架构建[J]. 中国环境科学，2013，33(1)：186-191

[25] 吴舜泽，孙宁，张红振，等. 环境风险防范体系如何建立？[J]. 中国环境报，2012.

[26] 许伟宁，宋永会，袁鹏. "四位一体"环境风险管理体系构建路径[J]. 环境保护，2014(14)：43-44.

[27] 毕军，马宗伟，曲常胜. 我国环境风险管理目标体系的思考[J]. 环境保护科学，2015(4)：1-5.

[28] 郑彤，王亚琼，王鹏. 突发水污染事故风险评估体系的研究现状与问题[J]. 中国人口·资源与环境2016(11)(增刊)：83-90.

[29] 赵艳民，秦延文，郑丙辉，等. 突发性水污染事故应急健康风险评价[J]. 中国环境科学，2014，34(5)：1328-1335.

[30] 范拴喜，甘卓亭，李美娟，等. 土壤重金属污染评价方法进展中国农学通[J]. 2010，26(17)：310-315.

[31] 张志娇，叶脉，张珂．广东省典型流域突发水污染事件风险评估技术及其应用[J]．安全与环境学报，2018(04)：1532-1538.

[32] 贾倩，曹国志，於方，等．基于环境风险系统理论的长江流域突发水污染事件风险评估研究[J]．安全与环境工程，2011，31(3)：516-521.

[33] 杨小林，李义玲．基于客观赋权法的长江流域环境风险时空动态综合评价[J]．中国科学院大学学报，2015(03)：0349-0356.

[34] 黎大端，何松立，王丹彤，等．环境水污染事件应急监测演练评估模型构建研究[J]．期环境科学与管理，2018(7)：0123-0129.

[35] 田为勇，闫景军，李丹．借鉴英国经验强化我国部门间环境应急联动机制建设的思考[J]．中国应急管理，2014 年(10)：77-80.

[36] 李云，刘霁．突发性环境污染事件应急联动系统的构建与研究[J]．中南林业科技大学学报，2010(04)：0159-0163.

[37] 张晓勇，毛朔焱，李程等．突发环境事件应急物资储备建设初探中国资源综合利用[J]．2016(10)：86-89.

[38] 张以飞，陆朝阳，姚琪．我国环境应急资源储备体系构建初探[J]．中国环境监测，2016(10)0051-0054.

[39] 陈海洋，滕彦国，王金生，等．环境应急指挥平台研究[J]．环境科学与技术，2011，34(7)：175-179.

[40] 张羽翔，孙世军，崔朋．辽源市拦河闸水源地突发环境事件应急管理数字化研究[J]．东北师大学报(自然科学版)，2017(02)：0157-0163.

[41] 张富江．突发环境事件应急管理信息化平台研究与实践[J]．环境保护科学，2014(1)：77-80.

[42] 张军献，张学峰，李昊．突发水污染事件处置中水利工程运用分析[J]．人民黄河，2009，(31)6：22-23.

[43] 杨海东，肖宜，王卓民，等．突发性水污染事件溯源方法[J]．水科学进展，2014，(25)1：122-129.

[44] 王鲲鹏，曹国志，张龙．关于突发环境事件预警的思考[J]．环境保护科学，2018，(44)1：118-121.

[45] 饶清华，曾雨，张江山，等．突发性环境污染事故预警应急系统研究[J]．环境污染与防治，2010，(32)10：97-101.

[46] 毕军，曲常胜，黄蕾．中国环境风险预警现状及发展趋势[J]．环境监控与预警，2009，(1)1：1-5.

[47] 徐彭浩，吴敏华，徐建宏．突发性环境污染事故应急系统及其响应程序[J]．中国环境监测，1998，(14)5：31-34.

[48] 汪杰，杨青，黄艺，等．突发性水污染事件应急系统的建立[J]．环境污染与防治，2010，(32)6：104-107.

[49] 赵起越，白俊松．国内外环境应急监测技术现状及发展[J]．安全与环境工程，2006，(13)3：13-16.

[50] 张红振，曹东，於方，等．环境损害评估：国际制度及对中国的启示[J]．环境科学，2013，34(5)：1654-1666.

[51] 赵丹，於方，王膑，等．环境损害评估中修复方案的费用效益分析[J]．环境保护学，2016，42(6)：16-22.

[52] 王鲲鹏，於方，张衍燊．浅议突发环境事件直接经济损失评估工作方法[J]．中国环境管理，2017(9)3：66-82.

[53] 赵卉卉，张永波，王明旭．中国环境损害评估方法研究综述[J]．环境科学与管理，2015(40)7：27-30.

[54] 张红振，董璟琦，吴舜泽，等．某焦化厂污染场地环境损害评估案例研究[J]．中国环境科学，2016，36(10)：3159-3165.

[55] 吕忠梅．"生态环境损害赔偿"的法律辨析[J]．法学论坛，2017，(32)171：5-13.

[56] 王金南，刘倩，齐霁，等．加快建立生态环境损害赔偿制度体系[J]．环境保护，2016(44)02：26-29.

[57] 牛坤玉，於方，刘倩．环境损害赔偿资金保障机制国际经验及启示[J]．环境保护，2015，(43)19：62-64.

[58] 刘鸿志，王志新，侯红，等．将环境污染责任保险引入环境风险管理[J]．环境保护，2017，(45)10：28-31.

[59] 何军，刘倩，齐霁．论生态环境损害政府索赔机制的构建[J]．环境保护，2018，(46)05：21-24.

[60] 於方，刘倩，牛坤玉．浅议生态环境损害赔偿的理论基础与实施保障[J]．中国环境管理，2016(1)：50-53.

[61] 张建伟．论突发环境事件中的政府环境应急责任[J]．河南社会科学，2007，(15)6：24-26.

[62] 李程，王惠中．浅析环保部门应对突发环境事件的责任及策略[J]．环境保护，2015，(43)01：58-60.